零点
起飞

零点起飞学 Pro/E Wildfire 5.0

毛骏◎主编

清華大學出版社
北京

内容简介

本书选用 Pro/E Wildfire 5.0 软件，全面系统地介绍其基础知识与应用方法，并力求通过案例来提高读者的综合设计能力。全书共 7 章，内容包括软件综合基础、草绘技巧、产品建模、曲线设计、曲面设计、装配及工程图创建技巧等。本书侧重入门基础与实战提升，结合典型操作案例讲解，是一本很好的 Pro/E 类基础图书。

本书适合使用 Pro/E 进行相关设计的读者自学使用，也可作为软件 Pro/E 培训班、大中专院校相关专业的教材。

图书在版编目(CIP)数据

零点起飞学Pro/E Wildfire 5.0 / 毛骏主编. — 北京：清华大学出版社，2020.1
（零点起飞）
ISBN 978-7-302-54584-2

Ⅰ. ①零… Ⅱ. ①毛… Ⅲ. ①机械设计—计算机辅助设计—应用软件 Ⅳ. ①TH122

中国版本图书馆 CIP 数据核字（2019）第 296118 号

责任编辑：袁金敏
封面设计：刘新新
版式设计：方加青
责任校对：胡伟民
责任印制：杨 艳

出版发行：清华大学出版社
网　　址：http://www.tup.com.cn，http://www.wqbook.com
地　　址：北京清华大学学研大厦 A 座　　**邮　　编：**100084
社 总 机：010-62770175　　**邮　　购：**010-62786544
投稿与读者服务：010-62776969，c-service@tup.tsinghua.edu.cn
质 量 反 馈：010-62772015，zhiliang@tup.tsinghua.edu.cn
印 装 者：三河市龙大印装有限公司
经　　销：全国新华书店
开　　本：185mm×260mm　　**印　　张：**11.5　　**字　　数：**285 千字
版　　次：2020 年 3 月第 1 版　　**印　　次：**2020 年 3 月第 1 次印刷
定　　价：59.80 元

产品编号：085855-01

Pro/E 是全球三大工程软件之一，可用于三维设计、结构设计、高级补面等，被誉为全球最全能的软件。

Pro/E Wildfire 5.0 中文版界面友好、功能强大，具有与设计师建模思路及设计方法一致的操作流程，能够快捷地绘制三维图形，是成为一名好的产品设计师或机械工程师的必备工具，深受广大工程技术人员的欢迎。

本书详细介绍 Pro/E Wildfire 5.0 中文版的软件基础应用与技巧。内容全面、层次分明、脉络清晰，方便读者系统地理解与掌握，每章均辅以典型实例，有助于读者巩固知识的实际应用能力，同时这些实例对解决实际问题也具有很好的借鉴意义。全书分为以下七章。

第 1 章讲述软件界面及初始设置。学会设置简洁的界面环境是一名设计师从事设计的第一步。

第 2 章讲述草绘在设计中的妙用，通过表格的形式清晰地讲解每个草图工具的用法，并穿插了很多草绘技巧。

第 3 章讲解基本的产品建模，详细介绍 Pro/E 建模流程及注意事项，为后续设计打下坚实基础。

第 4 章通过案例方法介绍 Pro/E 独特的建模方法。

第 5 章详细讲述基准曲线的建立过程。

第 6 章通过工作案例讲述曲面设计流程，培养设计思维。

第 7 章通过工作案例讲述装配及工程图的创建技巧，独特的装配方式可给工作带来很大的便利，巧妙地创建工程图，可生成任何视图。

本书具有如下特色。

内容全面。本书涵盖 Pro/E 软件的绝大部分功能，包括工作界面的设置、自定义快捷键、草图的绘制、几何约束和尺寸约束详解、三维设计建模、造型工具的巧妙使用、装配、工程图、经验技巧等内容，非常详细系统。

分类明确。为了在有限的篇幅内提高知识的集中度，本书对 Pro/E 5.0 的知识进行了详细且合理的划分，尽可能使章节安排符合读者的学习习惯，使读者学习起来轻松方便。

实例丰富。本书对大部分的命令均采用实例讲解，配有各个步骤的图片和操作说明，通过实例进行知识点讲解，既生动具体，又简洁明了。

手把手视频讲解。书中的大部分实例录制了教学视频。视频录制采用模仿实际授课的形式，在各知识点的关键处给出解释和注意事项提醒。

小栏目设置。结合作者多年实际使用经验，在书中穿插了大量的“提示”，起到画龙点睛的作用。

全天候学习。书中的大部分实例提供了二维码，读者可以通过手机微信扫一扫，全天候观看相关的教学视频。

本书还随书附赠如下学习资源。

（1）机械工程实用资料（15GB）。

（2）Pro/E 二维基础进阶练习题 200 个。

（3）Pro/E 三维设计练习题 100 个。

（4）书中项目案例的源文件。

本书学习资源获取方式如下。

（1）案例视频讲解可扫描案例旁边的二维码直接观看。

（2）源文件请扫描图书封底的二维码进行下载。

编者

2020 年 1 月

第 1 章 Pro/E 软件介绍及初始设置

第 2 章 草绘在设计中的妙用

第 3 章 Pro/E 基本的产品建模及练习

第 4 章 Pro/E 扫描混合建模方式剖析

第 5 章 Pro/E 基准曲线详解

第 6 章 Pro/E 曲面设计剖析

第 7 章 Pro/E 装配及工程图

第1章

Pro/E 软件介绍及初始设置

本章重点

Pro/E Wildfire 5.0

- Pro/E 软件的特点
- Pro/E 软件的功能模块
- 关于建模的一些概念
- 建模思路及 Pro/E 软件中的文件
- 建模的第一步
- Pro/E 软件初始设置

1.1 Pro/E 软件的特点

Pro/E 软件功能强大，可用于零件设计、组件装配、工程制图生成、钣金、结构设计、机械仿真、分析工具、管线等。Pro/E 软件是参数化的工程软件。参数化的好处在于设计的后续流程中如遇到修改数据的地方，可以任意修改参数即可让模型自动再生，而不需要将模型推倒重建。Pro/E 软件在操作方式上需要有严谨的逻辑及步骤。Pro/E 各版本基本功能相差不大，本书基于 Pro/E Wildfire 5.0 版本。

1.2 Pro/E 软件的功能模块

Pro/E 软件的功能模块主要包括零件设计、组件装配、工程图生成、钣金、结构设计、模具设计、机械仿真、分析工具、管线等，本书主要针对零件设计、组件装配、工程图生成三个功能模块进行讲解。

- 零件设计：Pro/E 软件提供高效率的建模方式，广泛用于机械、模具、工业设计、汽车、航空航天、电子、家电、玩具等行业。无论是制作实体模型还是曲面模型，都有对应的工具帮助设计人员来高效率地进行设计。
- 组件装配：一款产品模型由若干个零件和子组件组成，组件装配是按照规定的技术要求，将若干个零件接合成组件或将若干个零件和组件接合成产品的操作过程。Pro/E 软件提供非常精准的自动装配更新模块。

- 工程图：Pro/E 软件提供模型自动生成工程图的模块，其中工程图纸所需的基本视图、辅助视图、剖视图、爆炸图、BOM 表自动生成、高效率的标注以及导出功能都能满足设计人员的工作需求。

1.3 关于建模的一些概念

在讲解 Pro/E 软件之前首先对建模的相关软件进行介绍，市面上可进行建模的软件比较多，如图 1-1 所示。

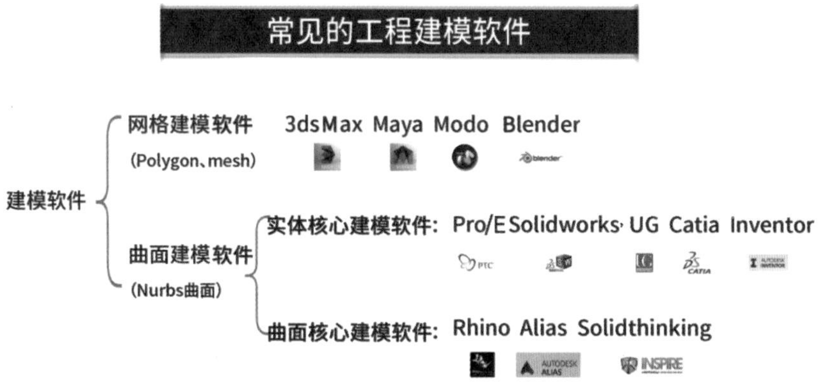

常见的工程建模软件
建模软件
网格建模软件
(Polygon、mesh)
3dsMax Maya Modo Blender
曲面建模软件
(Nurbs曲面)
实体核心建模软件：Pro/E Solidworks UG Catia Inventor
曲面核心建模软件：Rhino Alias Solidthinking

图 1-1　常见的工程建模软件

建模软件按照建模方式可以分成网格建模软件和曲面建模软件，网格建模一般用于电影、广告，曲面建模一般用于工程设计、汽车设计等。二者的区别可以用平面设计中矢量图和位图作为类比，如图 1-2 所示。

位图 VS 矢量
放大部分
Raster Image, Enlarged
放大部分
Vector Image, Enlarged
位图
基于点阵
矢量图
基于贝塞尔曲线

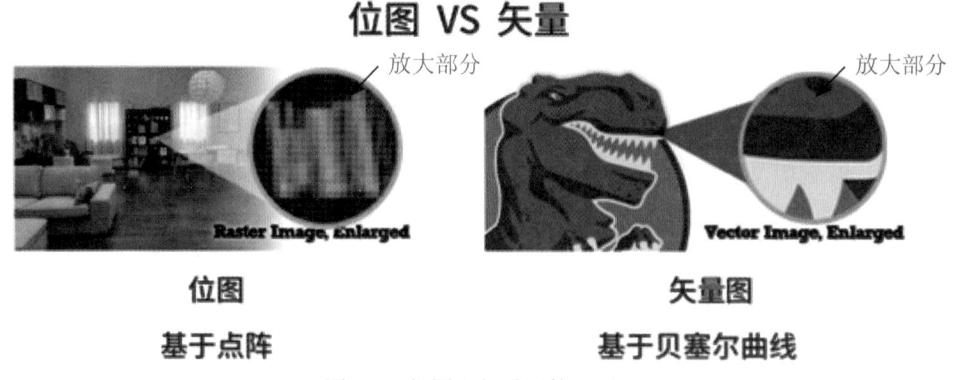

图 1-2　位图和矢量图的区别

通过对比放大之后的内容可以发现，位图以矩形点阵构成，放大后变得很模糊，而矢量图放大之后还是光滑的，因为它是基于贝塞尔曲线。网格和曲面的对比如图 1-3 所示。

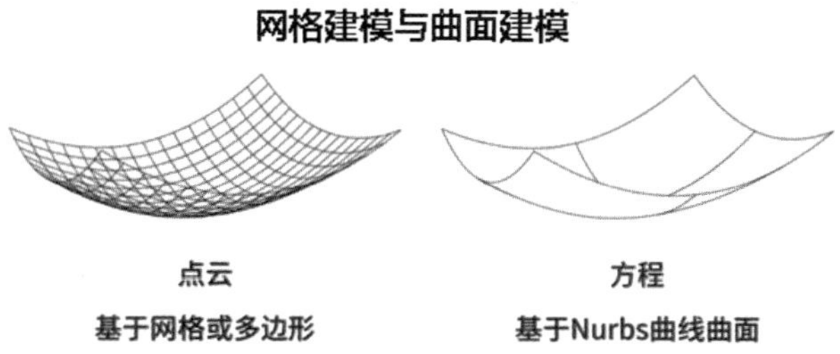

网格建模与曲面建模
点云
基于网格或多边形
方程
基于Nurbs曲线曲面

图 1-3　网格和曲面对比

网格建模由多个小四边形面构成，光滑程度不高，需要增加网格面的细分来增加光滑度，一般用于直观展示作用。曲面则基于曲线构面，表面光滑程度非常高，有助于生成真实的物体。

曲面建模又可以细分为曲面核心建模和实体核心建模。曲面核心建模没有实体概念，专注于造型设计，没有材料，没有尺寸数据，只有外壳，而工程软件都是实体核心建模，有实心，有材料，有精确的尺寸数据。如图 1-4 所示，Pro/E 就属于工程软件，是以模型为中心的全参数软件，数据贯穿所有的工作流程，任何数据的修改都会自动更新模型，有利于设计人员对产品的修改。

以模型为中心
设计
分析
工程图
模具图
制造
测试
三维模型

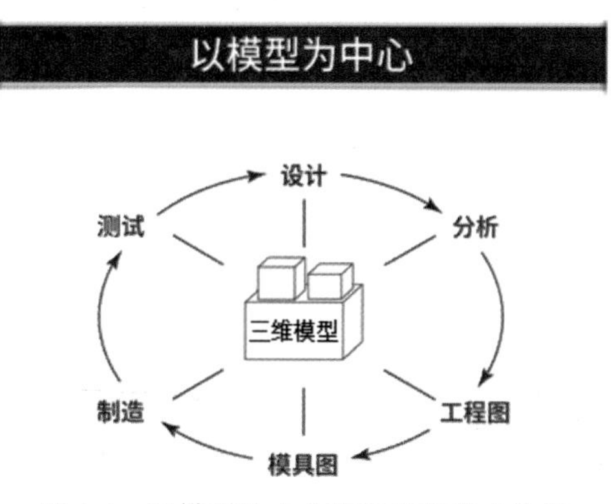

图 1-4　以模型为中心贯穿所有尺寸数据

1.4 建模思路

学习 Pro/E 软件最重要的是掌握建模思路，在工作中会遇到形形色色的模型，建模思路各不相同，掌握核心方法才是正确的学习方式。很多初学者一般会从如何绘制直线、如何绘制圆等基础知识学起，但是从未想过该如何运用，这就是思路问题。本书所讲述的更多的是设计的问题，如何灵活地在脑海中建立想要做的模型。掌握建模思路将会更容易应对工作中的各种实际模型，如图 1-5 所示。

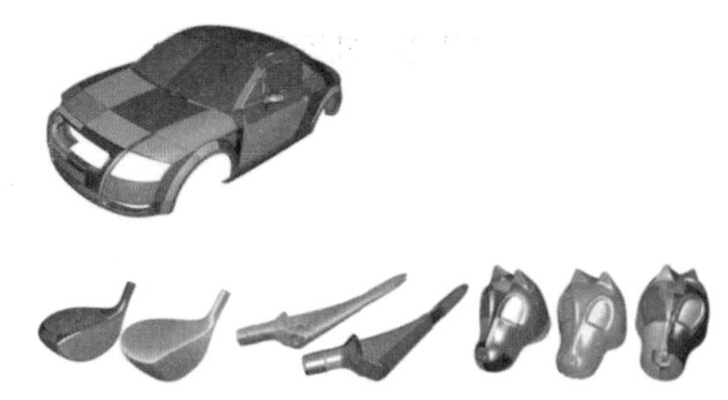

图 1-5　工作中的各种实际模型

如图 1-6 所示的简单模型，如果要将这个模型设计出来，建模思路如下。

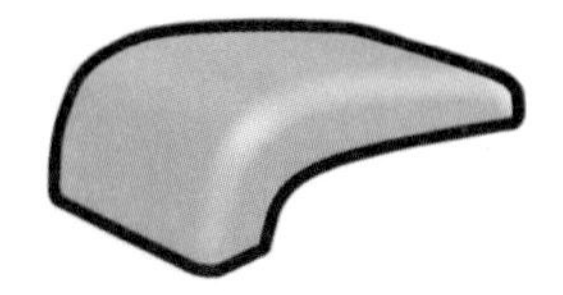

图 1-6　简单模型

（1）先做大外形再切割，拿一块长方体的块，在侧面绘制出两条曲线，如图 1-7 所示。

图 1-7　绘制曲线

（2）利用这两条曲线来切割此长方体块，如图 1-8 所示。

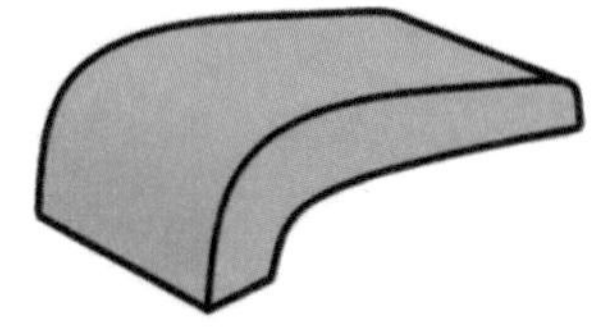

图 1-8　通过曲线切割

（3）最后将边缘棱角去毛刺做圆角，即可完成模型，如图 1-9 所示。

图 1-9　棱角边去毛刺圆角

上面的例子说明思路大于建模，要通过正确的思路把模型创建出来，否则即使做出模型也可能会是错误的或不合理的。希望读者在建模中多多留意设计思路。

1.5 Pro/E 软件的初始设置

初学者开始不要急于作图，因为有好的环境才能有好的设计效果，把软件的初始状态调整好，去掉界面上无关紧要的东西，可以让作图更便捷。

1.5.1 建模的第一步

打开 Pro/E 软件，界面如图 1-10 所示，会自带很多网址，甚至会报错，而且每次打开都会出现，每次都要手动关闭。下面讲述如何设置简洁的软件界面。

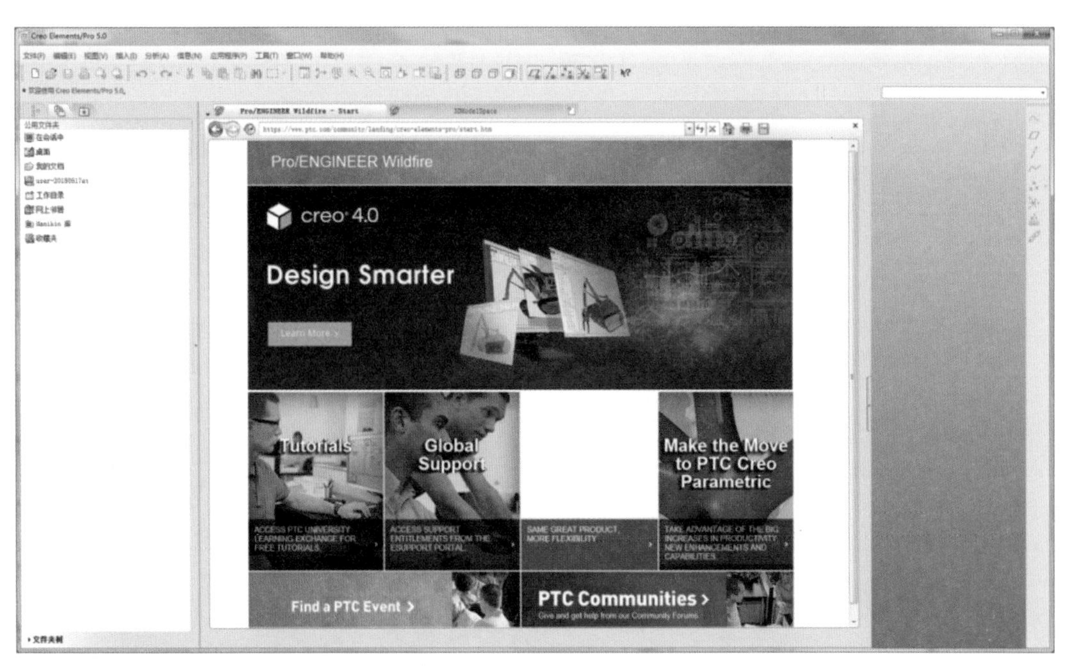

图 1-10　跳出杂乱网页的界面

首先设置文件的起始位置。 Pro/E 软件会自动加载起始位置目录下的配置文件，配置文件包括快捷键、界面工具栏位置等设置，要很顺手，就需要设置好起始位置下面的配置文件。起始位置可以自定义文件夹位置，右击桌面软件图标，在弹出的快捷菜单中选择【属性】菜单项，弹出【creo 属性】对话框，在窗口中可以看到起始位置，如图 1-11 所示。

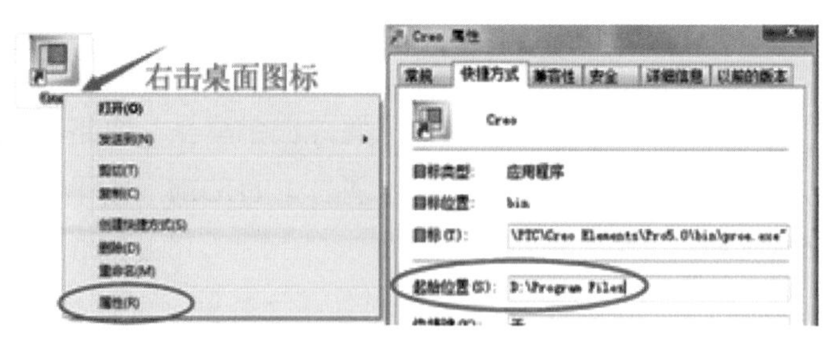

图 1-11　Pro/E 属性界面

接下来自定义起始位置目录（目录下不要有中文目录，不能只有盘符根目录），如图 1-12 所示。

图 1-12　更换起始位置目录

将随书附赠资源文件中的配置文件“第 1 章 \ 素材 \ 配置文件”放到起始位置文件夹中，如图 1-13 所示。

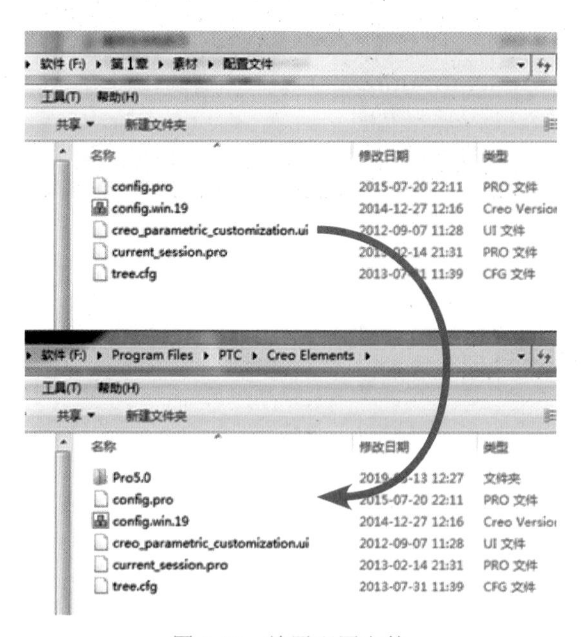

图 1-13　放置配置文件

重新打开 Pro/E 软件，杂乱的网页消失得无影无踪了，软件界面变得干净清爽，如图 1-14 所示。

图 1-14　舒适的 Pro/E 界面

1.5.2　Pro/E 界面概览

双击 Pro/E 图标打开 Pro/E 软件，Pro/E 软件的工作界面如图 1-15 所示。

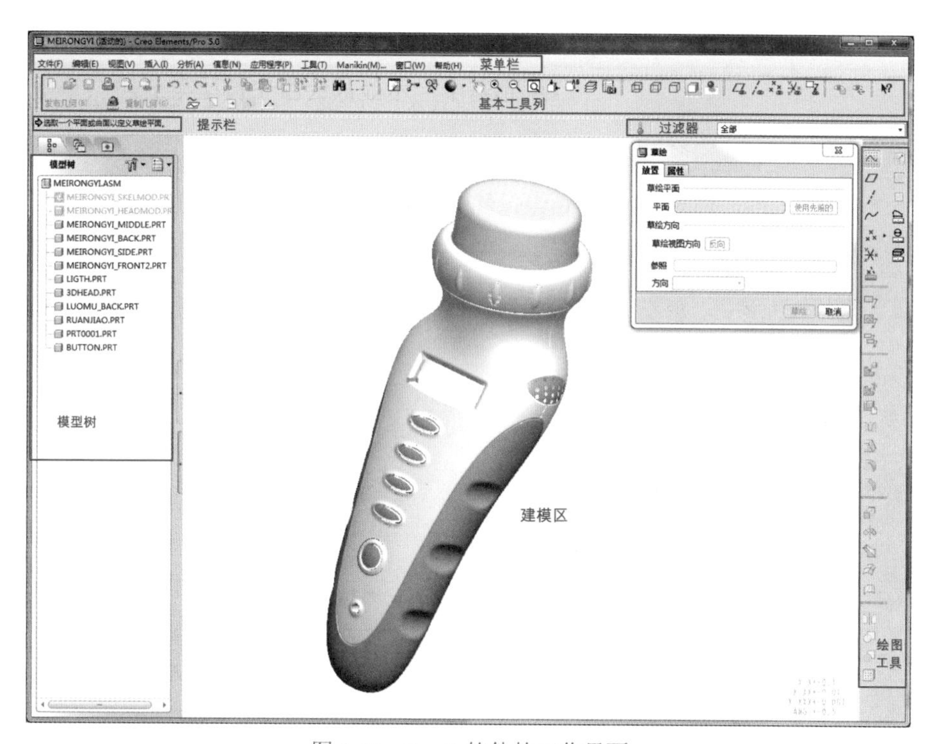

图 1-15　Pro/E 软件的工作界面

Pro/E 软件的界面主要由标题栏、菜单栏、基本工具列、提示栏、过滤器、模型树、绘图工具列、模型区等组成。

1 标题栏

标题栏中的文件名是当前凸性文件的名字，在没有给文件命名之前，Pro/E 软件默认设置为 PRT000（n）（n 为 1、2、3、4……，n 值由新建文件的数量而定）。文件名后带有“（活动的）”表明此文件是当前可操作的文件，如果文件名后没有“（活动的）”则需切换，如图 1-16 所示。

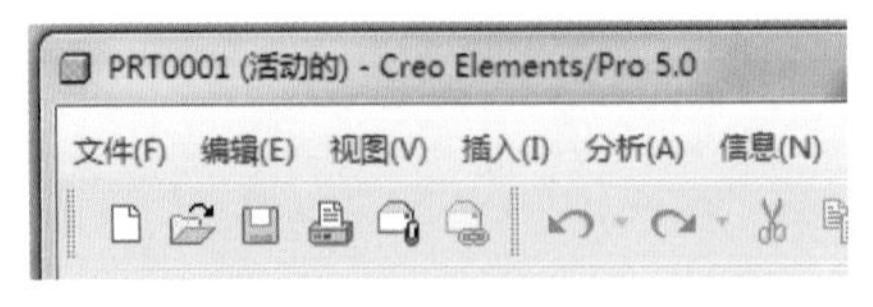

图 1-16 标题栏显示

2 菜单栏

菜单栏包括【文件】【编辑】【视图】【插入】【分析】【信息】【应用程序】【工具】【窗口】【帮助】菜单。

1）【文件】菜单

执行【文件】→【新建】菜单命令，弹出【新建】对话框，如图 1-17 所示，类型中使用居多的是零件（三维设计）、组件（装配设计）、绘图（工程图和机械制图）、格式（制作工程图模板）。【名称】文本框中填写产品名称，不可使用汉字。最下方有一个【使用缺省模板】复选框，选中该复选框即按照 Pro/E 软件安装时候选择的英制或者公制模板新建图档，如不选中，单击【确定】按钮会弹出另外一个对话框来让用户自定义模板。

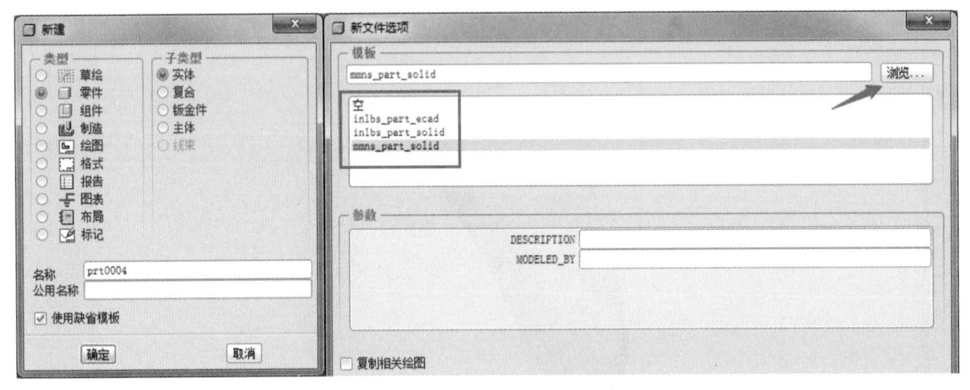

图 1-17 【新建】界面

提示

初学者对【使用缺省模板】很容易犯错，因为安装软件时如果不小心选择了英制，那么将会一直是英制，所绘制的图档单位也将是英制，但如果所绘制图档需要使用公制毫米，那绘制结果就是错误的，因此初学者一定要注意此选项。

执行【文件】→【打开】菜单命令，弹出文件选择对话框。如图 1-18 所示，Pro/E 软件能打开的文件格式很多，如 Auto CAD、SolidWorks、Inventor 等的文件都可以打开，而且转换起来很轻松。

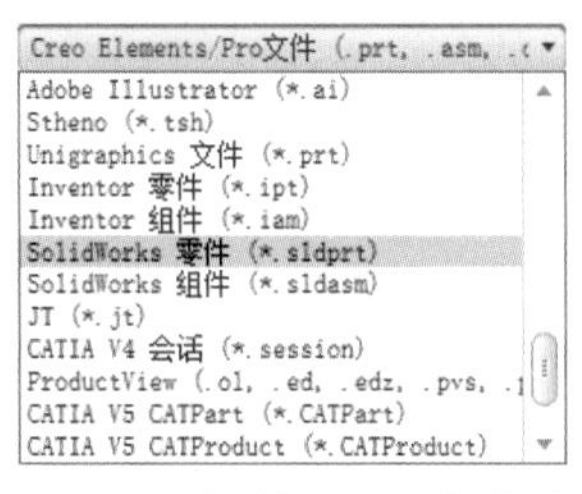

图 1-18　软件可打开的格式

执行【文件】→【设置工作目录】菜单命令，弹出【选取工作目录】对话框，如图 1-19 所示，工作目录是软件默认的保存文件的位置，这一项也可以利用 Pro/E 图标的右键属性菜单中“起始位置”项来设置。

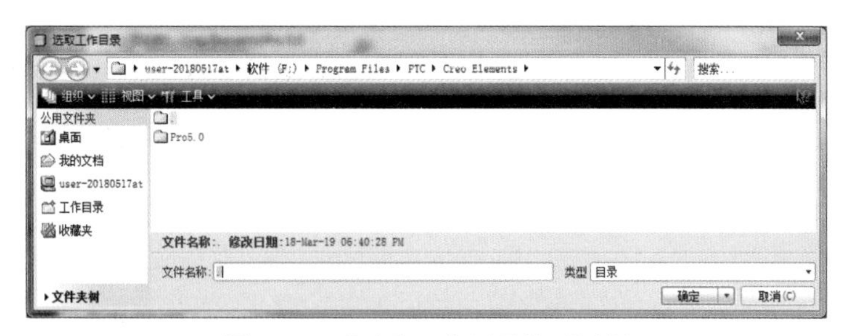

图 1-19　【选取工作目录】对话框

执行【文件】→【属性】菜单命令，弹出【模型属性】对话框，如图 1-20 所示。图中材料、单位、精度比较重要，模型制作完成后可以给模型添加材料，便于计算物料和分析数据；精度用于调节模型面和面接合处的间隔精度值，如果有烂面需要修补，也需要设置此项；单位用来调节当前图档是以毫米还是英寸为单位。

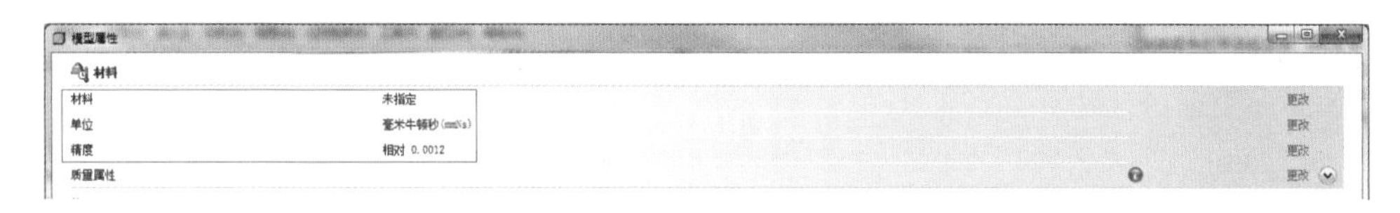

图 1-20　【模型属性】对话框

注意

【模型】对话框中属性的选项内容是由打开的图形决定的，如果打开的是工程图，界面会有变化。

初学者要注意单位，如图 1-21 所示，公制的图档单位默认为“毫米牛顿秒”，但是如果图形单位误用了英制，就会分为以下两种情况，第一种，制作的模型以英寸为单位绘制，那么可以单击“单位”右侧的“更改”按钮，在弹出的【单位管理器】对话框中选择“毫米牛顿秒”，再单击【设置】按钮来“转换尺寸”选项即可，1 英寸 =25.4 毫米，模型尺寸会自动转成正确的毫米尺寸；第二种，制作模型过程中没有发现单位是英寸，一直误以为是毫米尺寸进行绘制（这个错误居多），这种情况就需要选择 “解释尺寸”选项，该选项只改变单位，尺寸大小并不会发生变化。

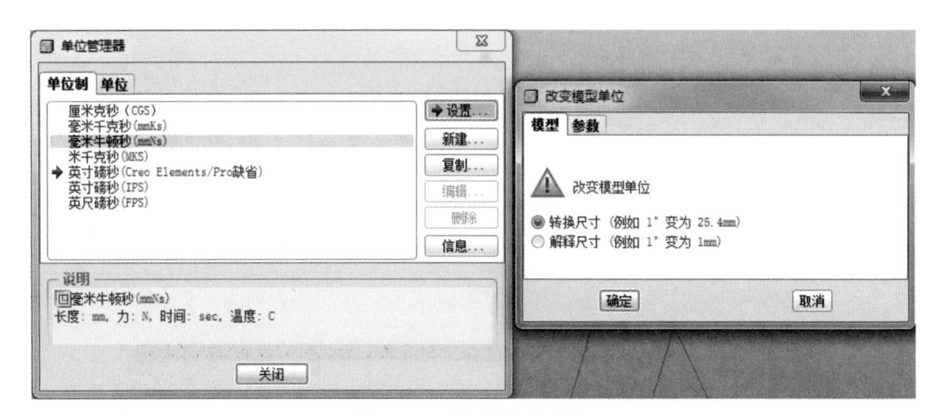

图 1-21　修改图形单位

2）【编辑】菜单

【编辑】菜单主要对制作好的模型、几何、面组等对象进行编辑与再生，这些功能后续会穿插在案例中进行讲解。图 1-22 是【编辑】菜单中的一小段，很多菜单项都是灰色，这是因为 Pro/E 软件会根据选择对象的不同亮显能操作的功能，更易于初学者学习。

图 1-22　【编辑】菜单部分截图

3）【视图】菜单

【视图】菜单有控制模型方向、隐藏及显示视图的功能，初学者要特别关注视图管理器，其界面如图 1-23 所示。如果打开的是装配图档还会出现【爆炸图】选项卡，对模型的定位、层的控制、横截面的建立及打开爆炸图的生成起到很重要的作用，相关内容在 1.5.3 小节会进行详细讲述。

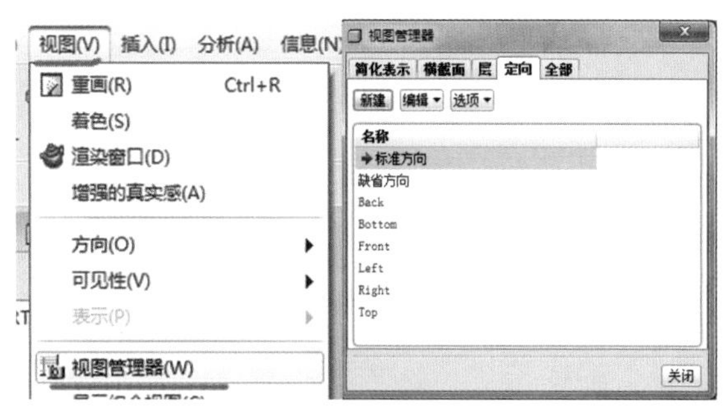

图 1-23　视图管理器

4）【插入】菜单

【插入】菜单如图 1-24 所示，包括所有建模相关的工具，初学者一定要掌握这些工具，因为只有精通了这些工具，使用中才能得心应手，后面会通过案例来进行讲解。

5）【分析】菜单

【分析】菜单如图 1-25 所示，包括对模型进行测量、检测及可行性等功能，主要用于产品分析，判断产品是否符合客户需求及市场需求。

6）【信息】菜单

【信息】菜单如图 1-26 所示，主要通过列表形式展示模型所有的数据信息，实际操作中用的较少。

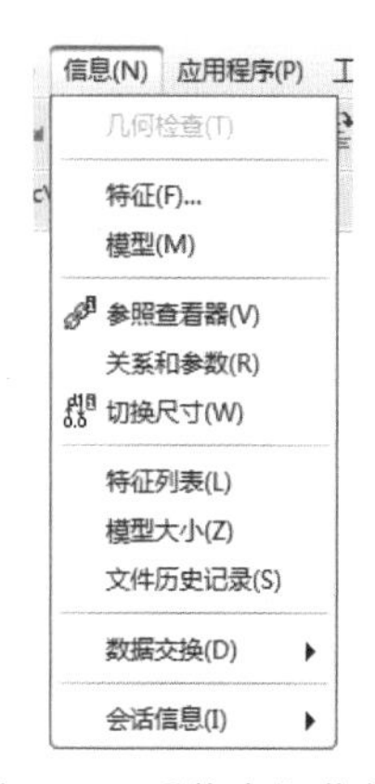

图 1-24　【插入】菜单　　图 1-25　【分析】菜单　　图 1-26　【信息】菜单

7）【应用程序】菜单

【应用程序】菜单用于切换不同的工作环境，如图 1-27 所示。【标准】项就是基本的建模环境，工具也都是用于建模的工具，如果切换到【钣金件】项，界面中就会出现很多钣金方面的制作工具，本书暂未涉及钣金、焊接及力学等板块，这些板块用 SolidWorks 软件居多，读者如有需要可关注相关书籍。

8）【工具】菜单

【工具】菜单如图 1-28 所示，用得较多的是【关系】和【映射键】菜单项，【关系】菜单项可添加关系表达式，应用于一气呵成、面质量要求高的模型，【映射键】菜单项在 1.5.3 小节中会详细讲解。

图 1-27 【应用程序】菜单

图 1-28 【工具】菜单

9）【窗口】菜单

【窗口】菜单如图 1-29 所示，主要用于切换图档和激活图档，在打开多个图形时可通过窗口菜单切换图档，使需要制作的图档处在活动状态。

10）【帮助】菜单

【帮助】菜单如图 1-30 所示，是软件的帮助中心，用户双击了菜单项可查看相应的信息。

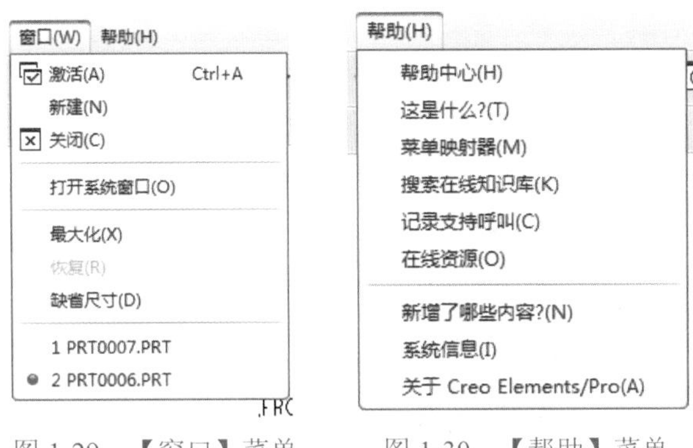

图 1-29 【窗口】菜单　　图 1-30 【帮助】菜单

3 工具列

■ 工作列包括【新建】【打开】【保存】【打印】【后退】【前进】【剪切】【复制】等常规工具，如图 1-31 所示。

图 1-31 常规工具区域

■ 视窗是学习 Pro/E 软件必须掌握的内容，视窗操作包括平移视图、旋转视图、缩放视图，如图 1-32 所示。

移动视图 —— 中键+shift
旋转视图 —— 中键
缩放视图 —— 滚轮或ctrl+中键

图 1-32 视窗操作

■ ：从左至右依次为基准平面、基准轴、基准点、基准坐标系、注释图标，用来控制基准的显示与隐藏，选中时模型中的相应项会显示，反之则隐藏，具体功能如下。

- 基准平面：用于定义绘制草图的放置平面，可创建多个。
- 基准轴：可作为特征建立的参考，如中心旋转轴、孔特征定义轴等。
- 基准点：可作为建立基准平面的参考，如阵列参考点、草绘参照点等。
- 基准坐标系：使用偏少，在模型上定义新的坐标系统。
- 注释：对模型进行详细的批注如符号、表面粗糙度、公差等。

图 1-33 为打开和关闭基准平面的按钮之后的变化。

■ ：这几个图标用来控制模型视觉效果，用于多方位观看模型。图标从左到右分别为线框（图形中所有线条都可见）、隐藏线（灰色显示背面的线条）、消隐（不可见的线不显示）、着色（模型会很直观地展现出来且不显示线）、增强的真实感（使用后模型更加真实，材料、颜色及灯光都会呈现出来）。如图 1-34 所示为同一物体的 5 种不同视觉效果。

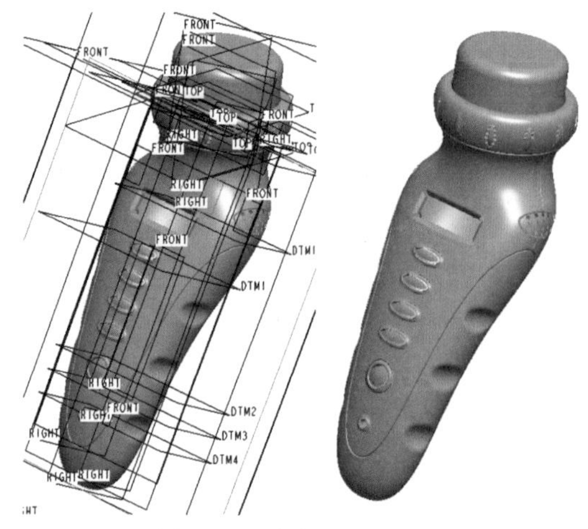

图 1-33　基准显示与隐藏

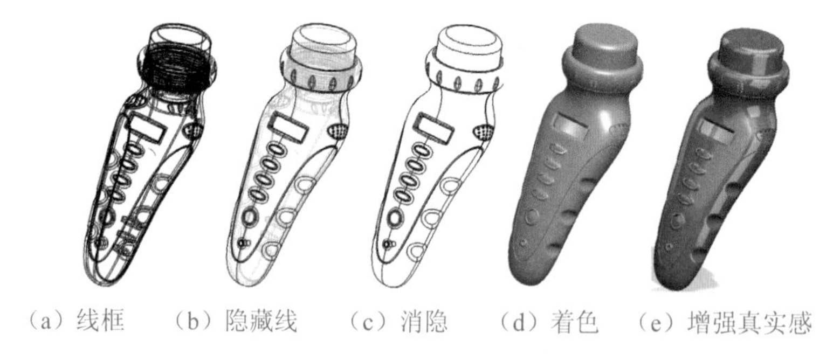

（a）线框　（b）隐藏线　（c）消隐　（d）着色　（e）增强真实感

图 1-34　各视觉效果

■　视图管理器：视图管理器也是初学者必须掌握的一个很重要的工具，可以管理模型的定向、分解爆炸图、横截面（工程剖视图必备）等，如图 1-35 所示。

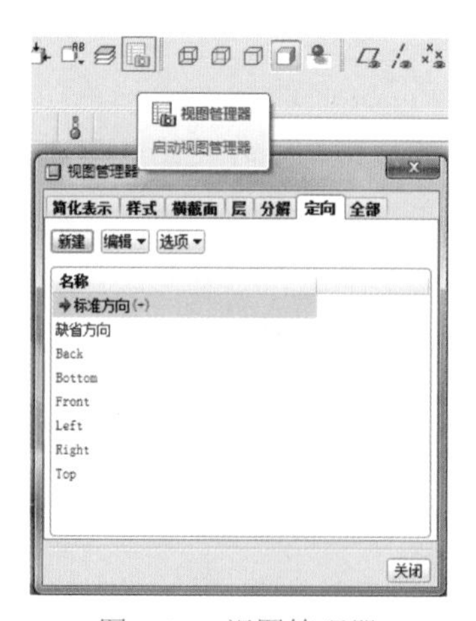

图 1-35　视图管理器

注意

如果其他格式的文件导入后并无确定的方向也无基准面，就必须首先通过视图管理器来确定模型的方向。

【例 1-1】导入 STL 文件。

（1）打开素材文件夹“第 1 章 \ 素材 \3D 打印机 STL 文件”，直接将素材拖动到 Pro/E 建模区，在弹出的对话框中单击【确定】按钮即可，如图 1-36 所示。

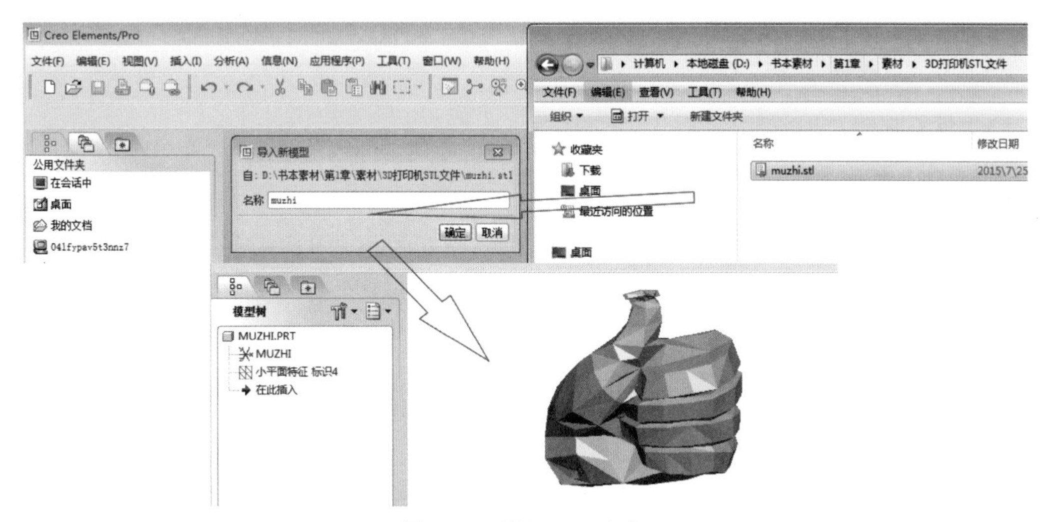

图 1-36　导入 STL 文件

（2）如果发现并无基准平面，可以将“在此插入”拖动到小平面体特征上方，再单击右侧绘图工具栏中【基准平面】工具，就会自动生成三个基准平面并改名（汉字也可以），最后拖动“在此插入”到小平面体的下方，如图 1-37 所示。

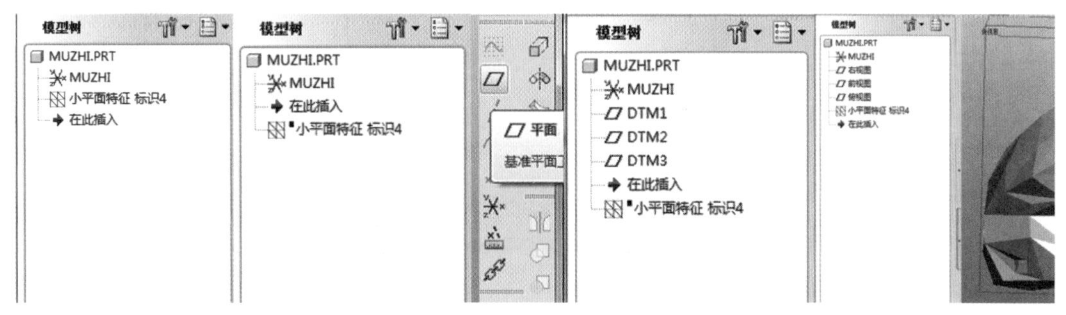

图 1-37　创建基准平面

（3）如果方向也没有，可以执行【视图管理器】→【新建】命令，输入定向视图名，例如前视图、俯视图、右视图等，再执行【编辑】→【重定义】命令，在弹出的“方向对话框”中选取参照 1 项和参照 2 项，根据模型的正确位置，调节前、后、左、右、上、下方向，如图 1-38 所示。

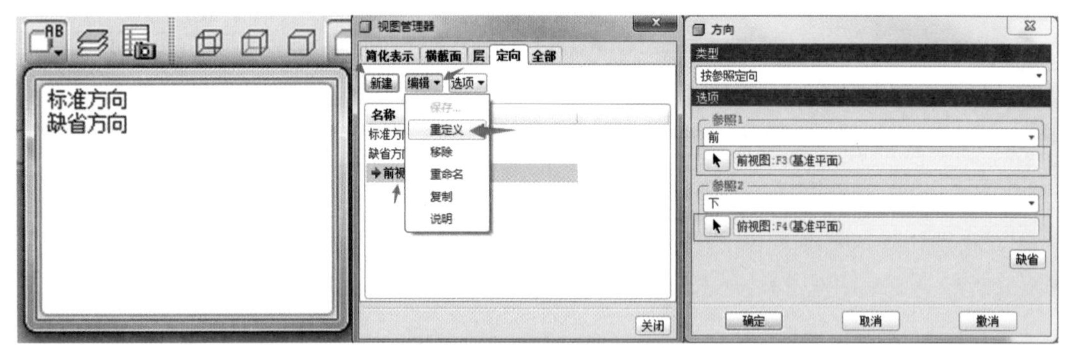

图 1-38　重新定义方向

注意

设计者要养成一个按正确方向作图的习惯，就如同杯子不应该平放在桌面上，而应该竖直放在桌面上，所以方向很重要，根据合理性来画图，对后面调节视图、装配都有好处。

4 提示栏

提示栏类似于 AutoCAD 软件的命令行，会实时提示操作的下一步该做什么，并且如果有错误也会提示。例如要草绘，就可以看到提示栏中显示："选取一个平面或曲面以定义草绘平面"，如图 1-39 所示。

图 1-39　提示栏

5 过滤器

过滤器主要是对模型的过滤，模型由点、线、面、体组成，建模的过程就是制作每个组成部分。打开组件装配时会多一个零件过滤选项，智能过滤会按照顺序从上到下优先选择，如图 1-40 所示。

图 1-40　过滤器

6 模型树

模型树记录了模型建立的每一步，而且前后都关联，如图 1-41 所示。

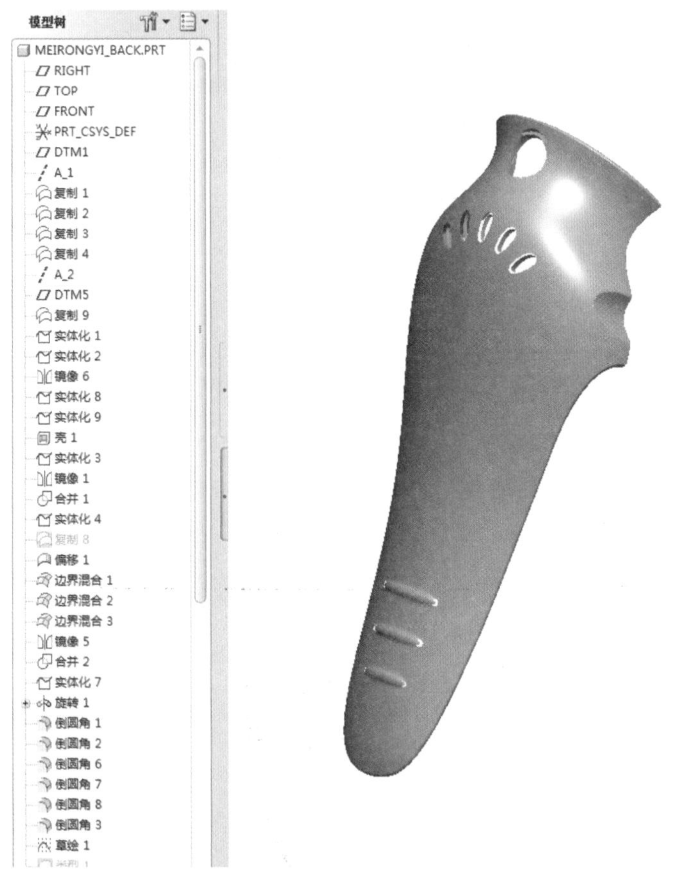

图 1-41　真实模型——模型树展示

7 绘图工具列

如图 1-42 所示，Pro/E 软件界面最右侧竖排放置了很多常用的草绘工具、基准工具及建模工具，方便用户调用。

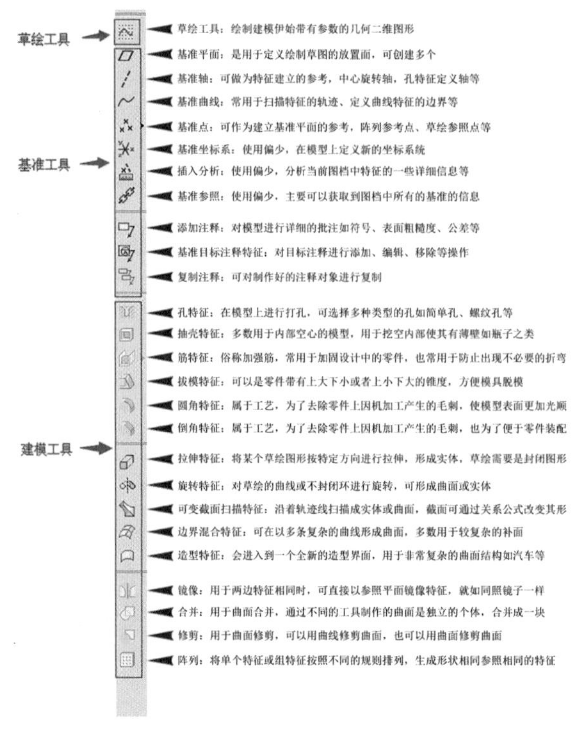

图 1-42　绘图工具列

8 模型区

Pro/E 软件界面最大的区域就是模型区，是模型显示、操作、编辑的区域，如图 1-43 所示。

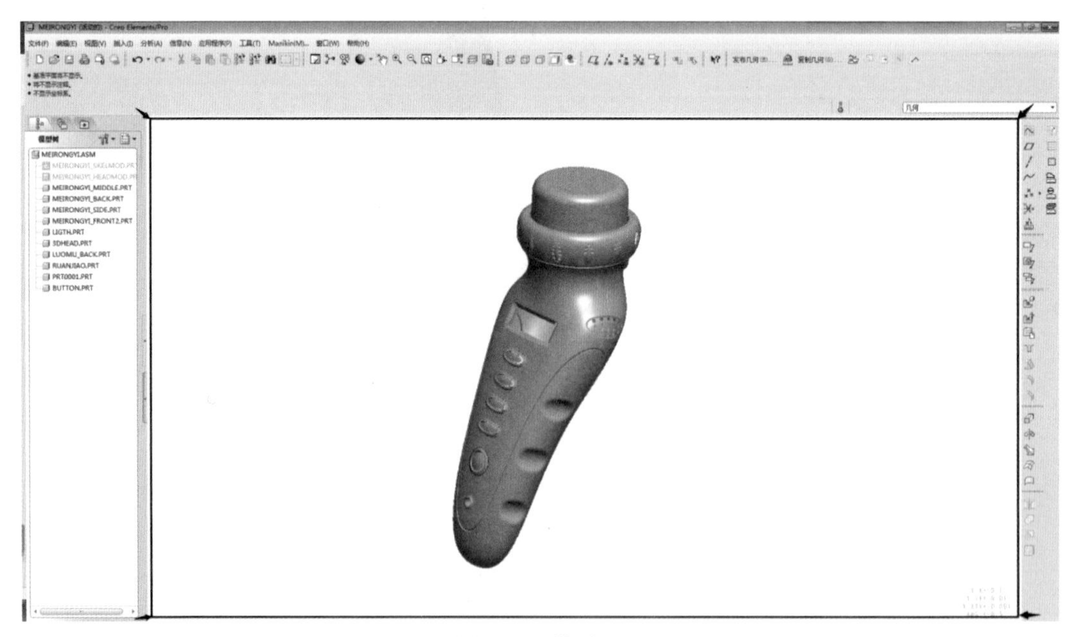

图 1-43　模型区

1.5.3 自定义界面快捷键

在使用 Pro/E 软件进行设计的过程中，如果想要让操作变得简单、快捷，就需要自定义快捷键。有以下两种方式可以定义快捷键。

1 使用本书提供的自定义快捷键

用户如果在 1.5.1 小节中放置了随书附赠的配置文件，配置文件中就有笔者设置好的快捷键，并在素材（第 1 章 \ 素材 \ 快捷键 \Pro/E 快捷键设置）中提供快捷键 Excel 表格。以隐藏平面为例，键盘上按两次 Q 键即可隐藏基准平面，即表格中纵向和横向对应的字母数字的组合，如图 1-44 所示。

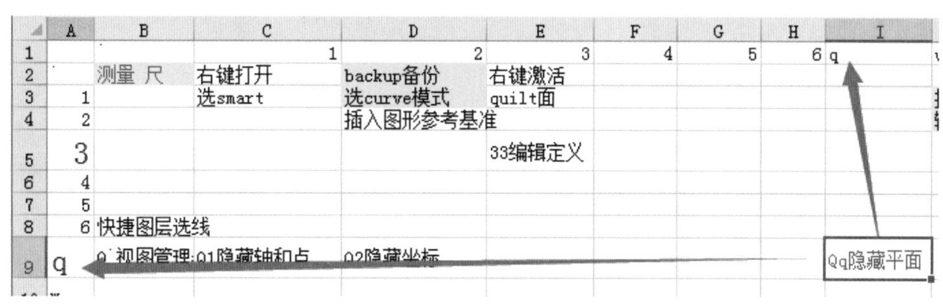

图 1-44 快捷键定义

下面分享一下笔者的左手盲按技巧，需保持食指灵活，如图 1-45 所示。在设置快捷键的时候按照好按好记的原则，用分组别方式设置快捷键，例如草绘方面的工具都用 S 开头的组合字母数字，非常好记。

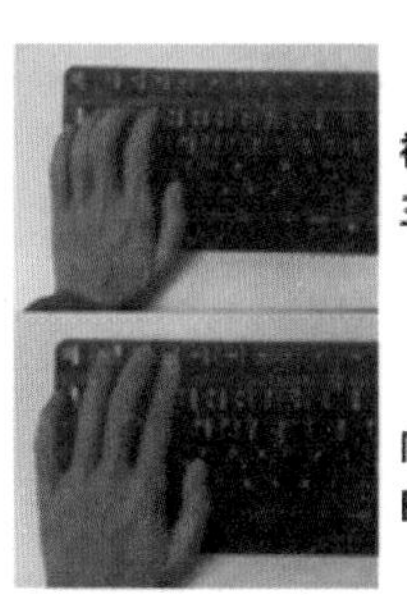

初始位置：
三个指头在1、2、3

向上移，对应按到
F1、F2、F3 的位置

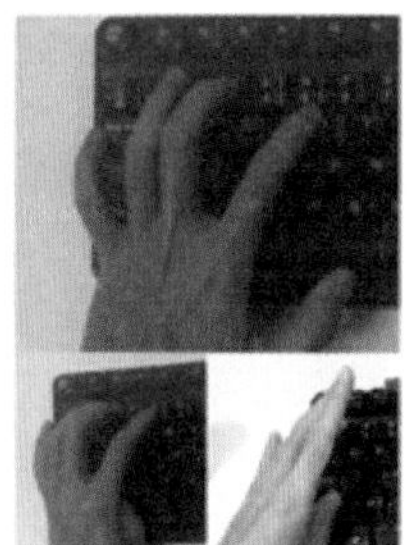

Ctrl 用手掌外边缘压

Ctrl+Shift
用拇指内收和手掌外边缘压

图 1-45 左手盲按技巧

2 定义符合自己操作习惯的快捷键

因为 Pro/E 软件本身没有太多用命令激活的工具，很多工具都需要鼠标去单击，用户在工作中要想提高效率，很多琐碎麻烦的操作就需要省略，因此就需要使用自定义快捷键模块，该模块通过【工具】→【映射键】菜单命令调用，如图 1-46 所示。

以设置草绘快捷键为例，草绘需在 Pro/E 软件界面右侧单击【草图】按钮，在弹出的对话框中选择某一基准平面作为草绘平面，下面来设置键盘快捷键，如图 1-47 所示。单击【新建】按钮，在弹出的对话框中，在【键序列】中输入键盘字母数字组合用于按键，【名称】中写明设置的快捷键用来激活什么工具，【说明】中可以更为详细地描述设置的快捷键的用途，再单击【录制】按钮，软件会以录制用户操作的方式记录用户的所有步骤（没有时间限制，操作一步记录一步），录制完成之后单击【停止】按钮。

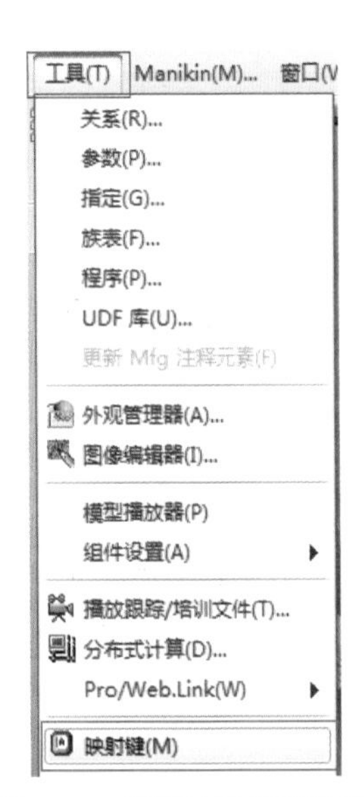

图 1-46　调用快捷键模块的菜单

图 1-47　自定义快捷键

注意

快捷键不可设置太多，一般挑选使用频率高、用鼠标操作比较麻烦、操作步骤比较多的工具设置快捷键。

1.5.4　思考与练习

1. Pro/E 软件主要的功能模块有哪些？
2. Pro/E 软件界面有哪些？各有何种用途？
3. Pro/E 如何自定义快捷键？

第2章

草绘在设计中的妙用

本章重点

Pro/E Wildfire 5.0

- 基准及基准的画法
- 草绘设置及草绘器界面介绍
- 草绘基本几何的画法及标注
- 投影偏移、修剪、延伸和镜像等工具的使用
- 标注和修改尺寸
- 理解参照和约束
- 草绘练习

2.1 草绘详解

草图是建模的前提，通过精确的尺寸数据将制作的模型表达出来，是在二维平面上的图形，如图 2-1 所示是一个小熊维尼饼干的模具，那么这个小熊维尼不能画得太大或太小，要按照实际的尺寸确定图形整体的大小，每一处的细节都决定着整体效果。

图 2-1　小熊维尼二维图

2.1.1　基准及基准的画法

在学习草绘之前，先讲一下基准及基准的画法，在三维空间制作模型，只有软件本身的三个基准平面是不够的，复杂一些的模型就需要增加基准平面、基准轴等基准来帮助设计者设计三维模型。基准包括基准平面、基准点、基准轴、基准坐标系、基准曲线（后续案例讲），这几个在 Pro/E 软件中应用最为广泛，下面对每个基准画法进行讲解。

1 基准平面的画法

基准平面简称基准面，是草绘的放置平面，基准平面是无限大的平面，基准平面软件有三个默认的基准平面：RIGHT（右视）、TOP（俯视）、FRONT（前视）。一些常用的基准平面的画法介绍如下。

- 3 个点：按住 Ctrl 键依次选择三个基准点或三个模型上的点。
- 两条线两个轴：按住 Ctrl 键选择两条不同的直线或轴。
- 平行于一个面 + 一个偏移量：按住 Ctrl 键选择一个平面 + 距离。
- 一个轴 + 与一个面夹角：按住 Ctrl 键选择已有轴 + 角度。
- 曲面上一个点并与曲线垂直：按住 Ctrl 键选择曲线，默认会创建一个垂直于曲线的基准平面。

对于基准平面的创建，首先空间感要好，再次要大胆去尝试创建，因为模型不同，建模思路不同，所创建的基准平面也会多种多样，例如平行于一个面 + 一个偏移量，如果没有偏移量，就可以改成平行于一个面 + 穿过某一点，如图 2-2 所示。

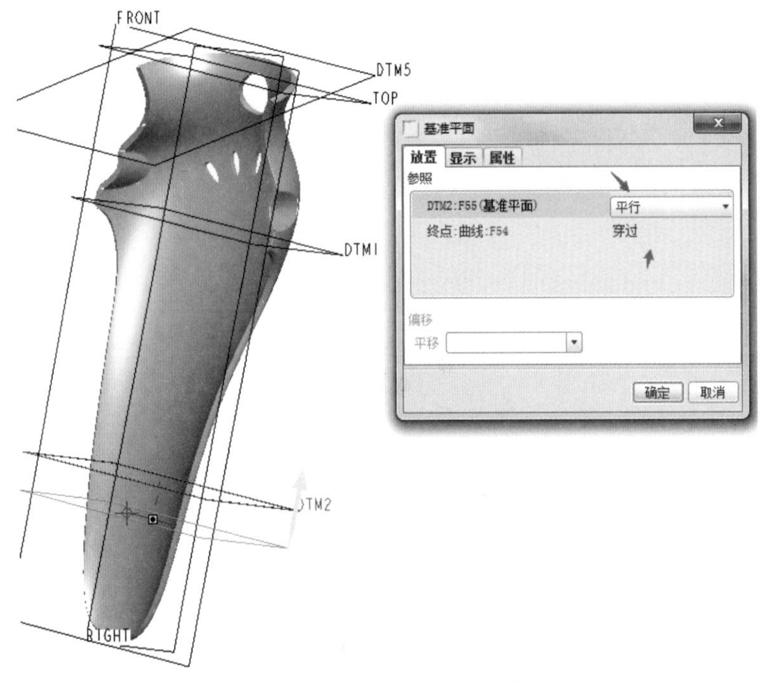

图 2-2　基准平面创建对话框

注意

箭头的地方还可以切换不同的类型，以应对多种多样的创建基准平面。

2 基准点的画法

基准点会应用于参照捕捉点、阵列点。如图 2-3 所示是一些常用的基准点的画法，用户需要根据模型的不同灵活改变基准点的画法。

基准点画法

某个顶点上

在曲面或平面上 + 两个方向的偏移距离

在线上的某个百分位置

线与面的相交

三个面的交点

一个指定坐标位置

图 2-3　基准点画法

基准点可直接在模型的边线上进行捕捉，可按照比率控制点在边线上的位置，是以 0~1 的比率来控制基准点的位置，例如 0.5 就是在中间的位置，如图 2-4 所示。基准点可以创建多个，但在模型树中也会只显示一个基准点。

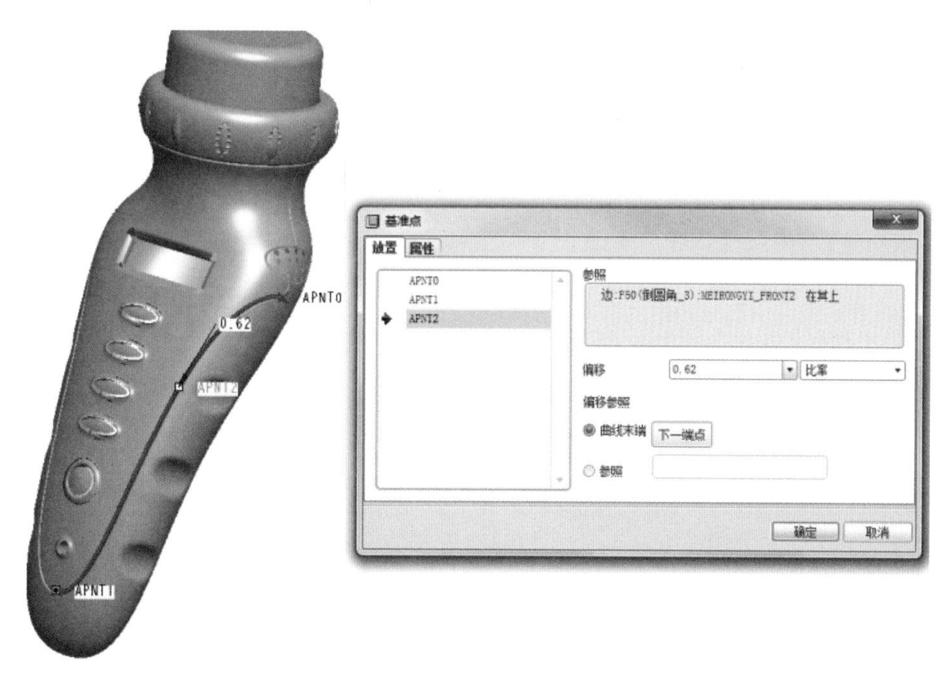

图 2-4　基准点创建对话框

另外，基准点还可以使用【偏移坐标系】工具从外部导入，例如在工作中通过三坐标关节臂的仪器测量模型上各个重要点的坐标（x, y, z），生成数据，然后把点的数据导入软件中形成基准点，如图 2-5 所示，高尔夫球的表面凹坑位置不好得到，就可以用导入点的方式定位。

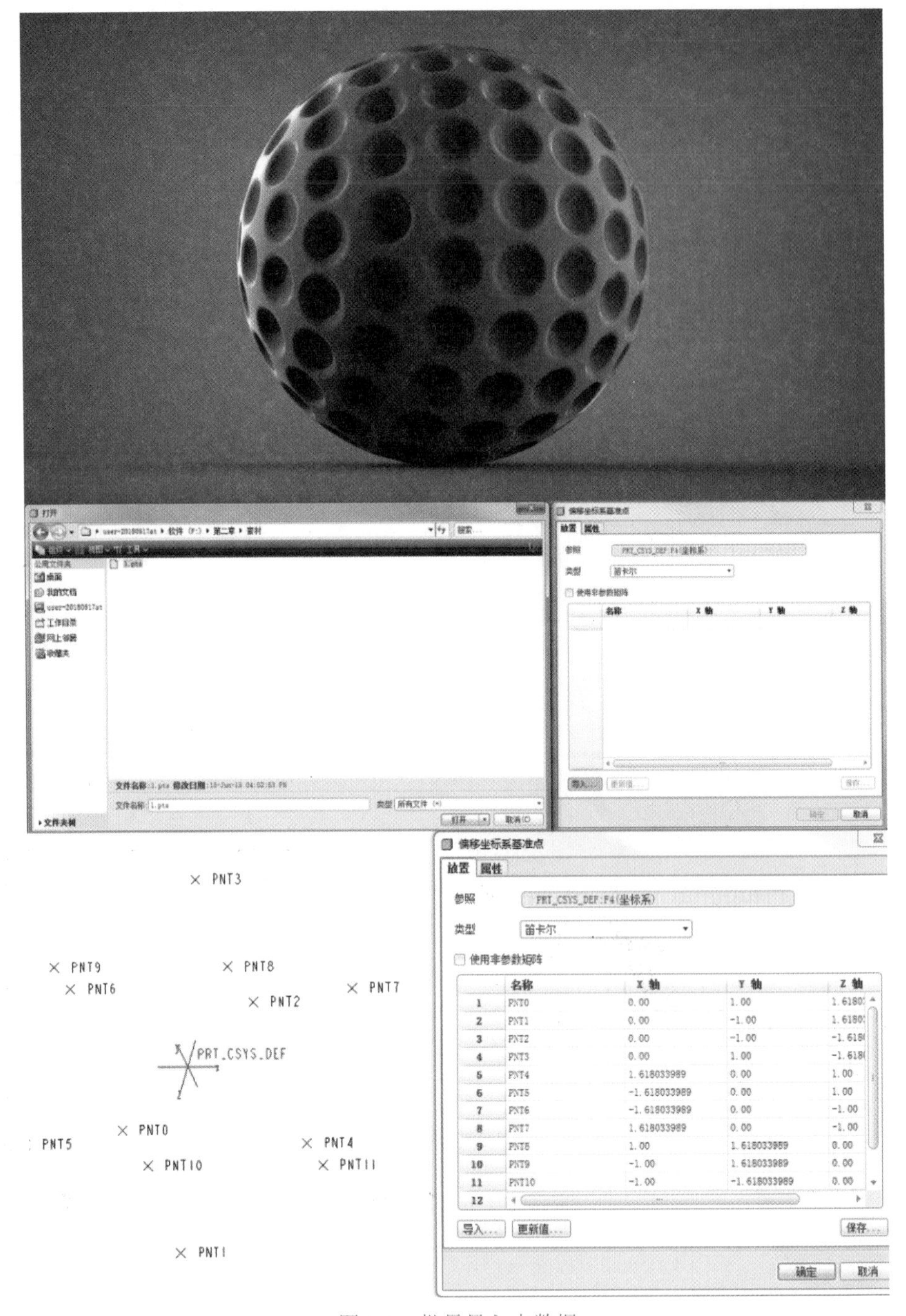

图 2-5　批量导入点数据

3 基准轴的画法

基准轴用于定位轴、旋转轴等辅助的基本功能，如图 2-6 所示是一些常用的基准轴的画法。

基准轴画法

2个点
1个法向 + 一个点的位置
法向(平面或曲面的) + 两个偏移面
两个基准面相交
圆柱或圆

图 2-6　基准轴的画法

例如为了帮助用户制作其他基准平面，通过两个基准平面相交的方式创建一个基准轴，再以基准轴作为旋转轴，创建其他基准平面，如图 2-7 所示。

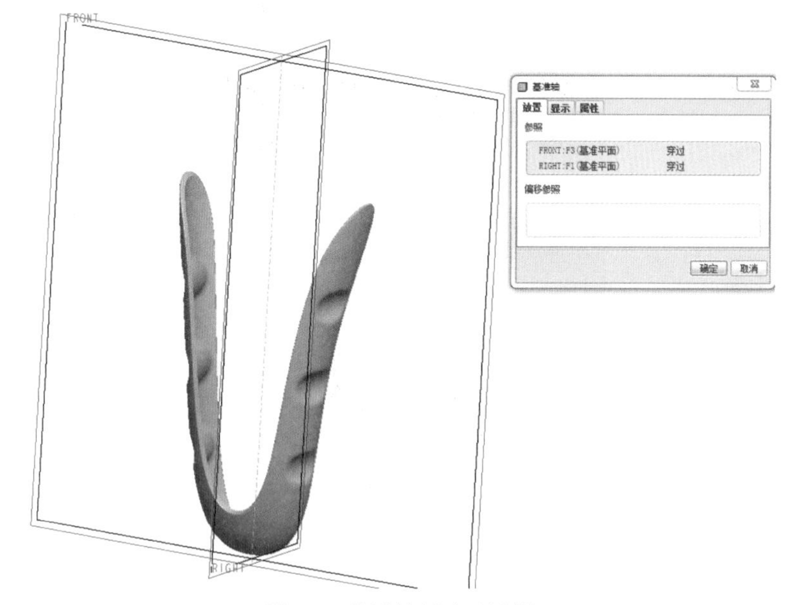

图 2-7　基准轴创建对话框

4 基准坐标系的画法

Pro/E 软件有默认的坐标系，所有的模型空间位置都依据该坐标系建立，如果用户建立了新的坐标系，那么导入模型、导入图档、参考坐标等操作就可以使用新创建的坐标系，如图 2-8 所示是一些常用的基准坐标系的画法。

基准坐标系画法

3个平面
2个相交轴(第一个轴为 x，第二个轴与第一个轴平面为xy面)
1个点 + 2个线

图 2-8　基准坐标系画法

2.1.2 草绘设置及草绘器界面

1 草绘

建模能否成功的一个重要因素就是草绘所设计的图形是否准确，草绘是一个平面图，可以做很多形状，草绘有尺寸，易于修改。建模可看成由平面图通过拉伸、扫描、旋转等方法生成，如图 2-9 所示。如何精准地绘制二维图形是学好 Pro/E 三维设计的重要基础。

图 2-9 邢帅教育憨憨熊 1 代

2 参照面及查看方向的设置

新手在创建草绘时，一般会默认选择系统提供的视图方向，该方向可能和模型的方向相反，这将大大影响模型后续视图切换及装配等操作，草绘方向的设置需要在【草绘】对话框的设置项中完成，如图 2-10 所示，说明如下。

草绘平面：所绘制的草图所在的平面。

使用先前的：选择上一个草绘的平面作为当前的草绘平面。

草绘方向：单击【反向】按钮实现草绘平面正、反两个方向的切换。

参照：草绘的参照平面，与草绘平面垂直，可以自己选择。

方向：有四种选择，分别是顶、底部、左和右。

单击草绘平面之后默认选取的方向是向左，效果如图 2-11 所示。

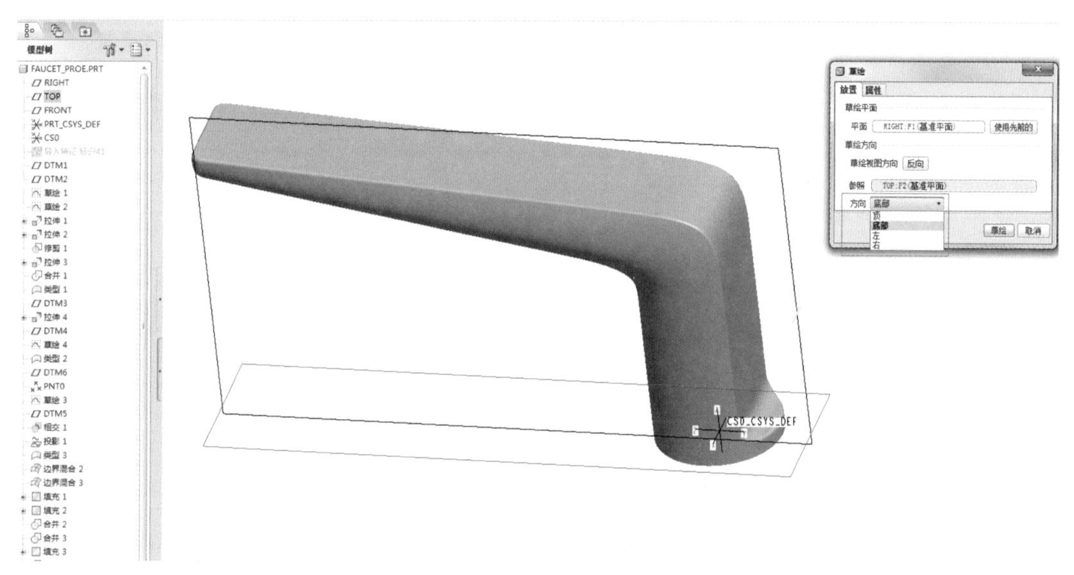

图 2-10　草绘设置

如果想切换水龙头的方向，直接执行【草绘】→【草绘设置】菜单命令即可，如图 2-12 所示。

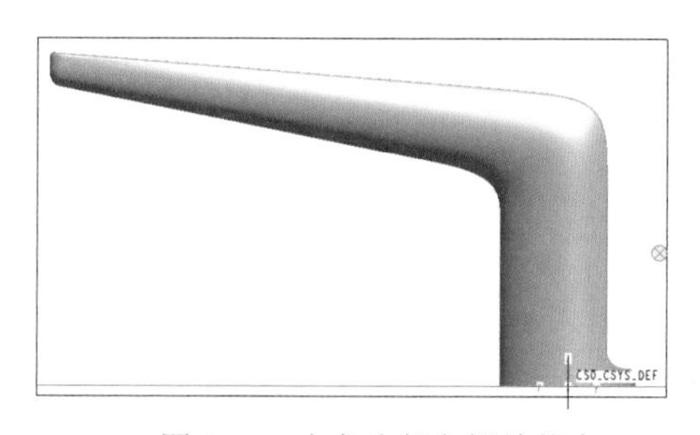

图 2-11　水龙头朝左摆放状态

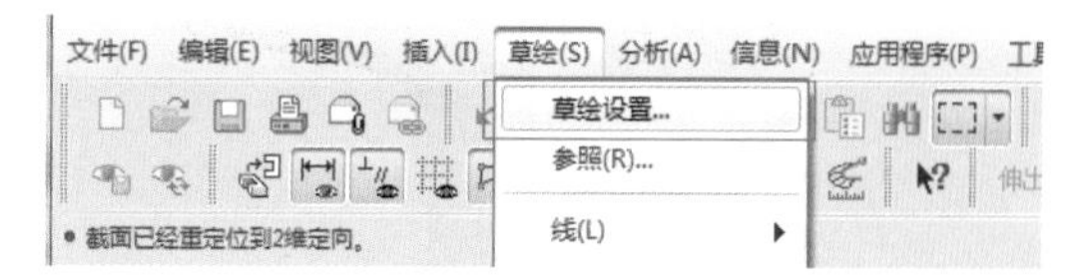

图 2-12　执行【草绘设置】菜单命令

单击参照项，选择模型的一条边，方向选"右"，如图 2-13 所示。这样就可以改变当前草绘所在平面的方向了。

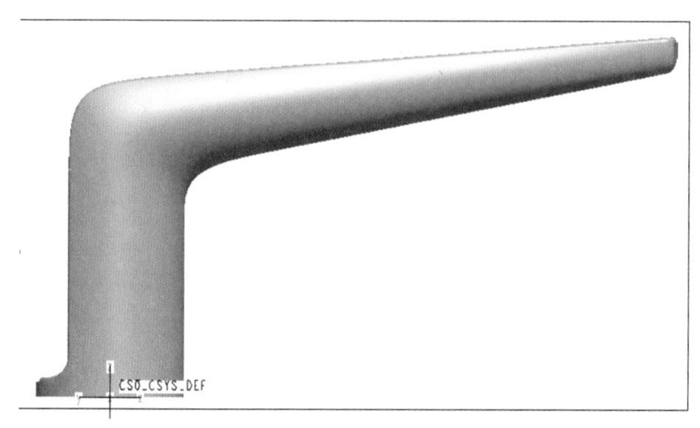

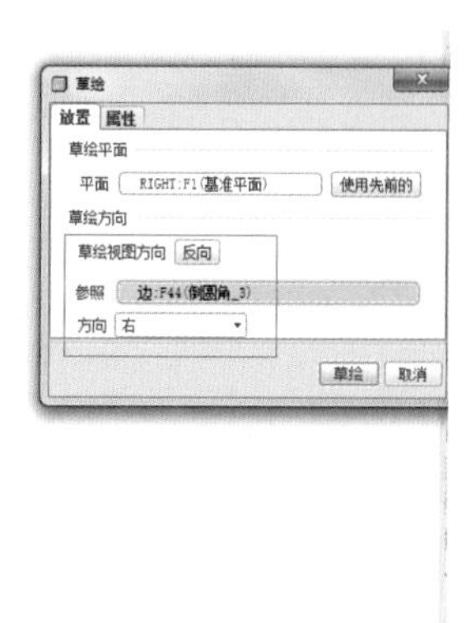

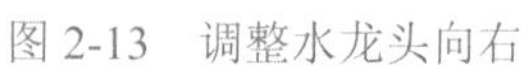

图 2-13　调整水龙头向右

老师语录

学习要勇于尝试，空间感不好的用户，尝试选择各个方向，图形会随选择变化。

3 草绘器及界面简介

Pro/E 软件提供丰富的二维绘图及编辑工具，可以进行直线、点、圆、圆弧、椭圆、样条线的绘制、尺寸编辑及修改等。进入草图之后会增加一个 草绘(S) 菜单，激活草绘工具有三种方式：在【草绘】菜单的下拉菜单中单击对应的草绘工具；单击界面右侧【草绘器】相应的工具按钮；通过键盘快捷键（推荐）设置用户自己习惯的快捷键来调用常用绘图工具，如图 2-14 所示。

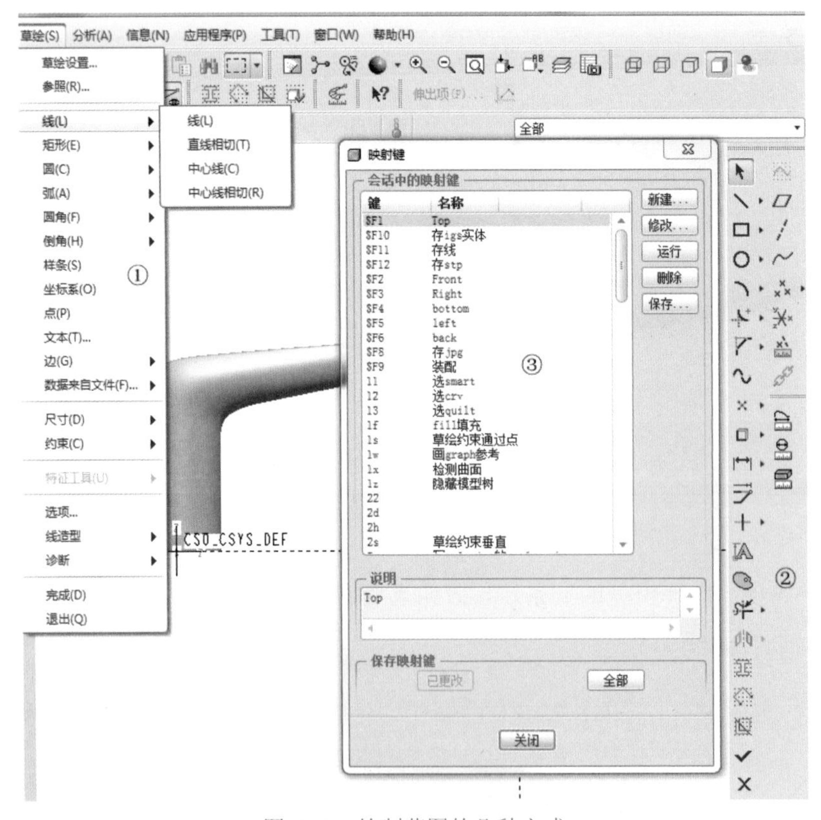

图 2-14 绘制草图的几种方式

注意

开始不熟练时可以先不设置快捷键，先尝试使用工具，等熟练了工具之后再设置快捷键。

2.1.3 草绘基本图形的画法

1 直线

单击 Pro/E 软件界面右侧工具图标旁边的三角箭头，展开四个二级工具图标，具体应用如表 2-1 所示。

表 2-1 直线用法

图标	功能	操作方式	示范
两点绘制直线	通过任意两点绘制一条直线	单击图标后任意捕捉两点创建直线，按鼠标中键一次结束连续，再按一次结束直线命令	PRT_CSYS_DEF
两图元之间作相切线	在两个圆或圆弧之间创建公切线	单击图标，依次选择两个圆或圆弧创建公切线	
草图中心线	绘制对称图形需提前制作草图中心线，也可作为参照线、镜像线	单击图标，单击两点绘制图纸中需要的草图中心线	100.00
几何中心线	用于草图之外作为旋转特征的旋转轴、基准轴参考	单击图标，单击两点绘制几何中心线，如果是使用旋转特征工具绘制的几何中心线，会有对称标注的尺寸自动出现	54.37 48.73 32.96 122.61 中心线 (旋转轴)

2 四边形

单击 Pro/E 软件界面右侧工具图标旁边的三角箭头，展开三个二级工具图标，具体应用如表 2-2 所示。

表 2-2　四边形用法

图标	功能	操作方式	示范
	创建正方向与坐标轴平行的矩形	单击图标，绘图区捕捉两点，以对角点的方式绘制矩形	1 2
	创建与坐标轴成一定角度的矩形	单击图标，绘图区中先选两点确定矩形的一条边，再选一点定位矩形整体形状，线之间保持垂直状态	1 2 3
	创建平行四边形	单击命令，绘图区中先选两点确定平行四边形的一条边，再选一点定位平行四边形	1 2 3

3 圆

单击 Pro/E 软件界面右侧工具图标旁边的三角箭头，展开六个二级工具图标，具体应用如表 2-3 所示。

表 2-3　圆的用法

图标	功能	操作方式	示范
	通过圆心和圆周上的一点绘制圆	单击图标，选第一点作为圆心，第二点任意捕捉一点作为圆弧上一点	1 2
	通过已有圆生成同圆心不同半径的圆	单击图标，先选择已有圆或者圆弧，再在任意位置单击即可	1 2
	通过不在同一条直线上的三点绘制圆	单击图标，依次单击不在同一直线上三点即可	1 2 3
	通过捕捉已知三个图元上的切点绘制圆	单击图标，依次选择三个图元的边即可生成相切圆	切 切 切

4 圆弧

单击 Pro/E 软件界面右侧工具图标旁边的三角箭头，展开五个二级工具图标，具体应用如表 2-4 所示。

表 2-4 圆弧的用法

图标	功能	操作方式	示范
	通过两点 +1 个圆弧上的点绘制圆弧	单击图标，单击两点作为圆弧的起点和终点，再靠近直线捕捉圆弧与直线的切点位置确定圆弧位置	切 1 2
	通过已知圆或圆弧生成同圆心不同半径的圆弧	单击图标，先选择已知圆或圆弧，再单击两点确定圆弧的两个端点	2 1 3
	通过圆心 + 端点绘制圆弧	单击图标，先指定圆心位置，再捕捉两个端点	2 3 1
	通过与三个图元相切的方式绘制圆弧	单击图标，依次选择与 3 个图元相切位置生成圆弧	切 切 切
	绘制锥形圆弧	单击图标，依次单击两点作为锥圆弧两端点，再捕捉一点即可确定圆弧	3 1 2

5 圆角

单击 Pro/E 软件界面右侧工具图标旁边的三角箭头，展开两个二级工具图标，具体应用如表 2-5 所示。

表 2-5　圆角的用法

图标	功能	操作方式	示范
	两个图元之间绘制圆角	单击图标，先后选择两个图形需要圆角的位置	
	两个图元之间绘制椭圆角	单击图标，在连接位置附近单击两个图元就会形成以椭圆弧构成的过渡	

6 倒角

单击 Pro/E 软件界面右侧工具图标旁边的三角箭头，展开两个二级工具图标，具体应用如表 2-6 所示。

表 2-6　倒角的用法

图标	功能	操作方式	示范
	通过捕捉两个图元附近连接位置并创建构造线颜色（便于今后标注）	单击图标，先后单击连接位置附近的两个图元	
	通过捕捉两个图元附近的连接位置，倒角并修剪，不构建参考线	单击图标，先后单击连接位置附近的两个图元	

7 样条线

单击 Pro/E 软件界面右侧工具图标，具体应用如表 2-7 所示。

表 2-7　样条线的用法

图标	功能	操作方式	示范
	通过多个点绘制平滑曲线，通过点不要太多，点越少样条曲线的质量越高	单击图标，依次单击各个通过点，绘制时还可双击进行编辑	

8 点

单击Pro/E软件界面右侧工具图标旁边的三角箭头，展开四个二级工具图标，具体应用如表2-8所示。

表2-8 点的用法

图标	功能	操作方式	示范
	二维草图点	单击图标，在草绘区的合适位置创建，可连续单击，草图点只可用于当前草图，退出草图即消失	草图点会比较虚
	几何点	单击图标，在草绘区的合适位置创建，可连续单击，几何点还可用于草图之外的参照	几何点会比较实
	草图坐标系	单击图标，在草绘区需要的位置创建新的草图坐标系，草图坐标系只用于当前草图，退出草图即消失	草图坐标系是构造的只可应用于当前草图 坐标系（构造）
	几何坐标系	单击图标，在草绘区需要的位置创建新的几何坐标系，几何坐标系还可用于草图之外，如做环形折弯等建模中	几何坐标系是实实在在的坐标系可应用于草图之外的特征 坐标系

9 边界图元工具

单击Pro/E软件界面右侧工具图标旁边的三角箭头，展开三个工具图标。

如果草图需要直接用实体的边、曲面边界、其他草图的图元就直接单击工具图标进行投影，弹出“类型”对话框，选择使用边的方式有三种，单一：逐一选择单条线；链：可以从所选两条线的中间选择相连的多条线；环：选取整个面，可将面上所有边线投影到当前草图，如图2-15所示。

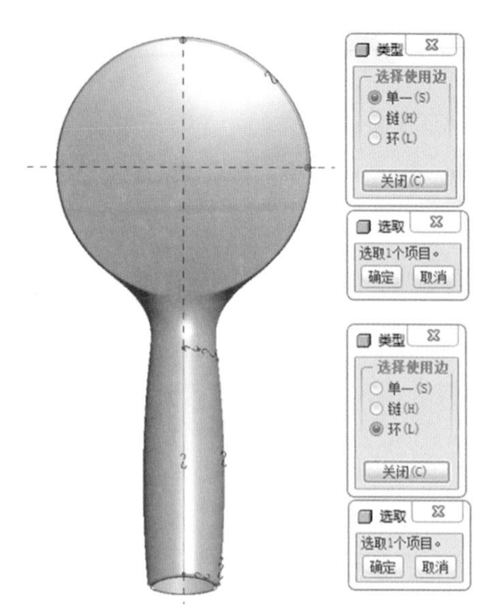

图 2-15　投影模型边到当前草图

如果草图线不在边的原位置复制，想偏移一定的距离，就需要单击投影工具的图标 ，具体应用如图 2-16 所示。

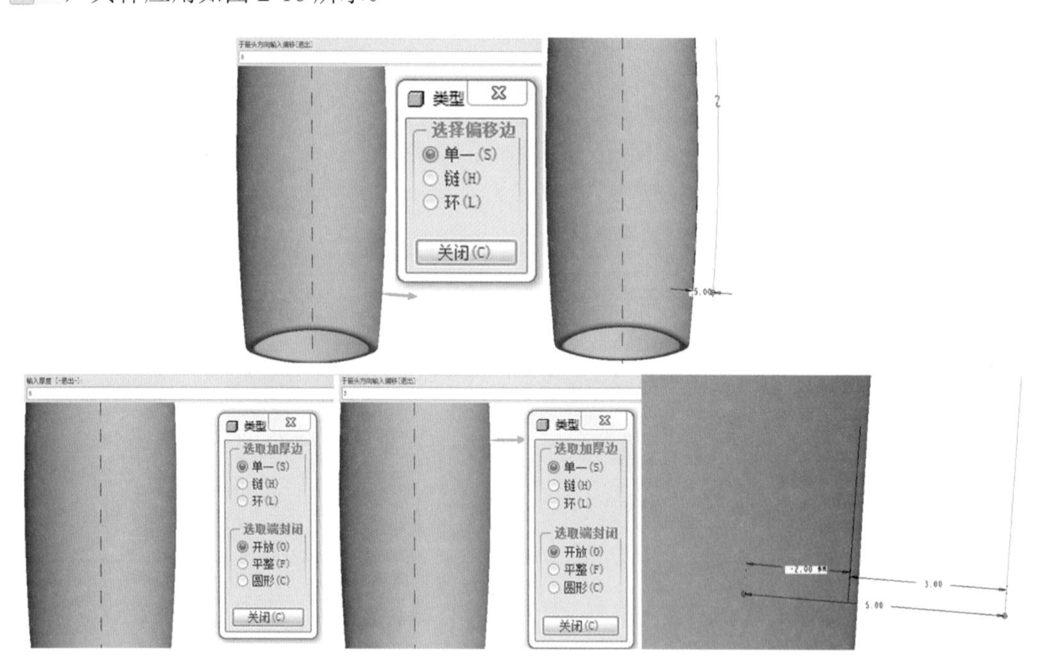

图 2-16　两种偏移的用法

第一种偏移是单向偏移，选择实体某一边弹出【输入偏移】对话框，输入正参数就会按照箭头方向偏移，输入负参数按照箭头相反偏移。第二种偏移是左右偏移，先给定总偏移厚度，然后确定箭头方向的一个侧大小。如图总厚度 5mm，箭头方向一侧偏移 3mm，那另外一侧就是 2mm。

10. 文字

单击 Pro/E 软件界面右侧工具图标，这个工具是在草绘区创建文本，也可以作为模型刻字的草绘线，具体应用如图 2-17 所示。在弹出的文本对话框中输入文字。如果选中【沿曲线放置】复选框就可以选择某一条曲面来放置文字了。

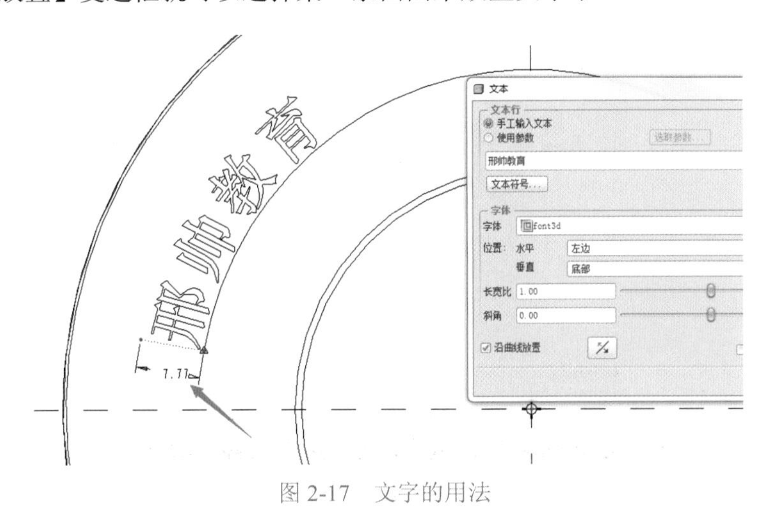

图 2-17　文字的用法

11. 草绘器调色板

单击 Pro/E 软件界面右侧工具图标，有些图形是常规图形，例如多边形、结构轮廓、圆角矩形、星形等，Pro/E 软件把这些常用的图形做成草绘器模板，用的时候直接拖到绘图区即可，如图 2-18 所示。

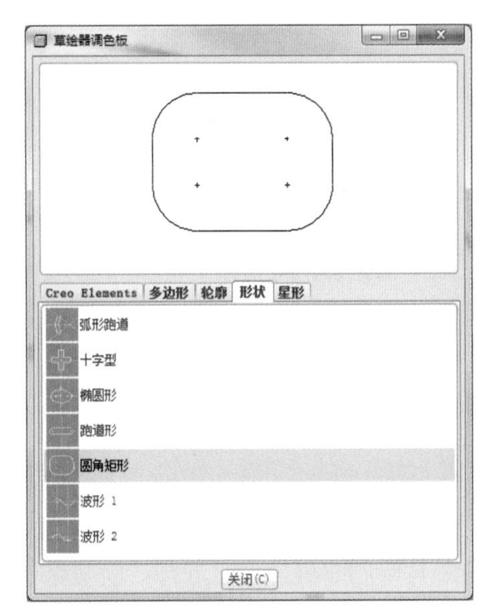

图 2-18　草绘器调色板

调色板里的图形也可以由用户自定义，工作中某些常用的形状，用自定义的方式建立在调色板中，想用的时候拖到绘图区即可。操作方式如下。

执行【文件】→【新建】菜单命令，在弹出的【新建】对话框中，类型选择【草图】，然后绘制出坐标系、基准轴、经常用到的草图形状并保存到“工作目录”下，即 Pro/E 软件的起始目录，如图 2-19 所示。

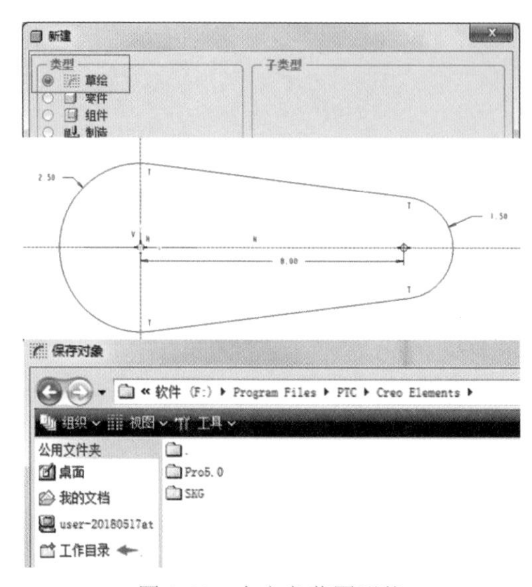

图 2-19　自定义草图形状

再绘制草绘时，单击【调色板】工具，左侧就多出来一个选项【Creo Elements】，如图 2-20 所示。

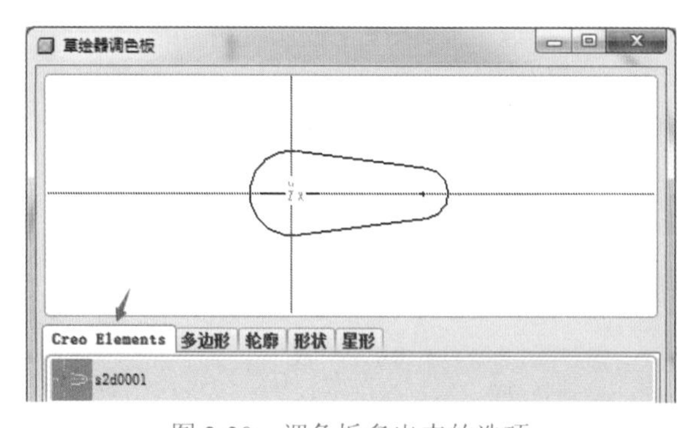

图 2-20　调色板多出来的选项

2.1.4　草图编辑

一般简单的图形用草绘工具绘制即可，但是若想绘制复杂的图形，就要借助草绘中的【编辑】命令对图形进行形状、位置等的调整。草图编辑工具主要有【镜像】【缩放和旋转】

【修剪】等。单击 Pro/E 界面右侧草绘器中的工具图标旁边的三角箭头，展开的二级工具中有【镜像】【旋转】工具；单击 Pro/E 界面右侧草绘器中的工具图标旁边的三角箭头，展开的二级工具有【删除段】【拐角】【分割】工具，具体应用如表 2-9 所示。

表 2-9 草图的编辑操作

图标	功能	操作方式	示范
	以某一条中心线为基准，镜像二维图形（只有图中有中心线镜像工具才会高亮显示）	单击图标，先选择要镜像的图元，再单击基准轴	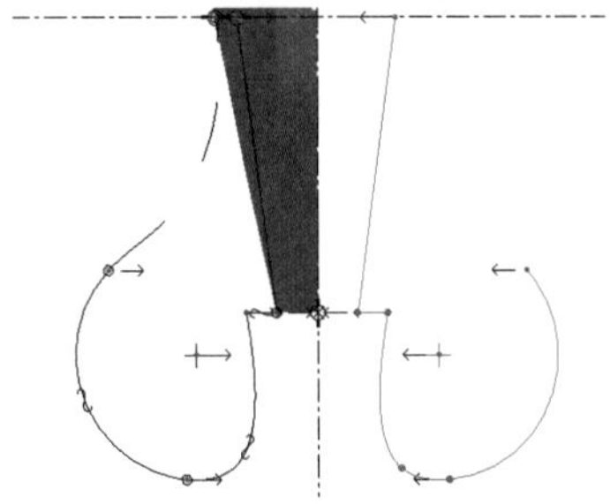
	旋转是以某点作为旋转中心旋转一个角度，缩放是对所选二维图形按比例进行缩放	单击图标，弹出【移动和调整大小】对话框，选择参照对象，如旋转，就提前做一个基准点用于旋转的参照点，再设置平移、旋转、缩放的相关参数	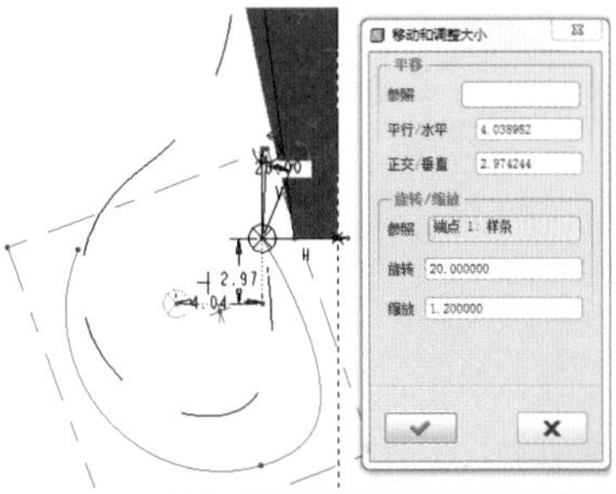
	动态实时修剪和删除二维图元	单击图标，按住左键不放从线上划过，划过的位置即被修剪	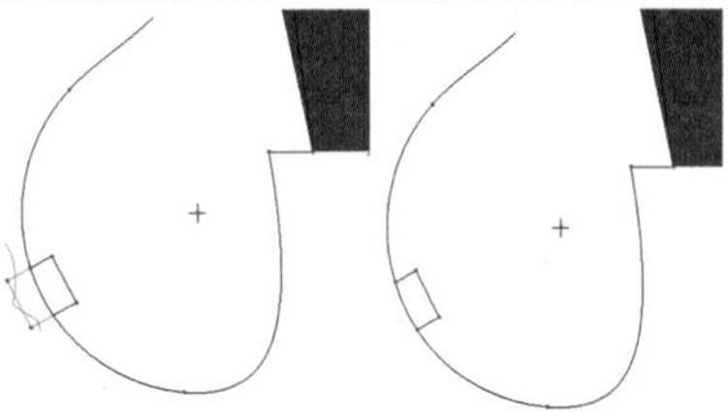
	将自相交线段之间制作成拐角	单击图标，依次选取要修剪或延伸的两个图元	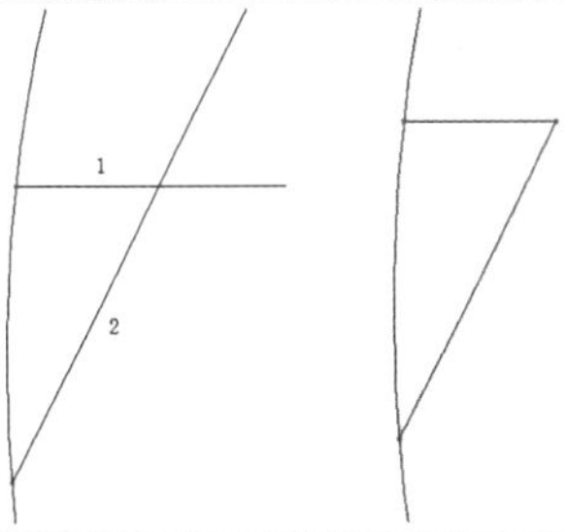
	在图形的某一处分割，将图元分成两部分，但长度不变	单击图标，选择直线、圆、圆弧等图元上需要分割的位置，即可将其分成多段	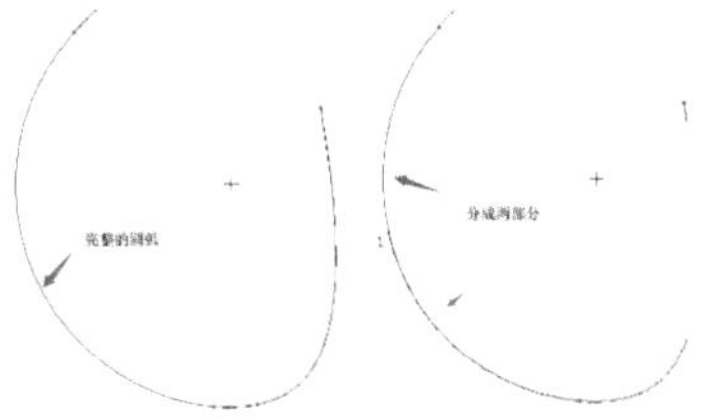

2.1.5 标注和修改尺寸

单击右侧草绘器工具栏中工具图标旁边的三角箭头，展开标注尺寸工具，四个工具图标从左到右依次为【创建定义尺寸】【创建圆周尺寸】【创建参考尺寸】【创建纵坐标尺寸基线】，其中最常用的是【创建定义尺寸】，用法如表 2-10 所示。

表 2-10 各种标注方式

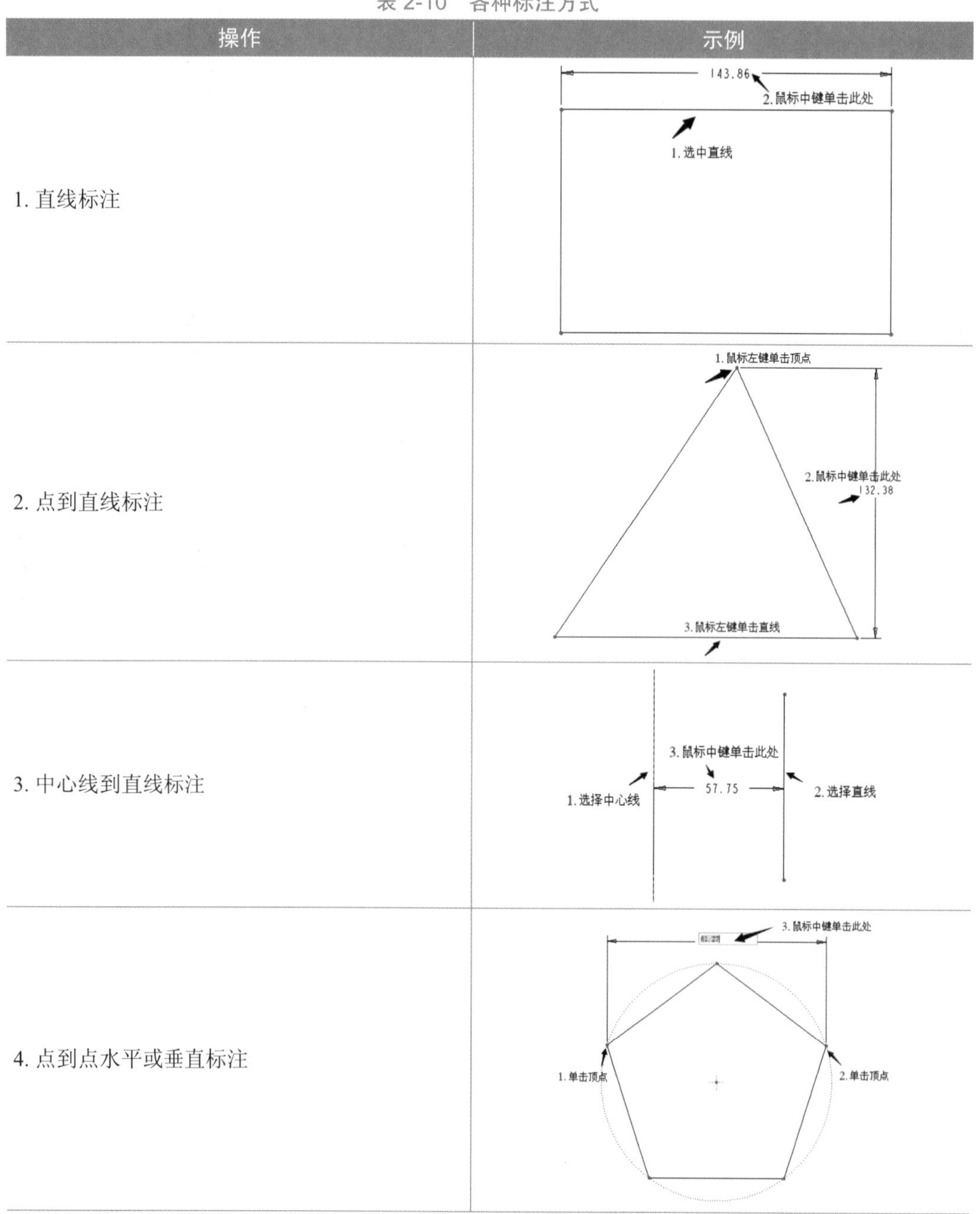

操作	示例
1. 直线标注	143.86 2. 鼠标中键单击此处 1. 选中直线
2. 点到直线标注	1. 鼠标左键单击顶点 2. 鼠标中键单击此处 132.38 3. 鼠标左键单击直线
3. 中心线到直线标注	3. 鼠标中键单击此处 1. 选择中心线 57.75 2. 选择直线
4. 点到点水平或垂直标注	3. 鼠标中键单击此处 1. 单击顶点 2. 单击顶点

续表

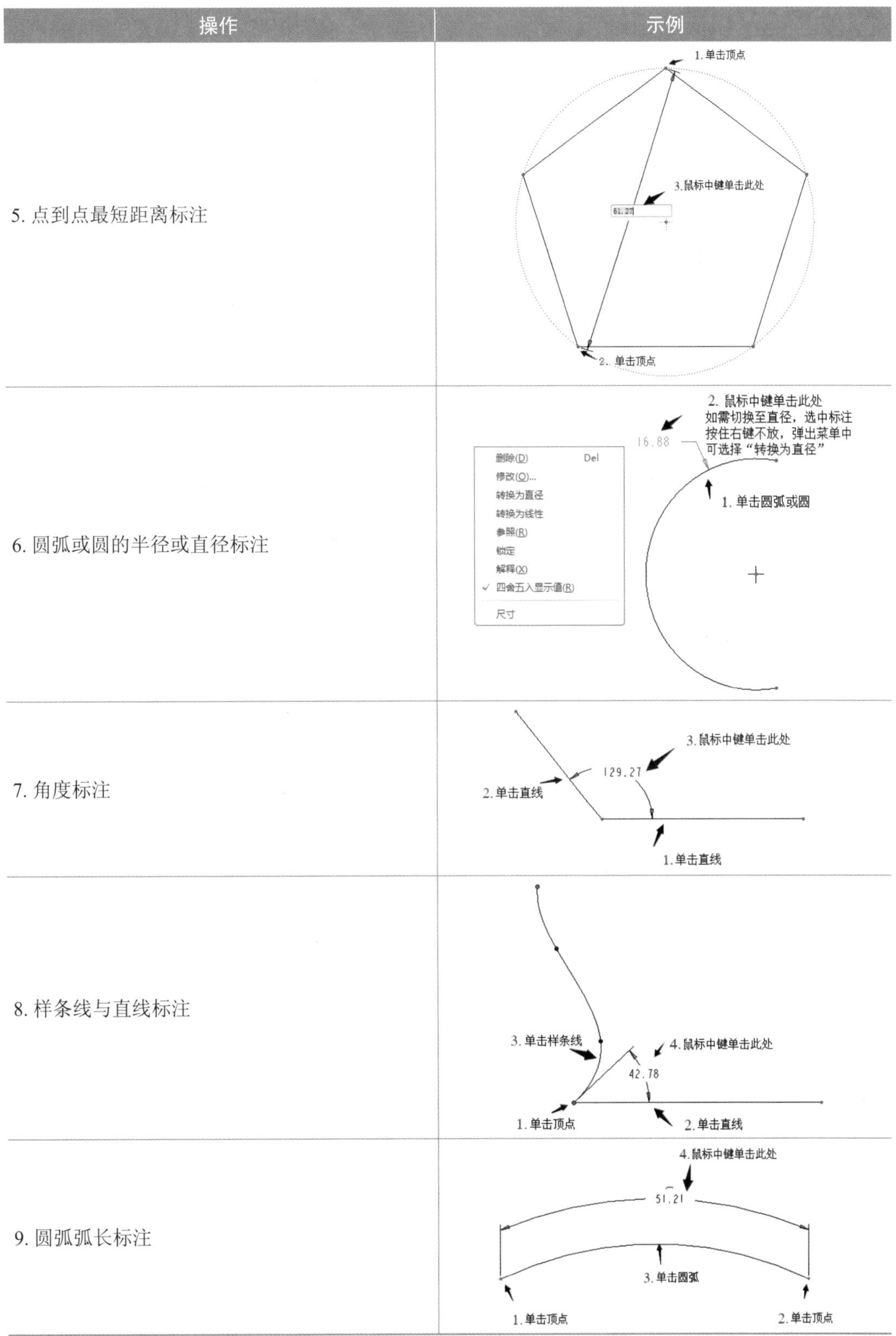

操作	示例
5. 点到点最短距离标注	
6. 圆弧或圆的半径或直径标注	
7. 角度标注	
8. 样条线与直线标注	
9. 圆弧弧长标注	

标注尺寸之后，还需要对尺寸进行修改。尺寸修改有两种方式：第一种是边标注边修改（不建议），因为每修改一次就会缩放窗口，会比较慢。第二种是通过尺寸修改工具，直接框选所有需要修改的尺寸（不用担心选中了线），再单击 Pro/E 界面草绘器中工具图标，弹出如图 2-21 所示的对话框，取消选中【再生】复选框（否则改一个图形就变一次），依次修改尺寸，修改后按回车键就可以跳转到下一个（修改哪个尺寸图形中也会高亮显示），全部修改单击【确定】按钮，图形就会变成用户设定的精确尺寸的图形了。

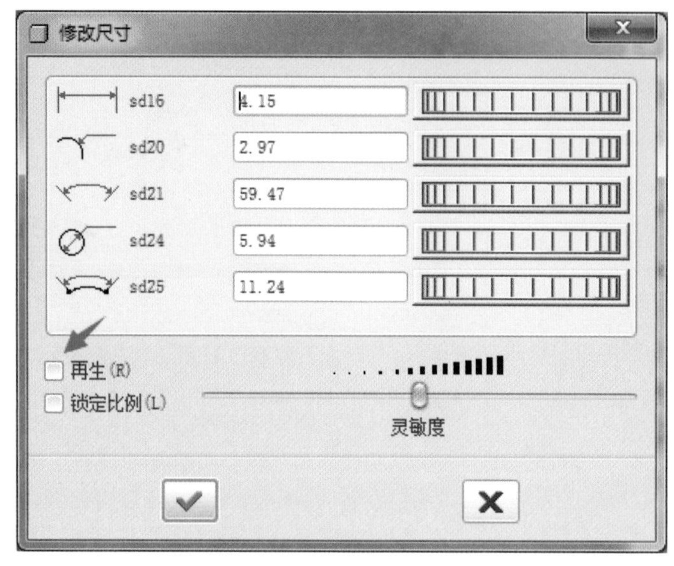

图 2-21　尺寸修改工具

2.1.6　几何约束

几何约束是 Pro/E 软件的一大特点，无论什么样的图形，通过几何约束可为各个图元之间添加关系，使图形更规范，减少尺寸标注，如两直线垂直、平行、相等，两圆弧半径相等、相切，直线与圆相切等约束关系。单击工具图标旁边的三角箭头，展开的二级几何约束工具图标一共有 9 个，，具体应用如表 2-11 所示。

表 2-11　各个几何约束用法

图标	功能	操作方式	示范
+	竖直约束，可将一条线或者两个点竖直摆放对齐	单击图标，再单击线或者两个点	1　H　2　V　H

续表

图标	功能	操作方式	示范
	水平约束，可将一条线或者两个点水平摆放对齐	单击图标，再单击线或者两个点	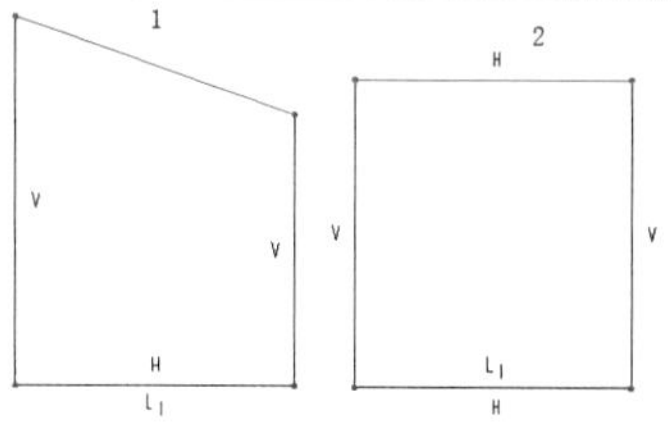
	正交约束，可将两个对象正交垂直	单击图标，然后选择两条线	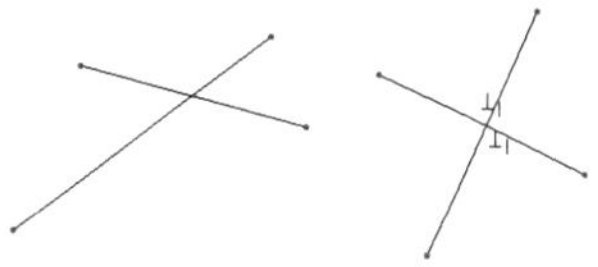
	相切约束，可将两个对象相切	单击图标，再选择两个需要相切的对象	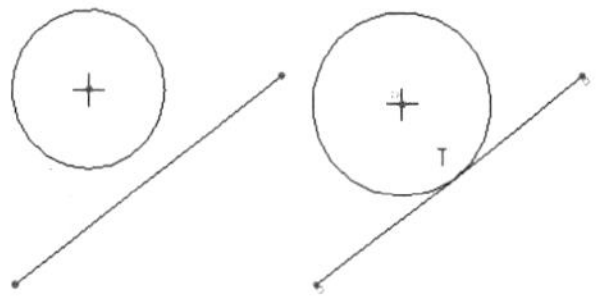
	中点约束，可将一个对象约束到某一点作为中点（直线、圆弧都行）	单击图标，选择直线，再选择直线或圆弧，反过来选择也可以	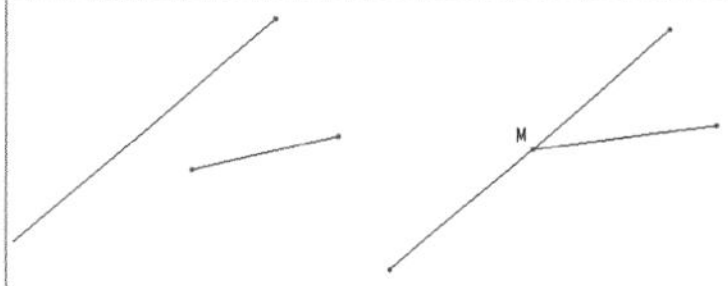
	重合约束，可将点约束在线上或两点重合	单击图标，依次单击点、直线或者捕捉两个需要重合的顶点	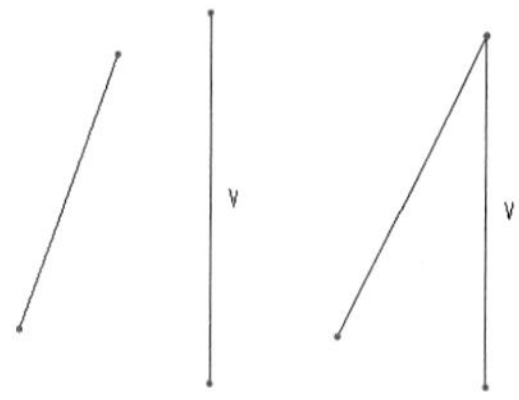
	对称约束，可将两点或顶点以中心线作对称	单击图标，单击点、中心线、点	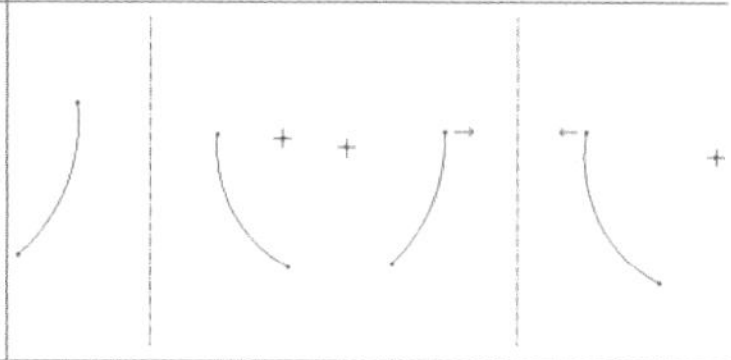
	相等约束，可将两个圆、圆弧、直线进行等半径、等长度、等尺寸约束	单击图标，依次选择两个要设为相等的对象	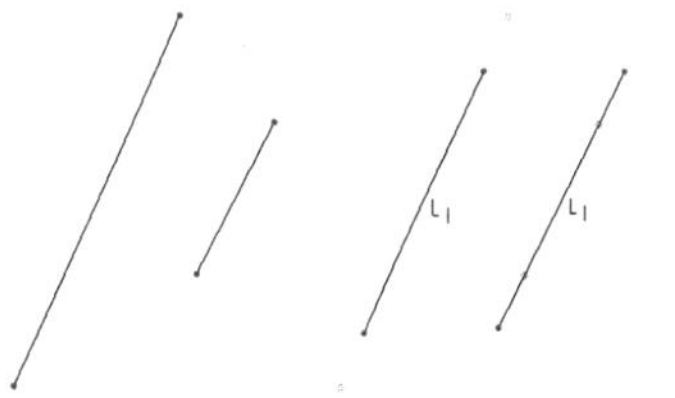
//	平行约束，可将两条直线平行摆放	单击图标，依次选择两条要设为平行的直线	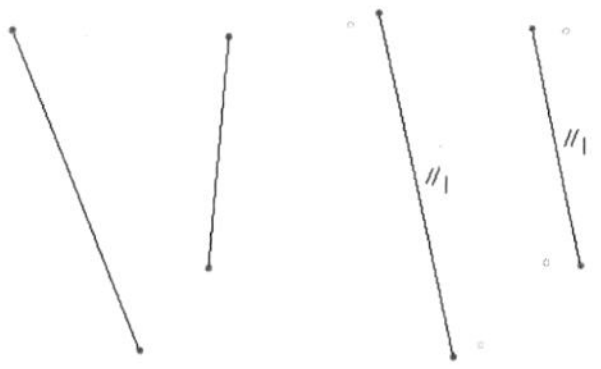

2.2 草绘练习

前面所讲都是基本工具的用法，在实际工作中会综合使用所有工具，所以必须进行大量的练习，使工具的应用烂熟于心。对于初学者，可以把练习图片导入 Pro/E 草绘区，作为参考用图。下面通过几个案例来讲解如何绘制草绘。

2.2.1 草绘练习实例1

草绘如图 2-22 所示，应用所学草绘知识学习综合绘图方法，首先学会跟踪草绘的方式，以及把图片导入草绘作为参考的正确步骤。

练习1——钩子（相切圆弧画法）

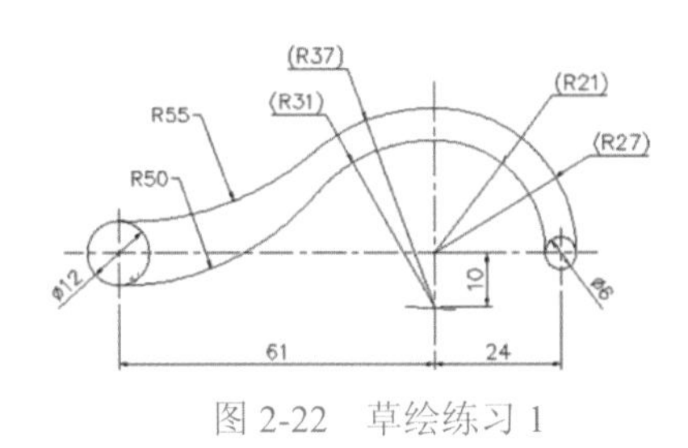

图 2-22 草绘练习 1

（1）单击 Pro/E 软件界面右侧造型工具图标进入造型窗口，在界面右侧单击图标旁边的三角形，单击展开图标中的第二个圆工具，在坐标中心创建 R6 的圆（即对应图纸中 ϕ12 的圆），如图 2-23 所示。

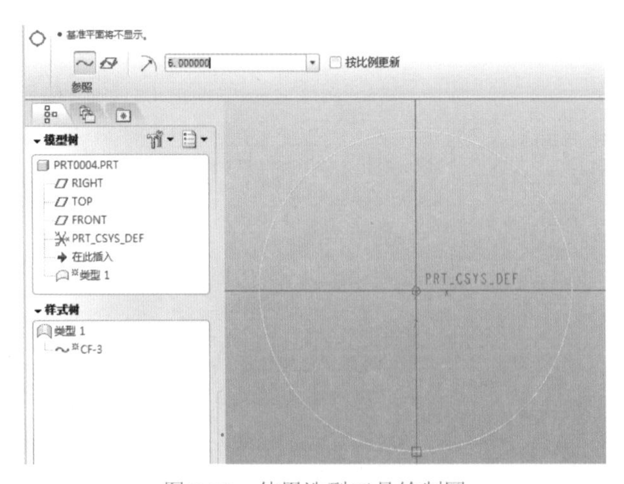

图 2-23 使用造型工具绘制圆

（2）执行【造型】→【跟踪草绘】菜单命令，在弹出的【跟踪草绘】对话框中选择正确方向，基准平面导入第3章素材中的“xsteach_sketch1”图片，如图2-24所示。

图2-24　跟踪草绘

（3）使图片中直径为12的圆和第一步绘制的圆近似重叠，完成后退出造型工具，如图2-25所示。

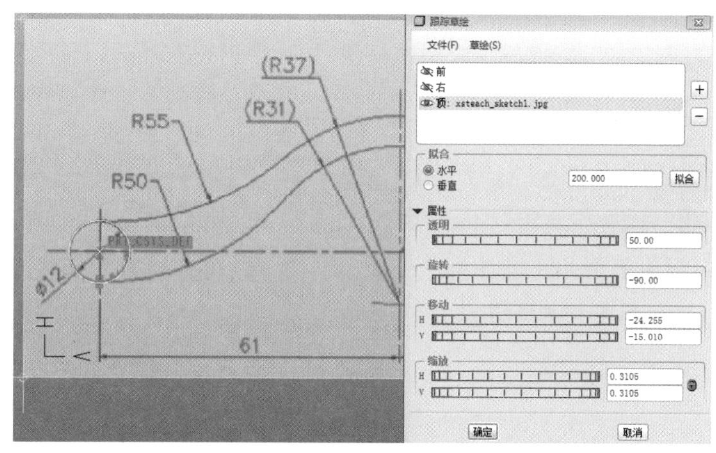

图2-25　导入图片调节好方位、大小

（4）进入草绘，此处注意，不要去描图片的边，要以真实尺寸来绘图及标注，先通过中心线过圆中心绘制相互垂直的两条中心线来定位圆心，圆是所有图形中最好画的，先把几个圆绘制出来并修改自动标注尺寸，如图2-26所示。

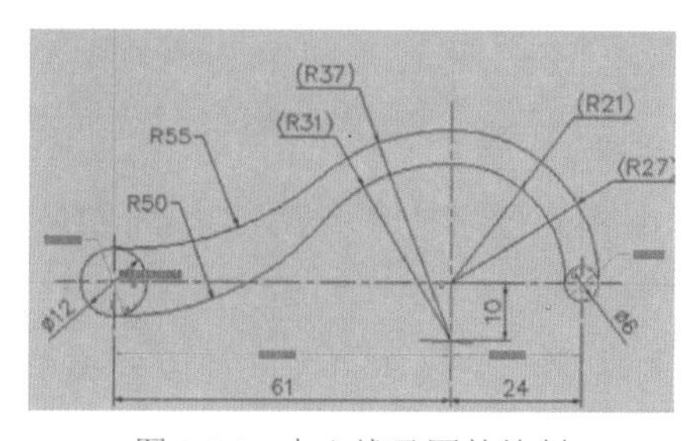

图2-26　中心线及圆的绘制

（5）绘制几个带括号标注的圆弧（先绘制圆后续修剪），带括号的尺寸是参考尺寸，实际草图中不需要通过尺寸标注，因为它和别的图元有几何约束关联，所以并不需要标注，如 R21 的圆，圆心处在（4）绘制的中心线上，中心线是固定的，所以圆心也固定，又与 $\phi 6$ 的圆左侧相切，$\phi 6$ 的圆通过尺寸标注已固定，如图 2-27 所示，注意圆心位置是 10mm 的距离。

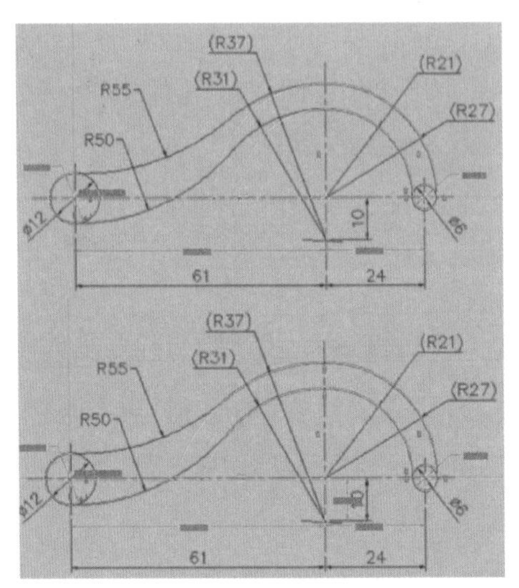

图 2-27　绘制圆弧并修剪

（6）倒圆角，R55 和 R50 的弧需要保证与 $\phi 12$ 的圆和 R37、R31 的圆弧相切。所以可以使用非常方便的圆角工具图标，选中工具图标后单击相切附近位置，即可形成圆角过渡，并标注尺寸控制其大小，再单击工具图标，将 R31、R37 圆弧多余的地方进行修剪，如图 2-28 所示。

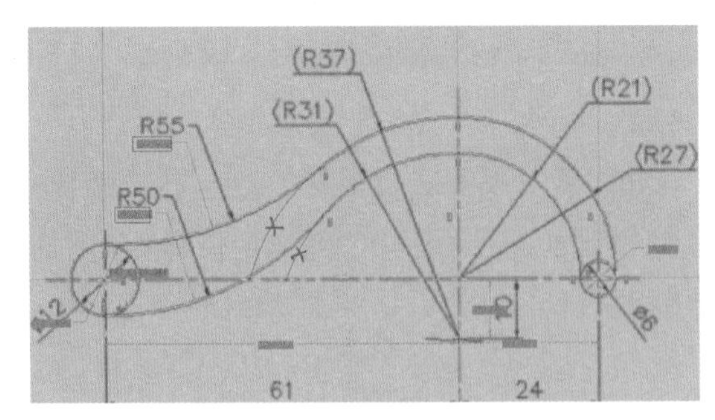

图 2-28　使用倒圆角做相切圆

（7）绘制完成后退出草图，练习 1 的图档已正确完成，如图 2-29 所示。最后检查标注是否正确：首先检查鼠标拖动图形时有无自由变化，无变化表示全约束了，只有修改尺寸才会对图形的形状产生变化；其次检查有无 Pro/E 软件自动添加的灰色标注。

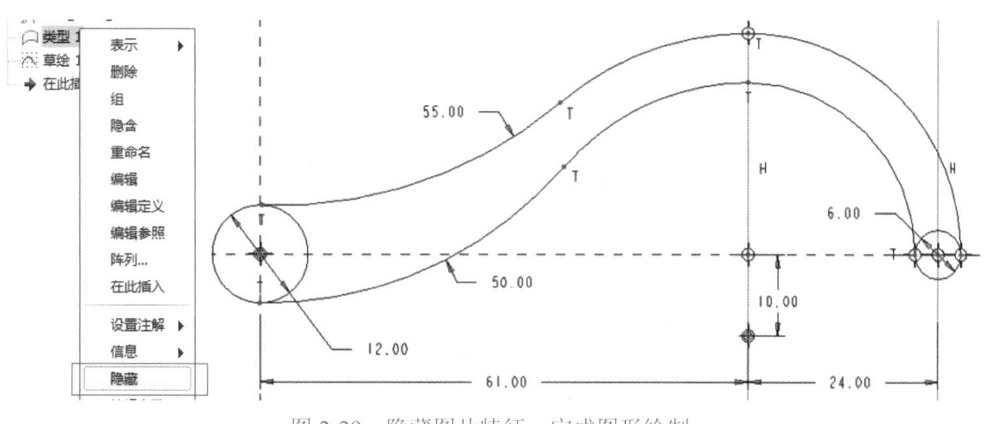

图 2-29　隐藏图片特征，完成图形绘制

注意

（1）善用跟踪草绘可以更快地熟悉图形的形状；（2）绘制的顺序，先创建有利于整个图形规划的图元；（3）看清楚标注是否带有括号，参考尺寸不用在草图中实际标注；（4）善用中心线，很多图元的定位需要中心线作参照；（5）完成限定原则，完成草绘后要检查是否正确，总结画法，做到举一反三。

2.2.2　草绘练习实例2

扫码看视频

草绘如图 2-30 所示。此范例主要为读者介绍中心线及镜像功能。

练习2——五角梅花

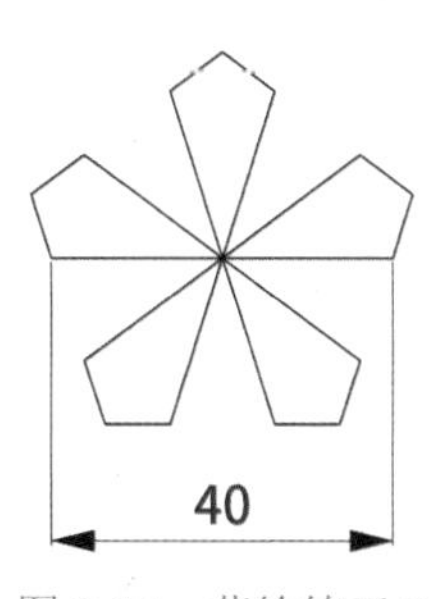

图 2-30　草绘练习 2

（1）由于此图形由五个规则相同的形状组成，用户可以通过正多边形模块，先确定五个顶点，此时可使用调色板功能，单击【调色板】工具图标，将正五边形拖进绘图区（正多边形的中心点与坐标原点重合），如图 2-31 所示。

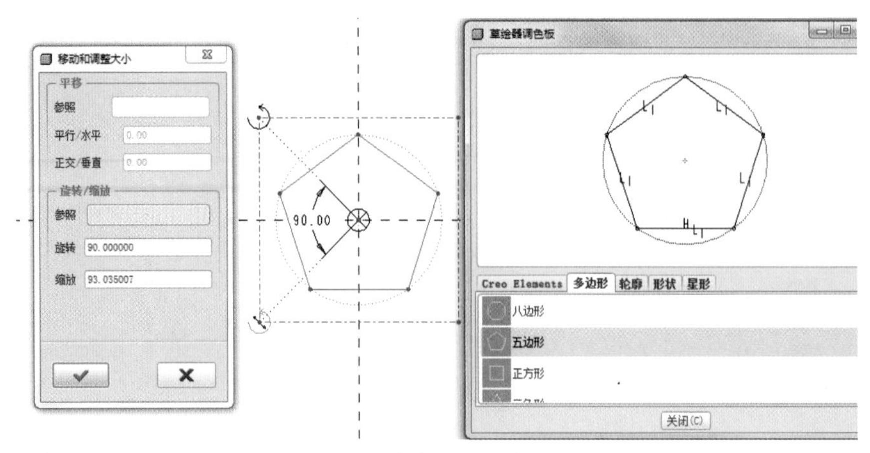

图 2-31　用调色板调用一个正五边形

（2）绘制中心线，中心到各边的中点及中心到各顶点都绘制中心线，如图 2-32 所示。

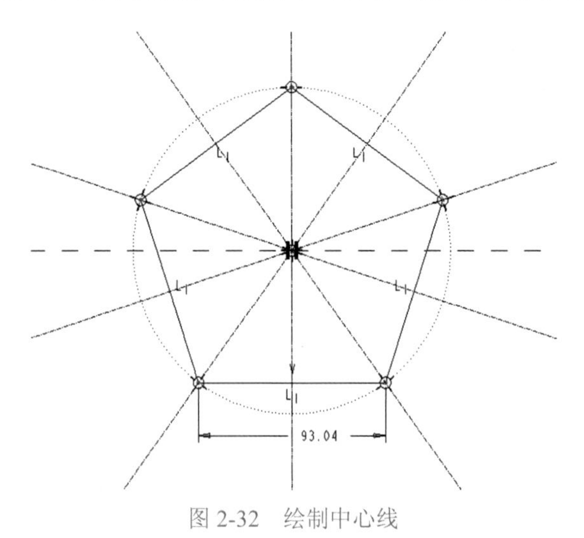

图 2-32　绘制中心线

（3）绘制水平线，再单击选择如图 2-33 所示的中心线（构造）的辅助线进行镜像。

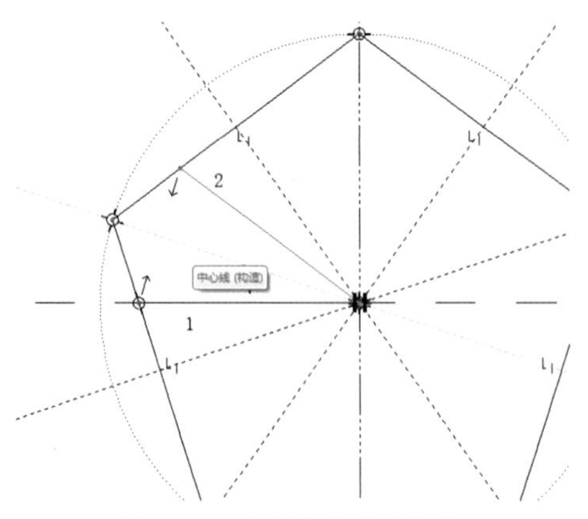

图 2-33　绘制水平线并镜像

（4）按住 Ctrl 键，依次选择刚才绘制的两条线，单击【镜像】工具图标，选择中心线，如图 2-34 所示。

（5）进行第一次镜像操作后默认选择的是（3）中的两条线，继续进行镜像操作，几次镜像操作后就完成了正多边形中实线的绘制，如图 2-35 所示。

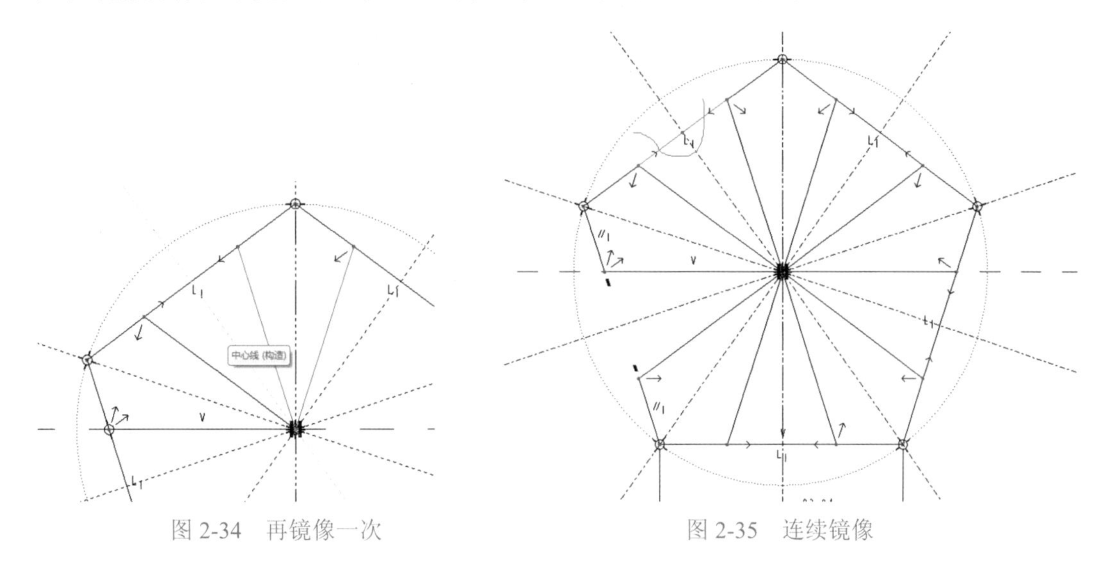

图 2-34　再镜像一次　　　图 2-35　连续镜像

（6）通过单击修剪工具图标，修剪掉边线不需要的部分，如图 2-36 所示。

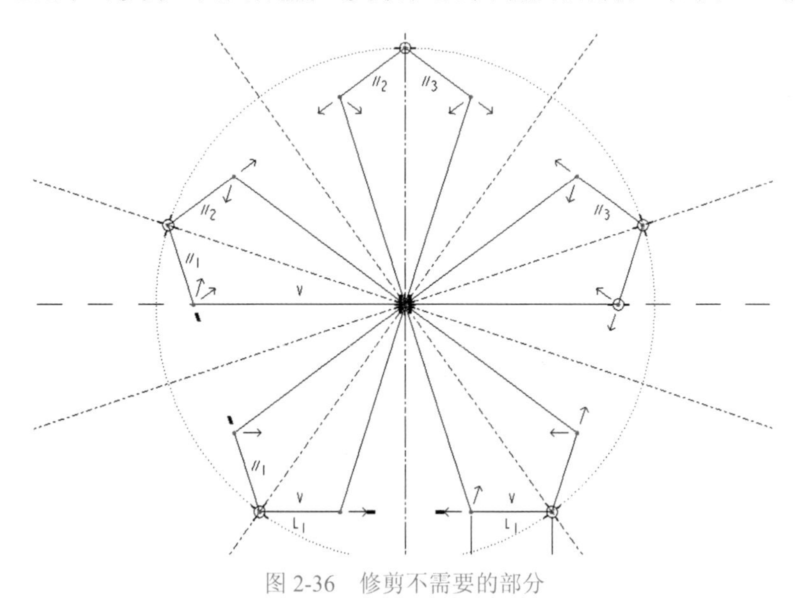

图 2-36　修剪不需要的部分

（7）下面进行标注，通过标注工具图标，标注图例中点到点的距离值为 40，由于草图中有多余的标注尺寸，Pro/E 软件会自动弹出一个【解决草绘】对话框，此对话框用来帮助用户排查标注尺寸与其他尺寸标注或几何约束是否冲突。该对话框提示图中短线的长度标注冲突，单击【删除】按钮并修改尺寸为 40 即可，如图 2-37 所示。

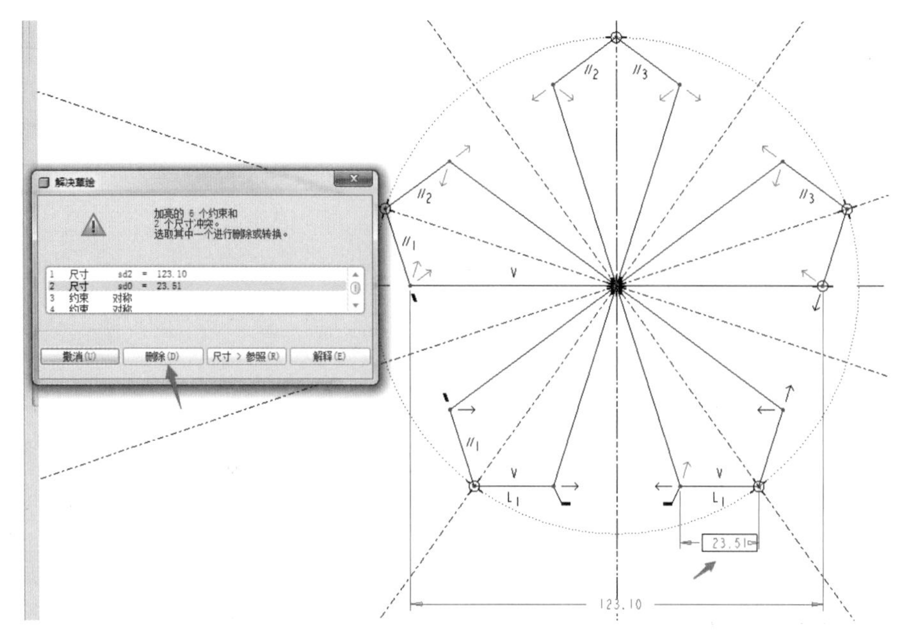

图 2-37　删除冲突的标注

（8）练习 2 图形制作完成，如图 2-38 所示。

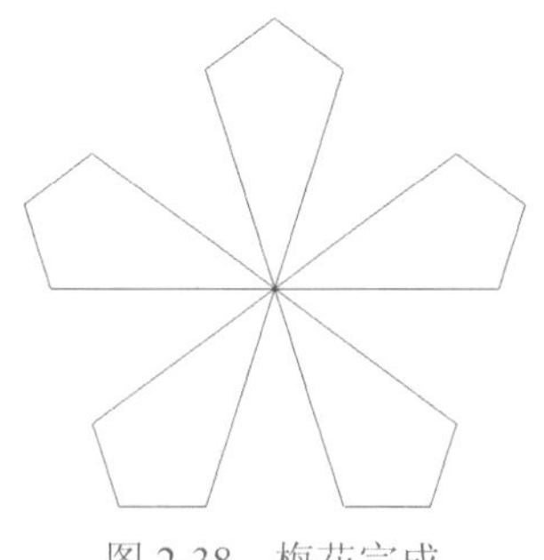

图 2-38　梅花完成

注意

不管图纸是难是易，都要认真对待，研究画图思路，找到突破口，培养对图纸的敏锐度。

2.2.3　草绘练习实例3

扫码看视频

草绘如图 2-39 所示。几何约束和尺寸标注有时候要考虑先后顺序。因为如果没有做好几何约束，后面进行尺寸标注无法更改尺寸参数，所以大多数绘图会以几何约束优选添加。

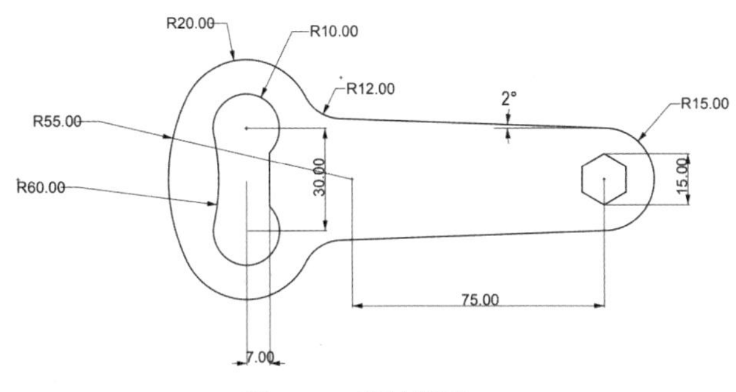

图 2-39　草绘练习 3

（1）先整理解题思路，图形是对称图形，那么先把中心线绘制好，并初步制作 R20、镜像的 R20 及最右边的 R15，先标注直径尺寸来控制整体图形大小的区域，如图 2-40 所示。

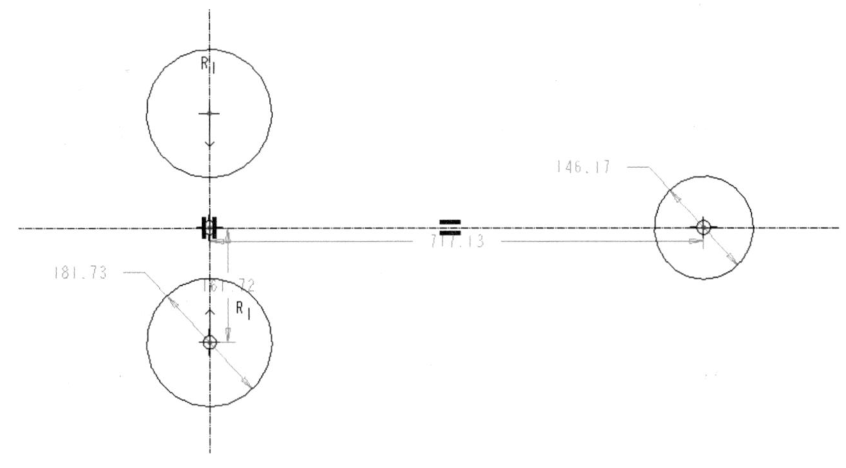

图 2-40　绘制中心线及圆

（2）通过圆形工具图标创建最左边的圆角，由于已经有对称的两个圆了，绘制的圆角圆心会落在中心水平线上，如图 2-41 所示。

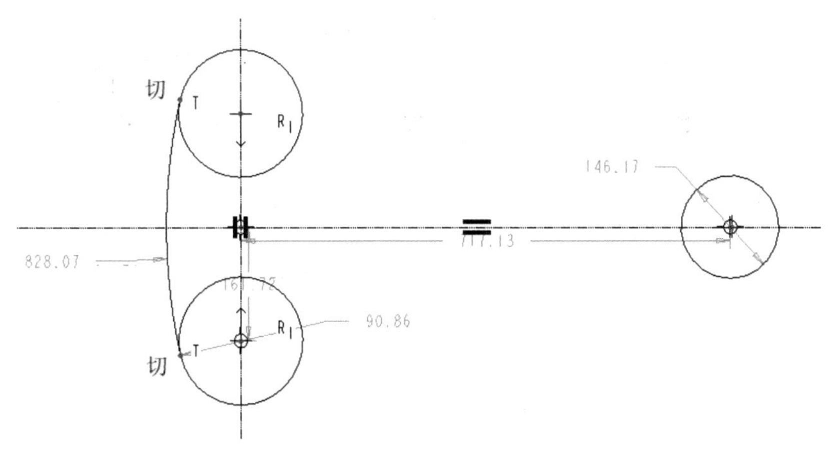

图 2-41　倒圆角

（3）绘制R15的相切线，如果在绘制的时候被错误的几何约束束缚住，可以按住Shift键暂时取消约束，可任意绘制，绘制完成后对其进行约束相切，制作圆角，如图2-42所示。

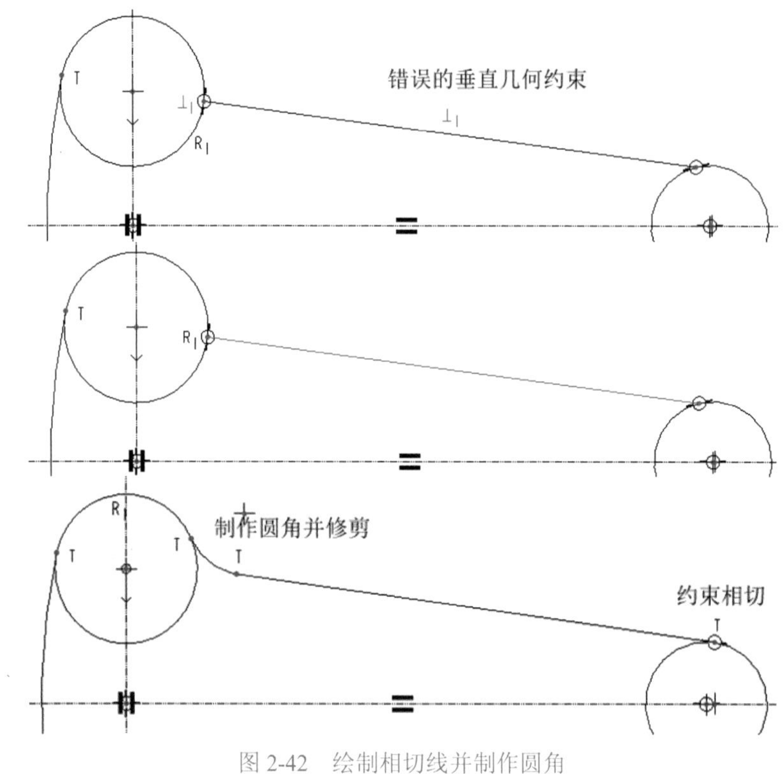

图2-42　绘制相切线并制作圆角

（4）以水平中心线镜像（3）制作的相切线及圆角，并进行修剪，如图2-43所示。

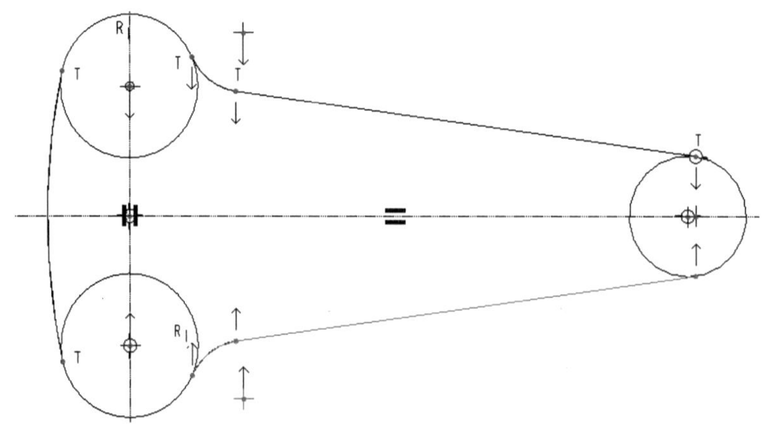

图2-43　镜像并修剪

（5）外轮廓绘制好后，绘制里面的部分，左侧按照图例绘制相似图形，制作圆角时相切点的位置决定圆弧朝外还是朝内，如图2-44所示。

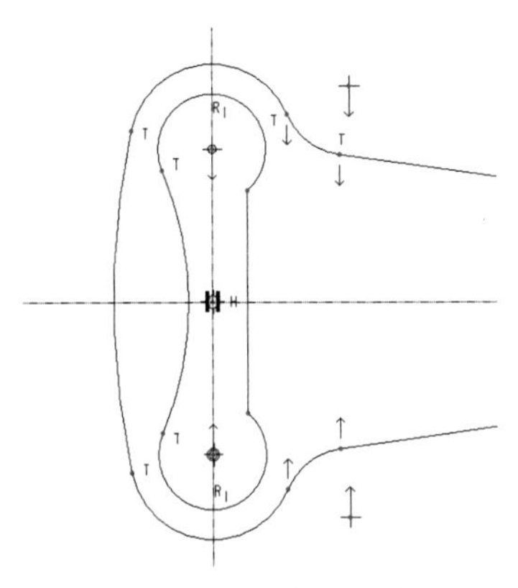

图 2-44 绘制左侧内部

（6）右侧内部为正六边形，按照图例任意绘制正六边形，可使用调色板中默认的正六边形，旋转 30° 即可，如图 2-45 所示。

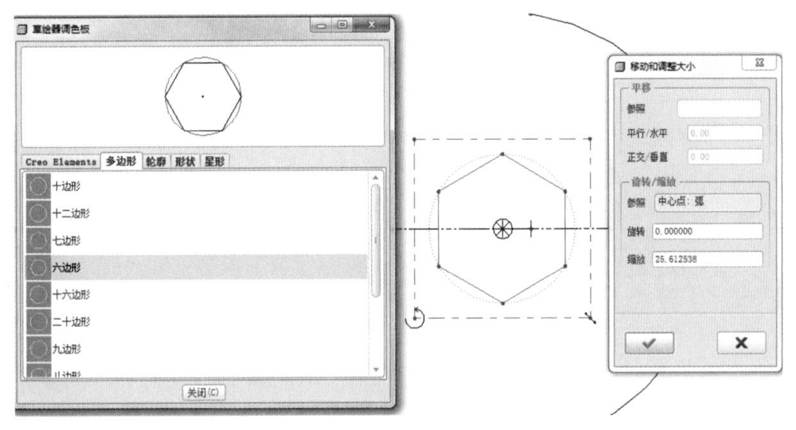

图 2-45 绘制右侧内部正六边形

（7）严格按照图例尺寸进行标注，建议先把所有需要的尺寸标注好，形状约束好，再统一修改，如图 2-46 所示。

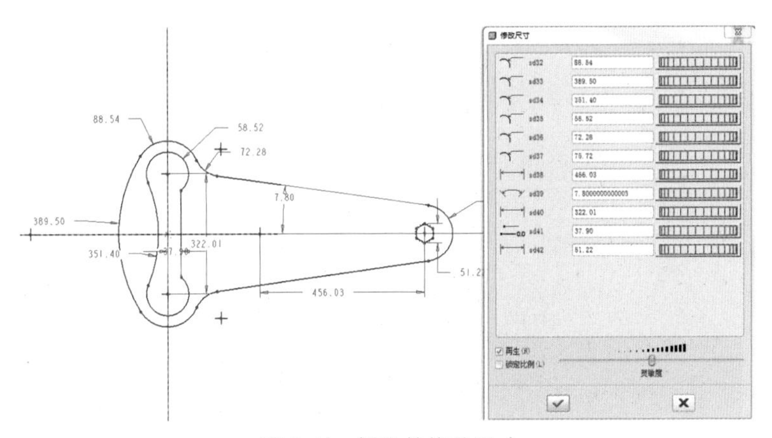

图 2-46 标注并修改尺寸

（8）最终完成图案的绘制，如图 2-47 所示。

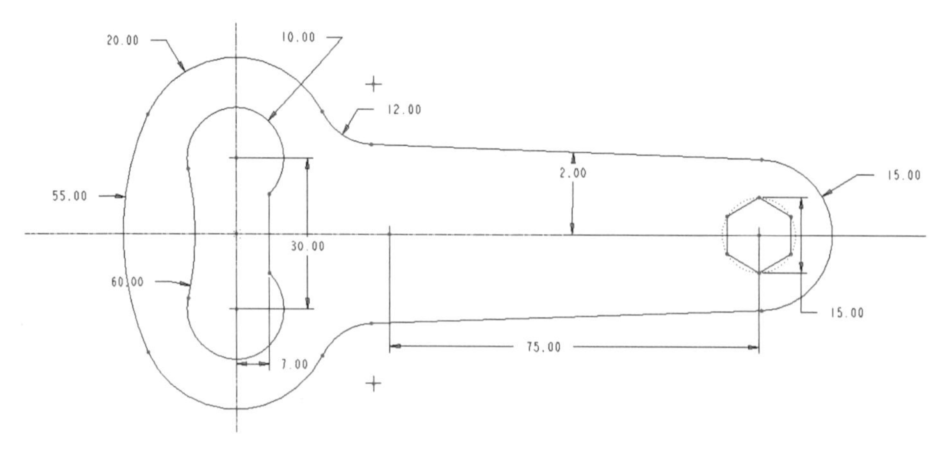

图 2-47　最终效果

对图形进行分类绘制，先制作外轮廓，再绘制里面的孔，将约束的顺序理清楚，保持思路清晰。

2.2.4　AutoCAD文件导入Pro/E

有时候先用 AutoCAD 设计线条，做三维设计又需要使用 Pro/E，为了避免在 Pro/E 中重新绘制 AutoCAD 中已经设计好的线条，可将 AutoCAD 绘制好的文件导入到 Pro/E 软件中。

以可爱的阿狸模型为例，导入步骤如下。

（1）在 AutoCAD 软件中绘制好图稿，如图 2-48 所示。

图 2-48　AutoCAD 图稿

（2）在 AutoCAD 中执行【文件】→【输出】菜单命令，在弹出的对话框中，类型选择“块（*.dwg）”并保存，定义新图形，将需要输出的图单独转出去，并打开此文件，如图 2-49 所示。

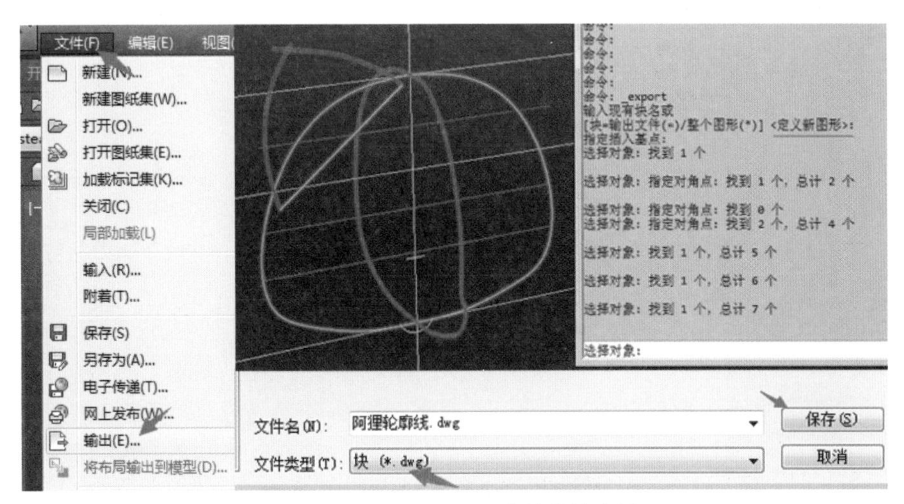

图 2-49　从 AutoCAD 中单独导出图

因为 Pro/E 和 AutoCAD 软件的坐标系统是一致的，如果线条偏离坐标原点太远，导入 Pro/E 软件中也会偏离很远，所以要将线条放置在 AutoCAD 坐标（0,0）处，并另存为低版本 AutoCAD 格式（最好是 2004 版本，因为版本太高 Pro/E 可能不能识别），如图 2-50 所示。

图 2-50　把线图移动到坐标原点

（3）打开 Pro/E 软件，新建空零件，执行【插入】→【共享数据】→【自文件】菜单命令，在弹出的对话框中，文件类型选择“DWG”，打开“阿狸轮廓线”文件，如图 2-51 所示。

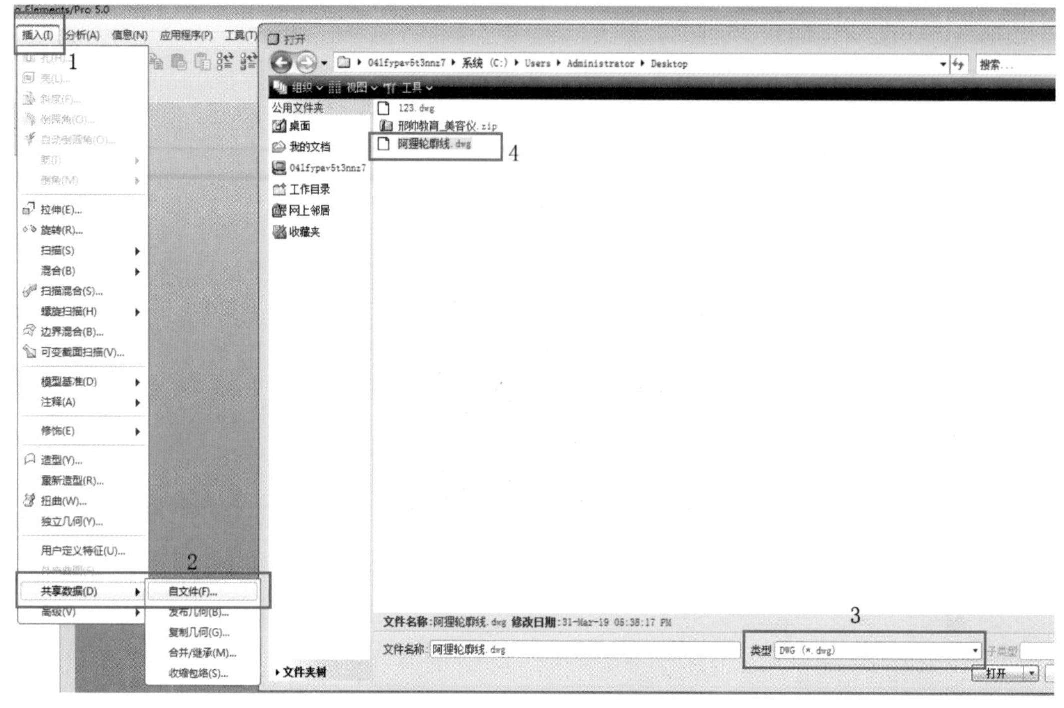

图 2-51　Pro/E 导入过程

（4）弹出【选择实体选项和设置】对话框，如果考虑单位问题可以选择细节查看默认单位，选中【使用模板】复选框，如图 2-52 所示。

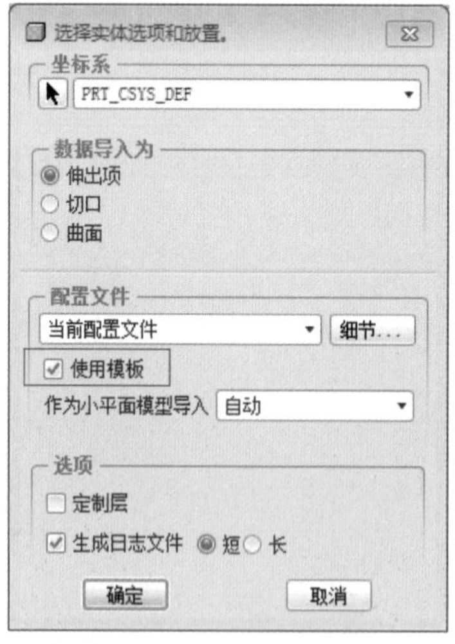

图 2-52　导入前设置

（5）将 AutoCAD 文件成功导入，如图 2-53 所示。

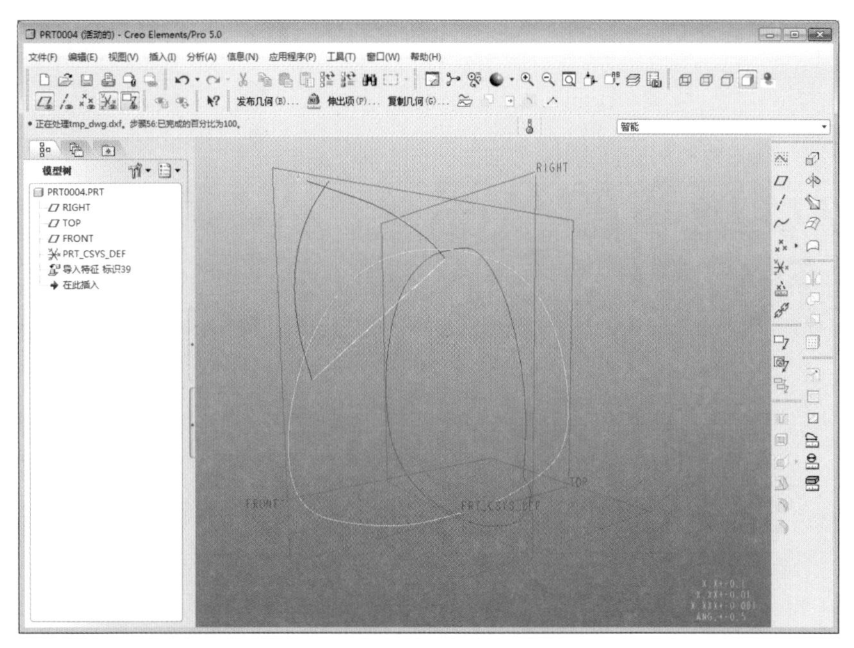

图 2-53　成功导入 Pro/E 软件中

注意

AutoCAD 所绘制图档不要直接导入到 Pro/E 草绘区域，因为会有很多自动标注产生，建议导入至草图之外。

2.2.5　练习题

绘制如图 2-54 所示的图形。

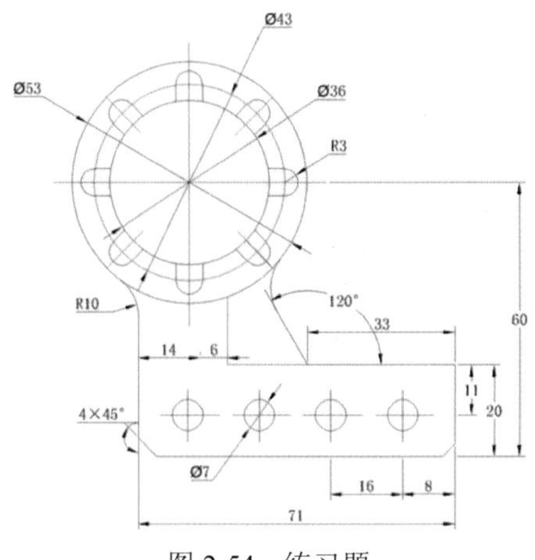

图 2-54　练习题

本章重点

Pro/E Wildfire 5.0

- Pro/E 基本的产品建模
- Pro/E 简单零件练习

第3章 Pro/E 基本的产品建模及练习

3.1 基本的产品建模

Pro/E 最重要的特点是拥有强大的三维造型设计功能，完成一个三维实体模型的过程就是生成各种类型的特征，并进行合理组合的过程。

实际操作中，草绘和建模配合完成，下面介绍几种常见的特征建模方式：拉伸特征、旋转特征、孔特征、筋特征、倒圆角与倒斜角、加厚和抽壳、拔模、镜像、阵列。

3.1.1 拉伸特征

拉伸特征的操作涉及以下几项，如图 3-1 所示。拉伸图标位于 Pro/E 软件界面最右侧。

拉伸特征

- 拉伸的基本逻辑
- 深度选项
- 实体和曲面（封闭端）
- 减除和加厚

图 3-1 拉伸特征的操作

拉伸的基本逻辑有两种方式：（1）需要先在基准平面或者模型平面上绘制好所需草绘，再激活拉伸工具，选择绘制好的草绘；（2）直接激活拉伸工具，在拉伸工具中建立草绘。

进入拉伸工具中，如图3-2所示，单击【放置】选项卡，选择绘制好的草绘或单击【定义】按钮创建草绘。

图3-2中的两个选项工具图标用于切换所绘制的是实体还是曲面，注意要提前选择，区别就在于用户所绘制的草绘图形，图形封闭则拉伸实体，图形开放则拉伸曲面。

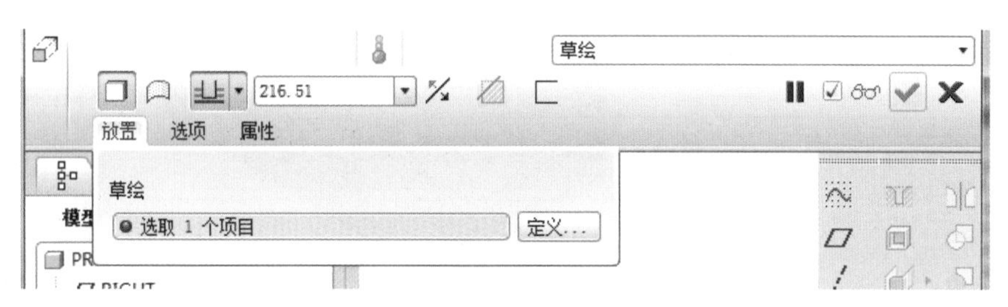

图3-2　拉伸特征

如图3-3所示，在图标中可切换深度值、双向拉伸及拉伸到点、线、面的值，默认第一个为拉伸高度，单击工具图标可切换方向；工具图标是对称拉伸，其后输入的数值为模型总高；工具图标是拉伸到选定项，如图3-4所示，拉伸到箭头所指向的面（完成后曲面需隐藏），选择额外的点、线或者面来定位拉伸位置，并不需要给出数值。

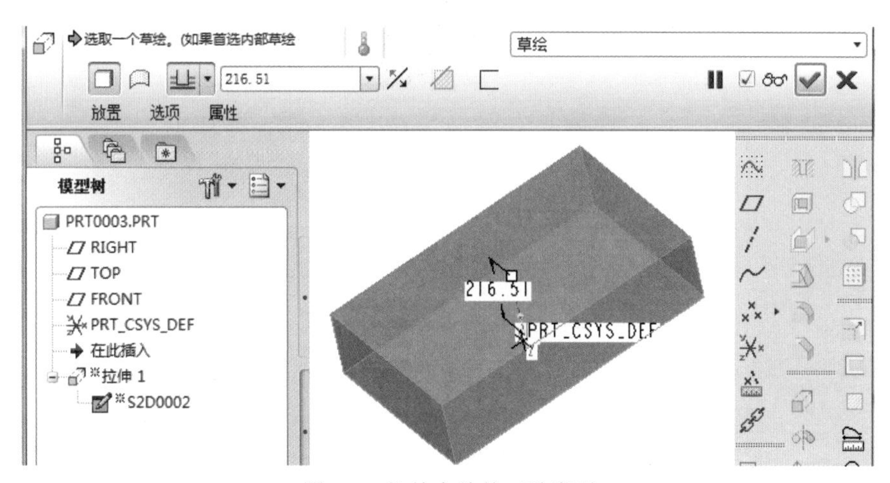

图3-3　拉伸实体的三种类型

如图3-5所示，工具图标是移除材料和加厚，移除材料图标默认为灰色，在拉伸的模型与其他实体模型相交的情况下会高亮显示，如同现实中需要从沙堆上不断切除部分才能形成最终想要的沙雕，常用于简单打孔操作。

如图3-6所示，加厚工具图标的作用是在拉伸的同时增加薄壁厚度，形成一种空心的状态，单击【方向】按钮可以让草图形状在模型的一侧或中间。

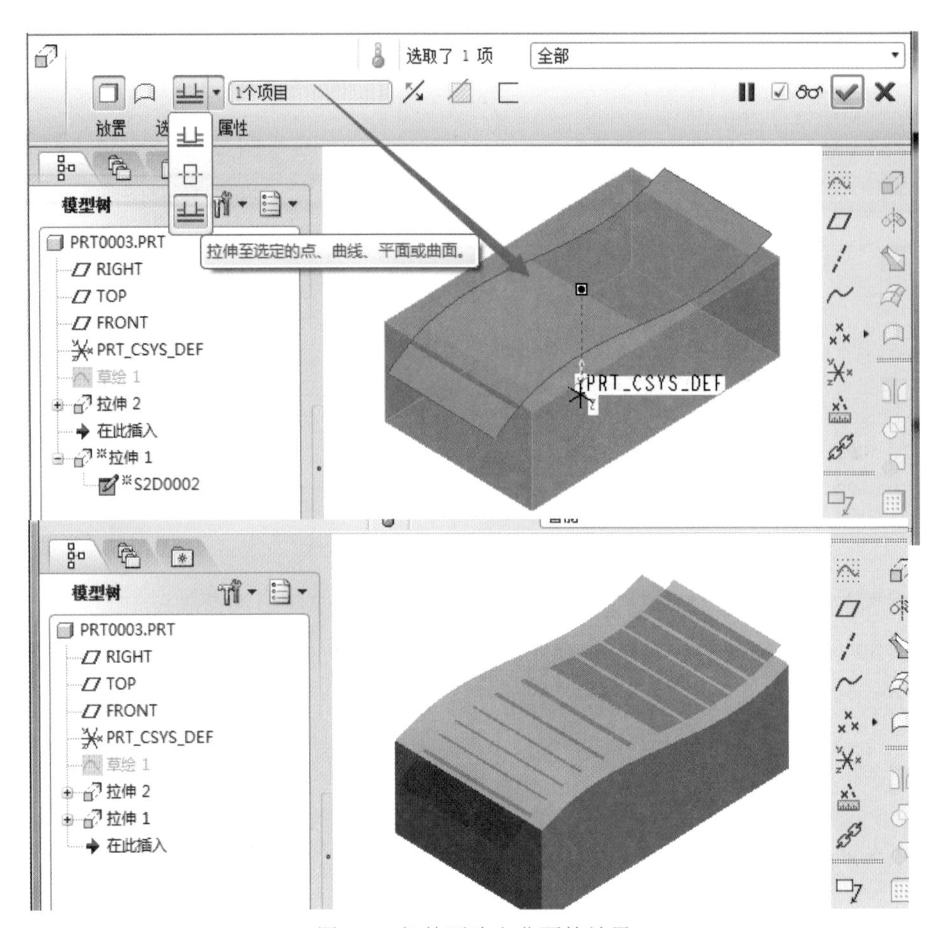

图 3-4　拉伸至选定曲面的效果

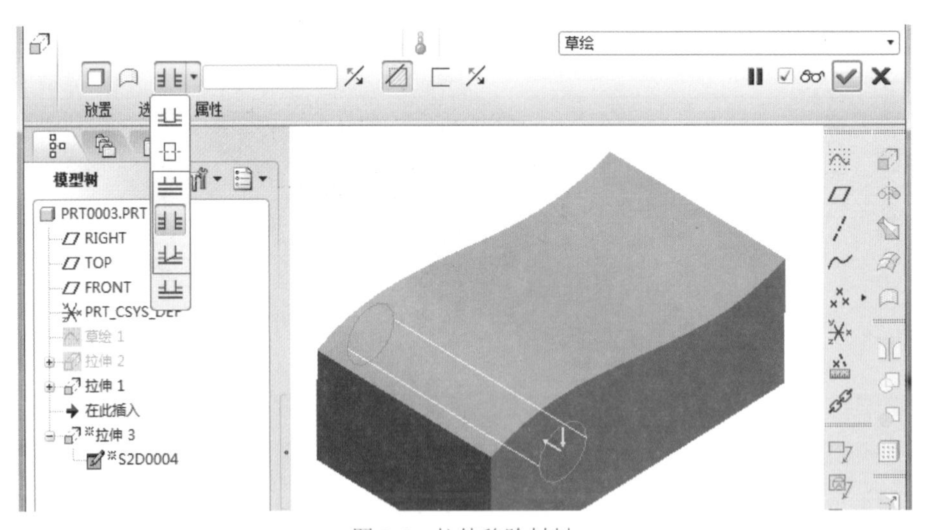

图 3-5　拉伸移除材料

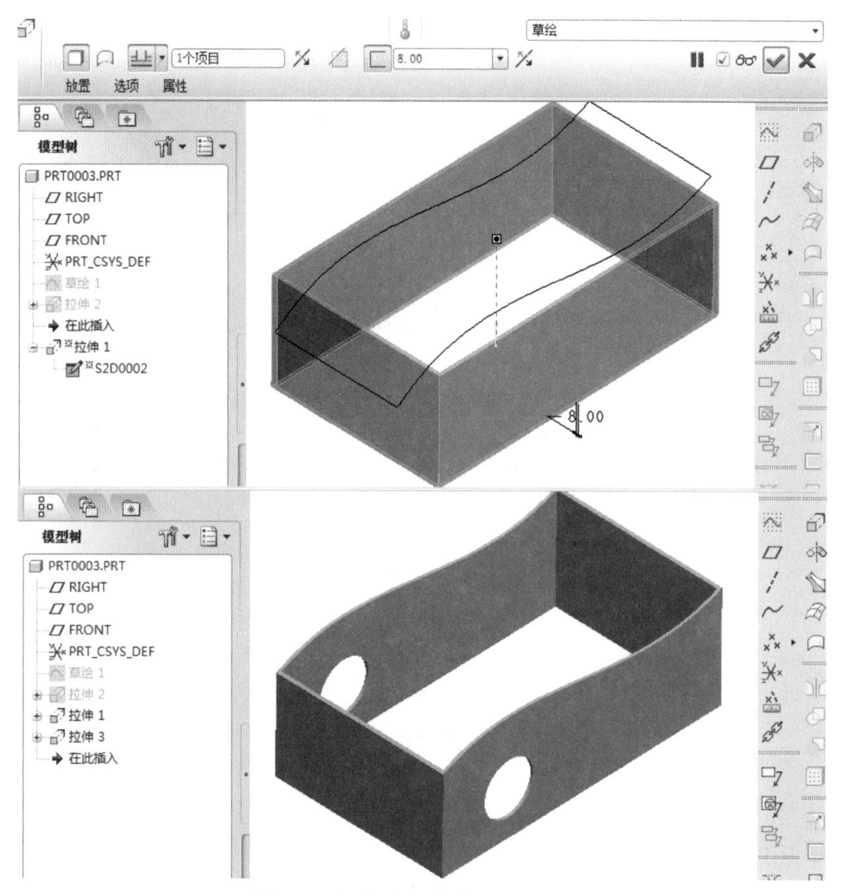

图 3-6　拉伸增加薄壁厚度的效果

注意

学习Pro/E软件要多看工具图标，图标上的样子展示了工具的操作方法及操作要求。不要怕错，多操作，和软件做朋友。

3.1.2　旋转特征

下面介绍旋转特征的操作方法，如图 3-7 所示，单击 Pro/E 软件最右侧工具栏旋转工具图标。旋转工具的界面和拉伸工具界面很相似，与拉伸不一样的地方是建议先激活旋转命令，在旋转工具界面中建立草绘，因为一般图纸中标注的都是直径大小，而在草绘中也要体现出来是直径并不是一半的尺寸（要加几何中心线而不是草图中心线，因为几何中心线可以直接作为旋转的轴）。

如图 3-7 所示，①号草图是先绘制草图再激活旋转工具，不显示对称直径标注。

②号草图是先激活旋转工具，再绘制草图，草图中加好几何中心线后，就会自动标注对称直径尺寸，方便后续修改。

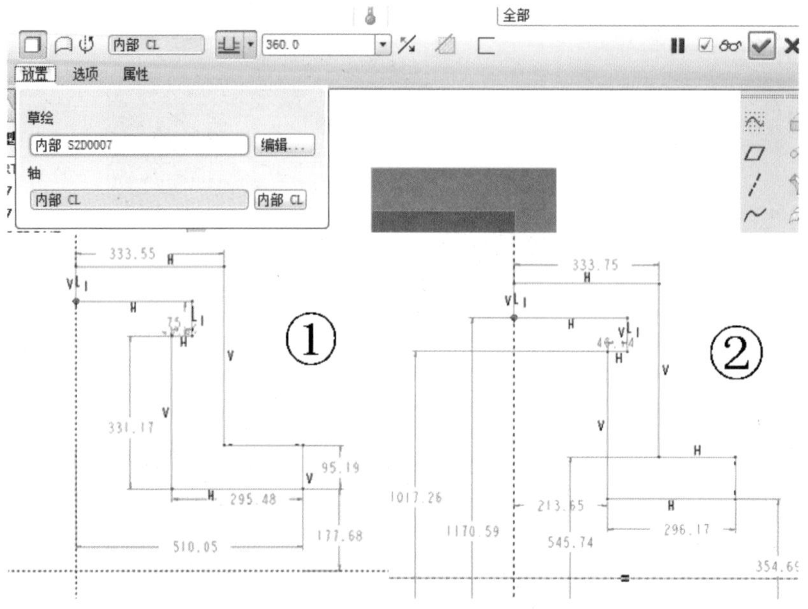

图 3-7　旋转特征先选草图和旋转内部制作草图的区别

注意

旋转特征与拉伸特征功能基本相同。

3.1.3　选择的奥妙

在编辑模型的时候往往需要选择到模型上的几何对象（点、线、面、特征），如何快速选择到自己需要的几何对象就需要学会软件中常用的选择方式，如图 3-8 所示，选择大致分成 4 种：直接选择、列表选择和预选择、智能选择过滤器和高级选择（Shift），下面通过案例讲解这几种方式的区别。

选择的奥妙

- **直接选择**
- **列表选择和预选择**
- **智能选择过滤器**
- **高级选择(Shift)**

图 3-8　选择对象的几种方式

（1）直接选择：即单击选择，鼠标移动到模型上，在合适的位置单击，Pro/E 软件采用优先级的方式选择，第一次单击是此处有的特征，第二次单击是此处有的几何面，使用鼠标右击可以切换鼠标处的上下层关系，操作如图 3-9、图 3-10 所示。

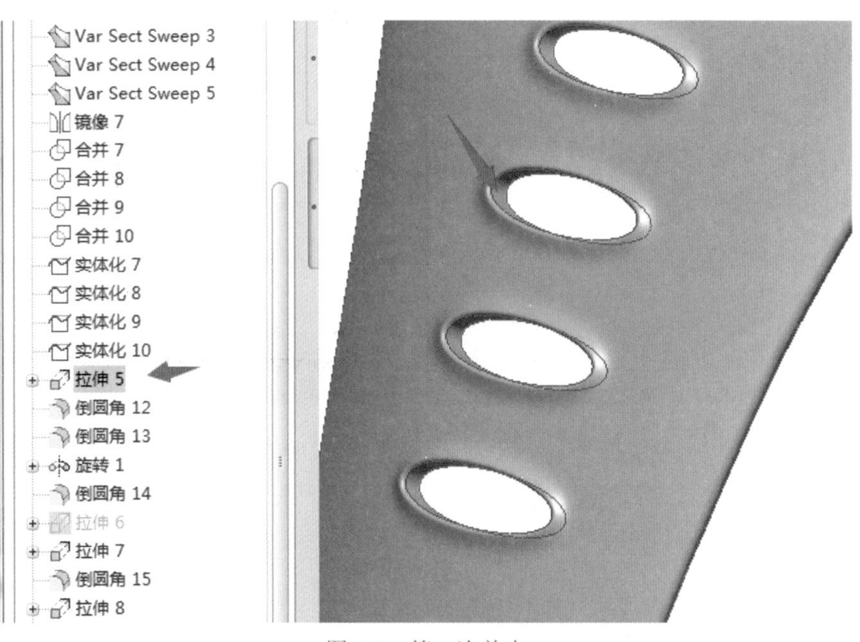

图 3-9　第一次单击

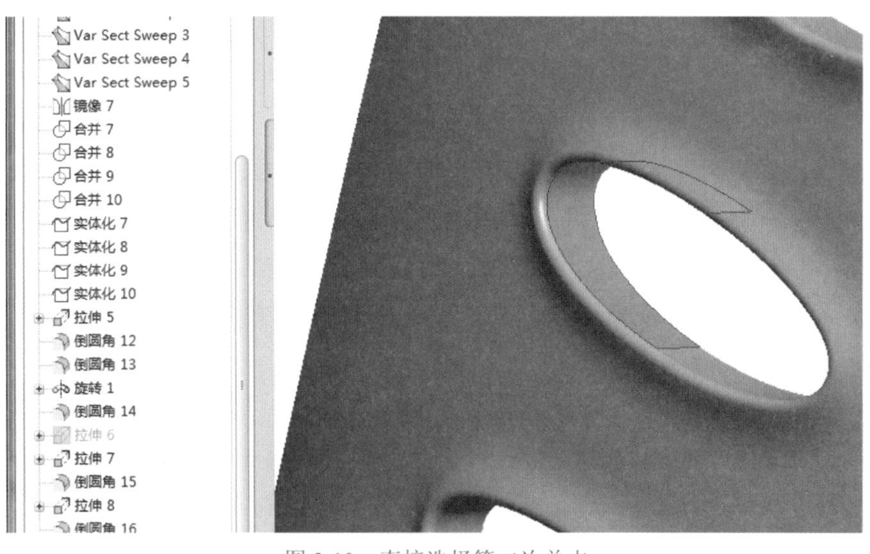

图 3-10　直接选择第二次单击

（2）列表选择和预选择：鼠标移动到模型上，按住右键不放，会弹出如图 3-11 所示的菜单，单击【从列表中拾取】，弹出【从列表中拾取】对话框，其中选项就是鼠标所在位置的特征，鼠标位置不同列表中内容也不同。

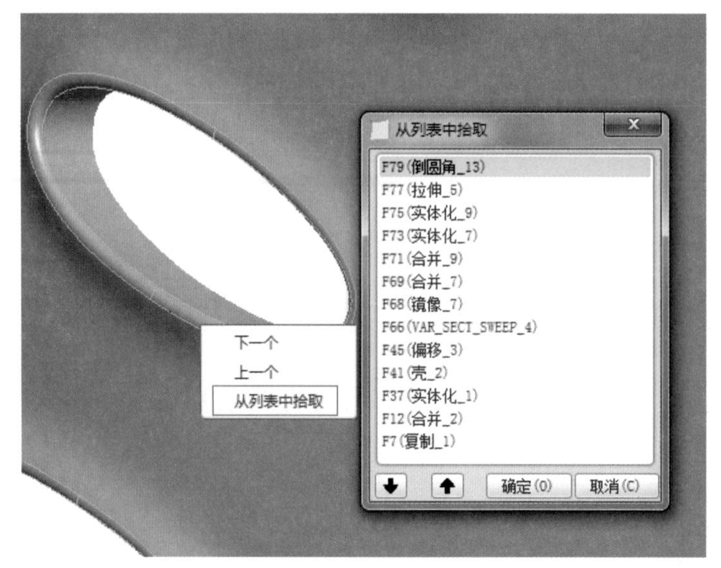

图 3-11　列表选择

（3）智能选择过滤器：如图 3-12 所示，从上到下依次为智能、特征、几何、基准、面组、注释。切换后将只选择切换的类型。

图 3-12　智能选择过滤器

- 智能：按照 Pro/E 软件优先级选择方式，单击一次是选择特征，单击两次是选择几何。
- 特征：即模型树建模的步骤，如拉伸、选择、抽壳等。
- 几何：模型中的面、线、点，切换后只可在模型上捕捉几何对象。
- 基准：指基准平面、基准轴、基准坐标系、基准曲线等基准元素。
- 面组：是单独的曲面，并不是模型中的面。
- 注释：选择使用注释特征创建的注释。

（4）高级选择（Shift）：如果需要选择的面很多，按住 Ctrl 键一个一个选择会很麻烦，如图 3-13 所示，先选择一个模型上的曲面，再按住 Shift 键单击这个面的一条边，即可把与这个面的边相邻的几个面都选中。

如图 3-14 所示，如果要把模型面都选中，可先选择一个模型上的曲面，按住 Shift 键选择邻近面，就会将除邻近面之外的模型的所有面选中。

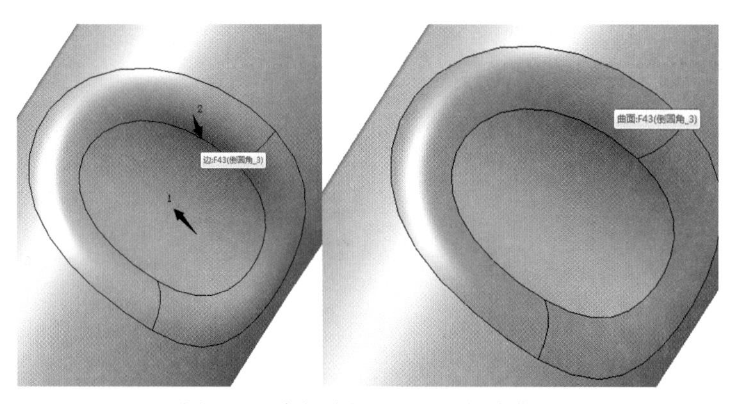

图 3-13　高级选择（Shift）部分曲面

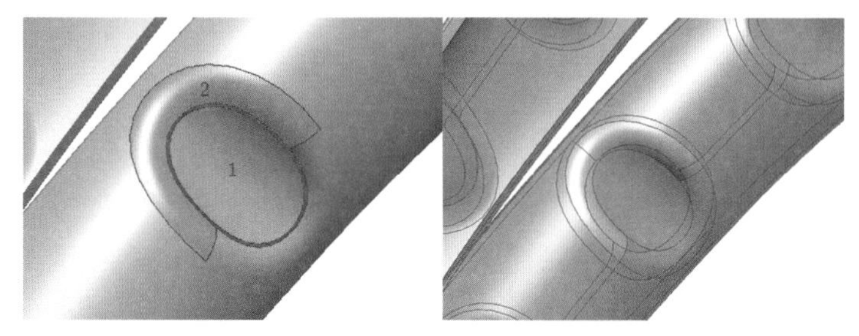
图 3-14　高级选择（Shift）整个曲面

3.1.4　孔特征

孔特征主要是为了在零件上制作用于连接其他零件的孔，大型设备各个零件之间的连接需要用标准件（螺栓、螺钉等）串联装配起来，用于放置标准件的就是孔。打开文件“第 3 章 \ 素材 \DHEAD”，先单击 Pro/E 界面右侧孔工具图标，工具也和拉伸旋转类似，通过【放置】选项卡先给孔一个定位，例如单击选择某一个实体表面，就会出现孔，但还未定位，【类型】下拉列表中选择【线性】，即需要给孔的圆心定位（x,y）位移，如图 3-15 所示。

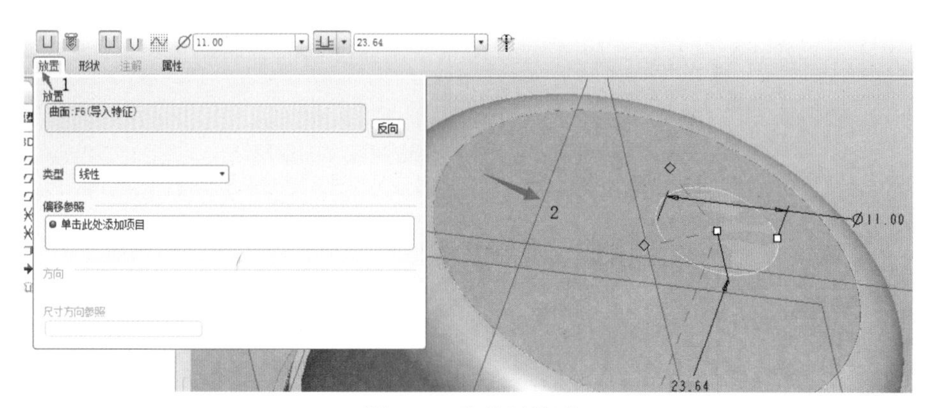

图 3-15　孔特征界面

除了【类型】选择【线性】之外，还可在下拉列表中选择【径向】【直径】，如图 3-16、图 3-17 所示。

类型 径向

以径向（即半径）选择一根基准轴，再按住 Ctrl 键选择基准面，可形成半径 + 角度的孔定位。

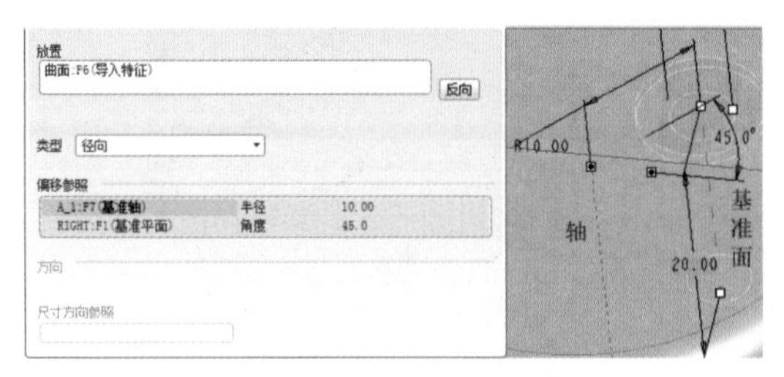

图 3-16 选择【径向】

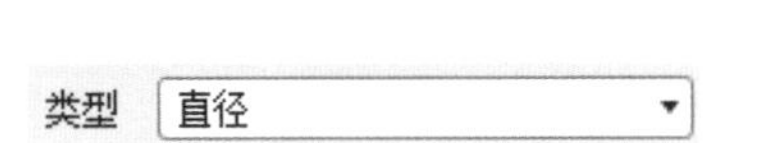

以直径选择一根基准轴，再按住 Ctrl 键选择基准面，可形成直径 + 角度的孔定位。

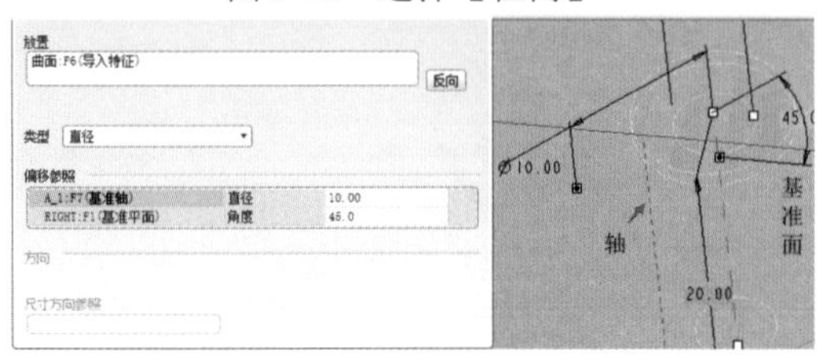

图 3-17 选择【直径】

如图 3-18 所示，将孔上偏移参照点拖动到基准平面上，以基准平面作为偏移参照，定义孔中心至基准平面的距离（偏移参照不只是基准平面，还可以是某条边线）。

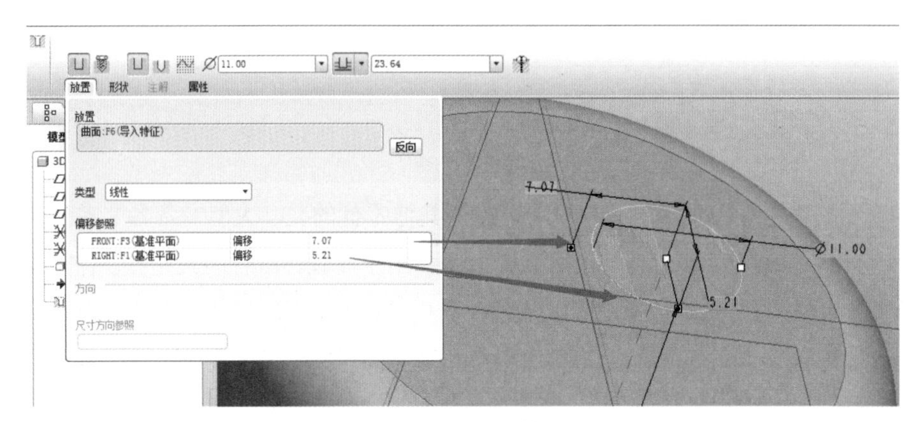

图 3-18 孔特征线性定位

如果不小心选错参照对象，如图 3-19 所示，可在选错的参照对象上右击，在弹出的右键菜单中执行【移除】命令即可。

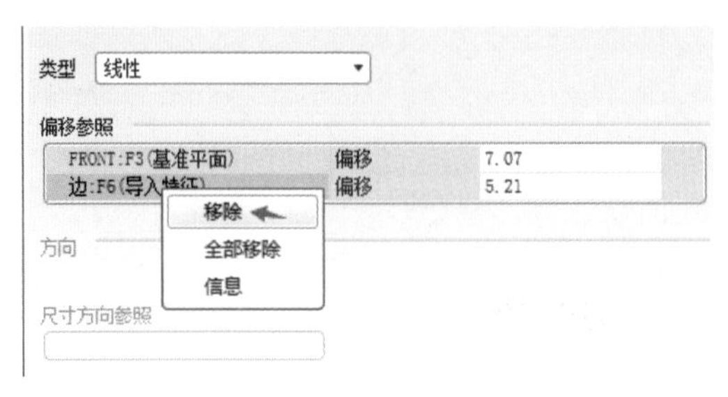

图 3-19 移除操作

确定孔位置后就可以调节孔的形状了，如图 3-20 所示，可调节孔直径、孔深等，图中矩形框中的图标用来控制孔末端形状，从左到右依次是平端的孔、钻孔锥角、自定义。

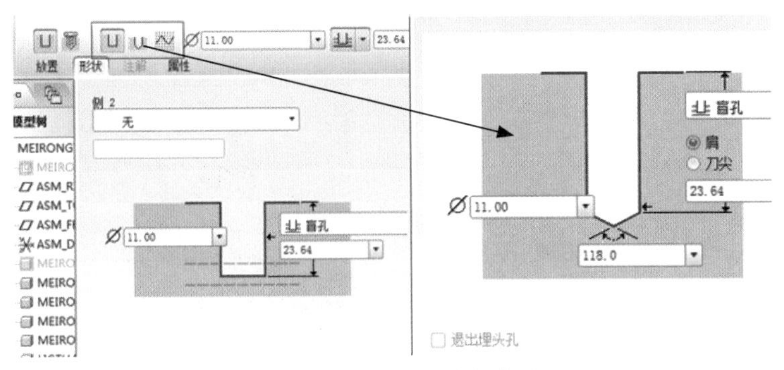

图 3-20　孔形状参数的修改

切换到钻孔锥角时，会出现几种常见的机械产品中的孔形状，孔的各种状态作用及示例如表 3-1 所示。

表 3-1　孔的各种状态及示例

孔的状态及作用	示例
控制孔深度只到竖直线末端	
控制孔深度到最底部钻孔尖角位	
单击按钮可将孔最上端改为锥角，形成埋头孔	
单击按钮可将孔最上端增加一个更大些的直径孔，形成沉头孔	

如果零件上是螺纹孔，则需切换到第二个标准孔来创建，如图 3-21 所示，按照图纸中提示的螺纹孔标准数据来创建。

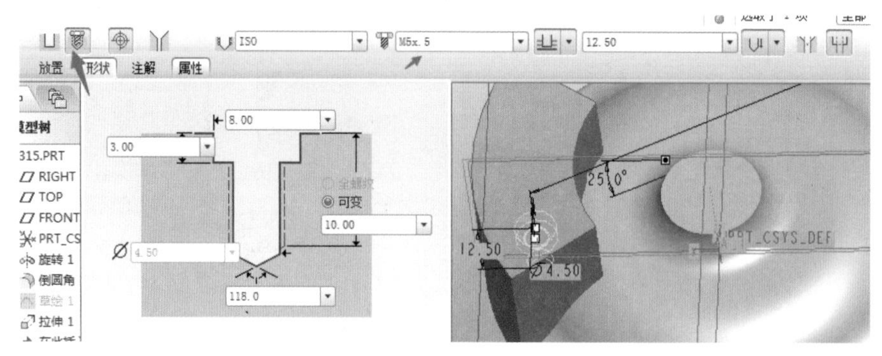

图 3-21　螺纹孔打孔界面

3.1.5　筋特征

筋特征俗称加强筋，做结构设计过程中，结构件本身连接面承受负荷有限，则需要在两个结合体垂直面上增加一块加强板，以增加结合面的强度，在 Pro/E 软件中有两种创建加强筋的方式，分别是【轨迹筋】和【轮廓筋】，下面通过一个案例讲解这两种筋的区别，如图 3-22 所示，打开素材文件“第 3 章 \ 素材 \315.prt.2”，图中圆圈圈出的位置需要制作加强筋板，筋板不一定都是三角形，也可以是其他形状。

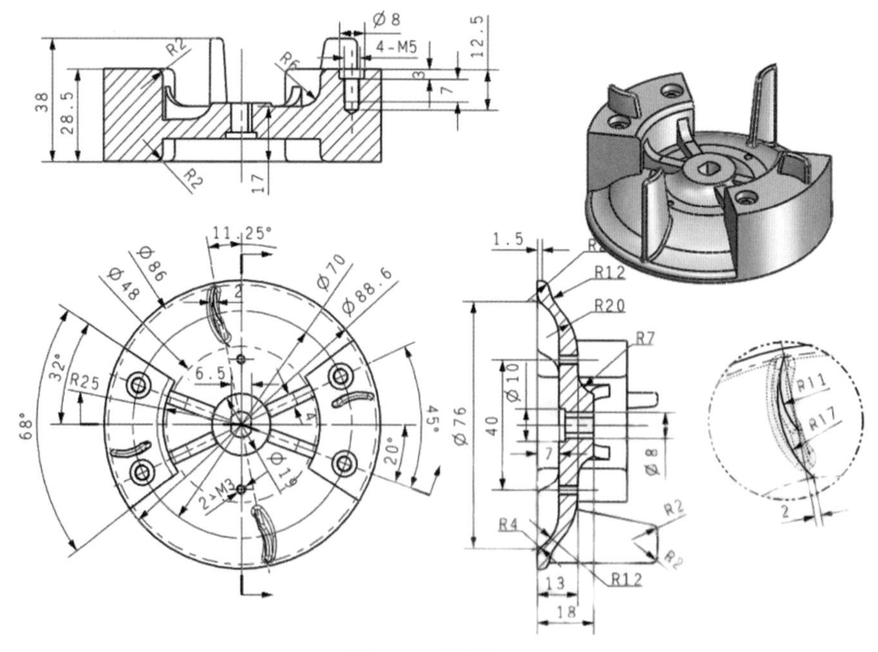

图 3-22　素材图纸

1 【轨迹筋】工具

（1）可把图中筋板拆分为水平筋板及圆角两部分，筋板高度为17mm，故先制作一个离底面距离为17mm的基准平面用于定位筋板位置，操作如图3-23所示。

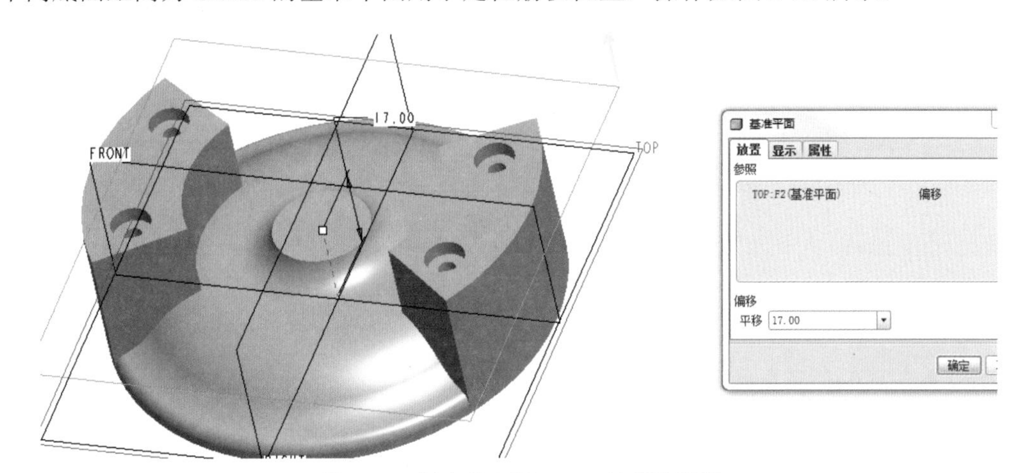

图 3-23　创建离底面 17mm 的基准平面

（2）激活Pro/E界面右侧的【轨迹筋】工具，在第一步新建的基准平面上放置草图，绘制筋板的草图位置即可，操作如图3-24所示。在草图中心线绘制两个面中间区域一小段线并完成草图。

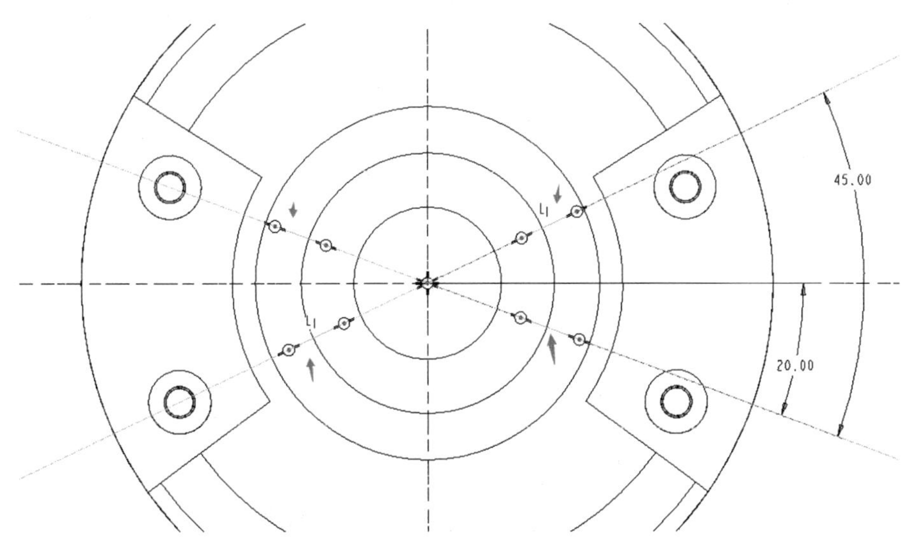

图 3-24　定义轨迹筋的位置

（3）箭头朝向有实体表面的方向，筋板的宽度设置为4mm，完成筋板的创建，如图3-25所示。参数值文本框后面的几个按钮分别是【拔模】【内圆角】【外圆角】，用来改变加强筋的外形。

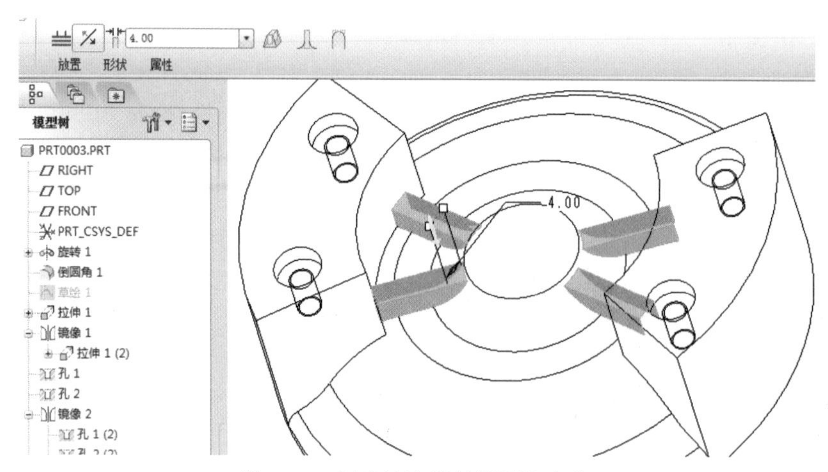

图 3-25　创建轨迹筋并设置宽度值

（4）在筋板和竖直面连接边上创建 R6 圆角，这样就完成了筋板的创建，如图 3-26 所示。

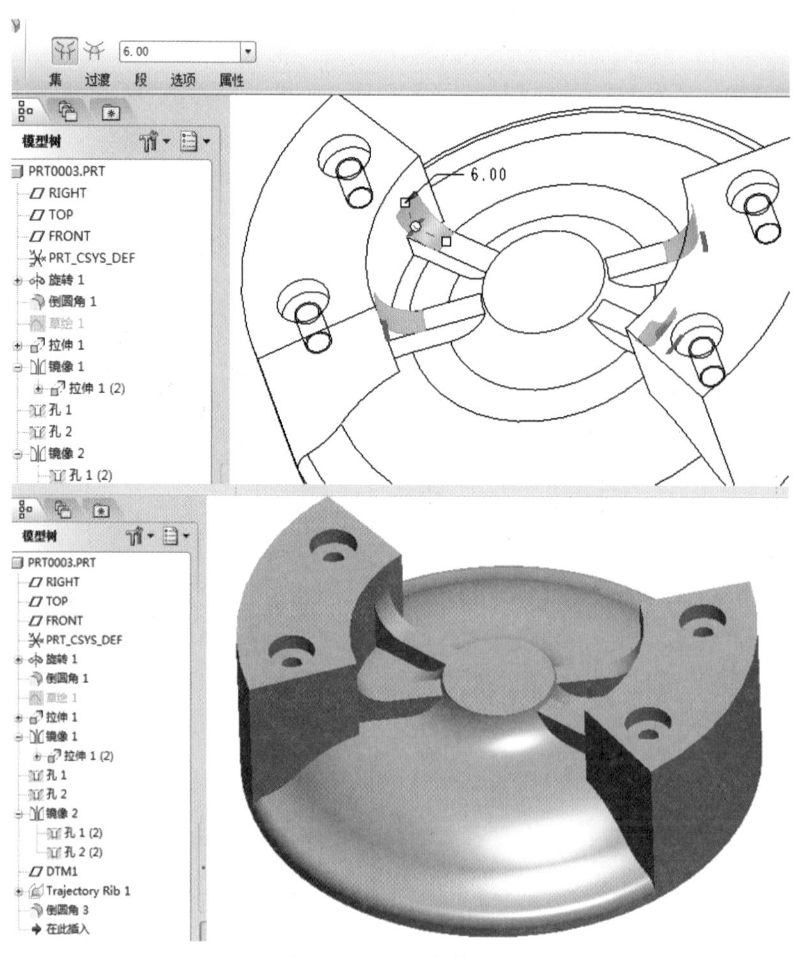

图 3-26　R6 圆角的创建

2 【轮廓筋】工具

该功能多用于有形状的加强筋，例如三角形加强筋，需要绘制筋板的轮廓。

（1）先根据图纸中俯视图的20°、45°创建基准平面。以FRONT基准平面和A_1轴作为参照，旋转20°定位筋板的位置，如图3-27所示。

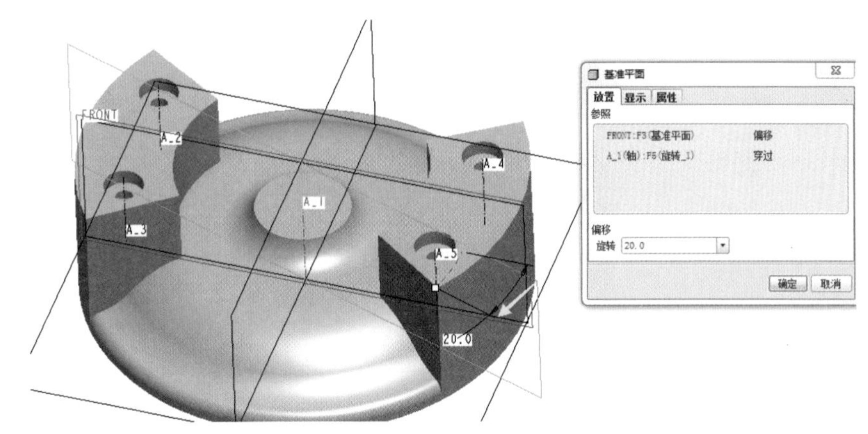

图3-27 设置轮廓筋的基准平面

（2）单击Pro/E右侧【筋特征】，展开【轮廓筋】工具，在（1）新建的基准平面上创建草图，在弹出的【参照】对话框中单击【剖面】按钮，选择模型上绘制筋板轮廓所需表面，创建出一些参考线，便于绘制筋板轮廓，如图3-28所示。

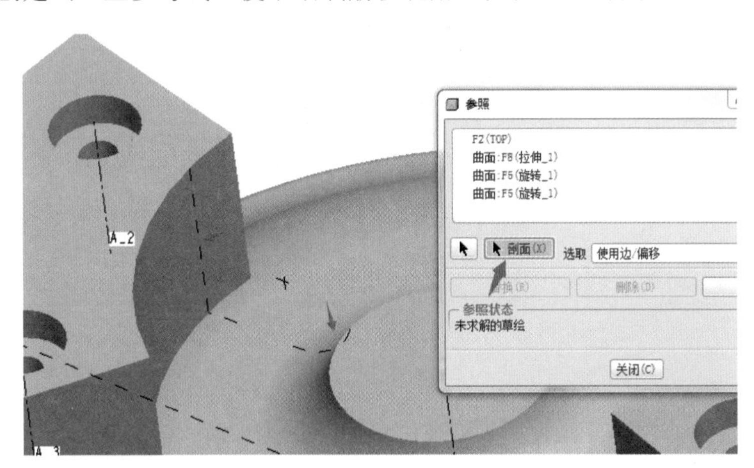

图3-28 创建参照

（3）使用直线、圆角草图命令，按照图纸中的参数绘制好筋板轮廓，不必封闭，如图3-29所示。

（4）朝着实体表面的方向（单击图中箭头可切换方向），宽度调为4mm，完成筋板的创建，注意加强筋方向，可单击工具图标来切换是否让草绘的形状居中、两侧对称加宽，如图3-30所示。

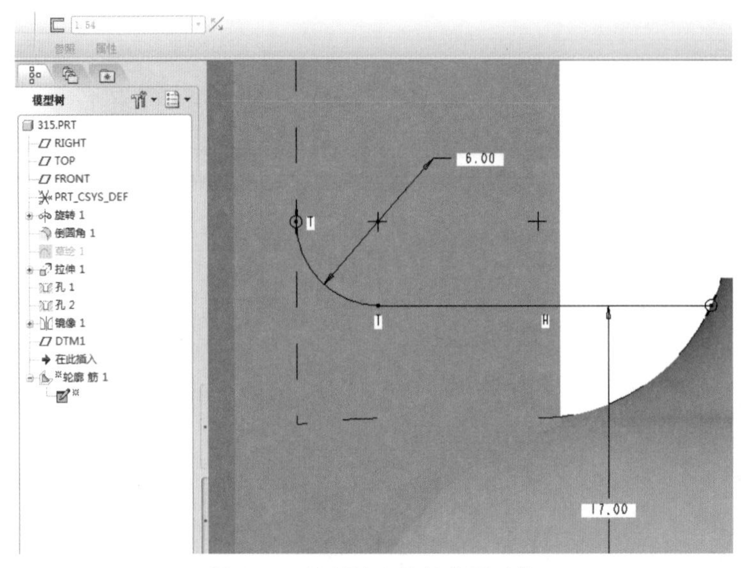

图 3-29　绘制轮廓筋的草图形状

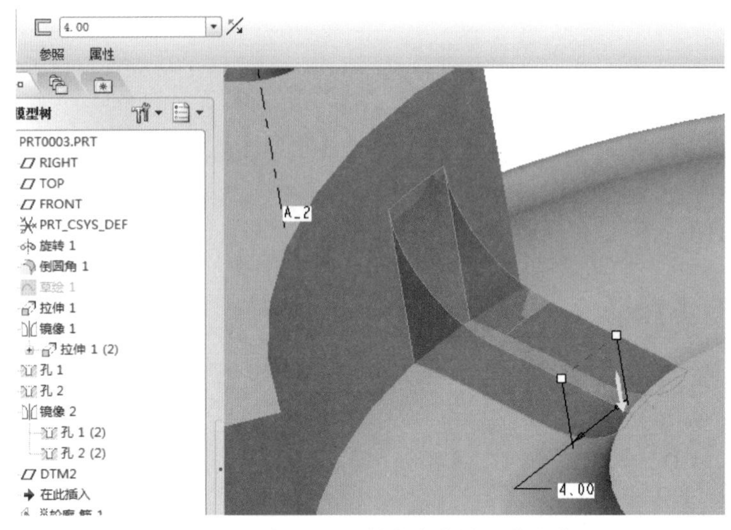

图 3-30　设置 4mm 的宽度值并调节方向

3.1.6　倒圆角和倒斜角

在设计模型时，为防止拐角处产生毛刺、粘砂、缩孔以及由于应力集中而产生裂纹等缺陷，需使用倒圆角使模型更完美。下面介绍倒圆角和倒斜角的用法。

1 倒圆角

激活 Pro/E 软件界面右侧的【倒圆角】工具，创建圆角的几种常用情况如下。

（1）圆角种类及圆角集：只需直接单击模型的边即可圆角，会根据边线的状态来形成圆角，所以圆角有先后，例如先做竖直边的圆角就可以将上边两条线通过圆角相连，再倒圆角就会整体倒圆角，如图 3-31 所示。圆角集可以在遇到不同圆角大小时添加新的圆角集来创建多个不同半径的圆角。

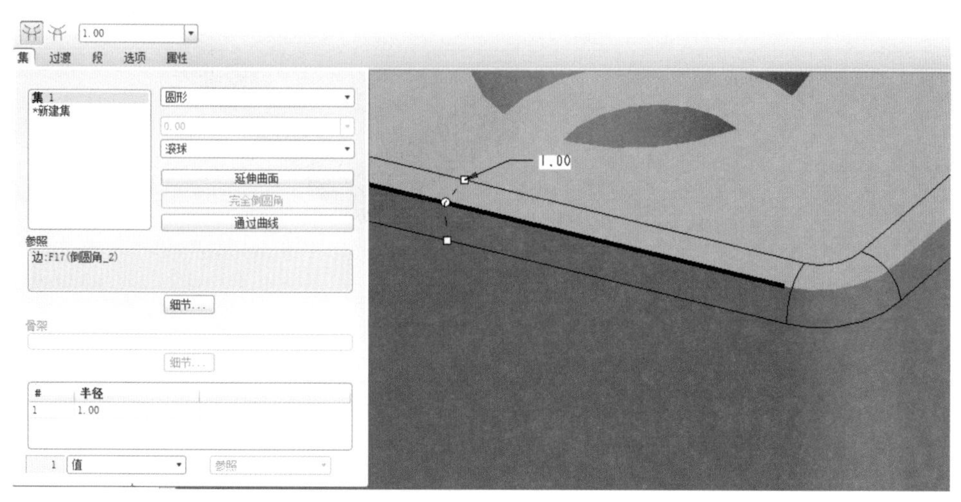

图 3-31　圆角及圆角集

（2）可变倒圆角：可以在一条边上设置不同半径过渡的圆角，如图 3-32 所示，在圆形点上右击可添加半径，在【集】的最下方右击也可添加半径。

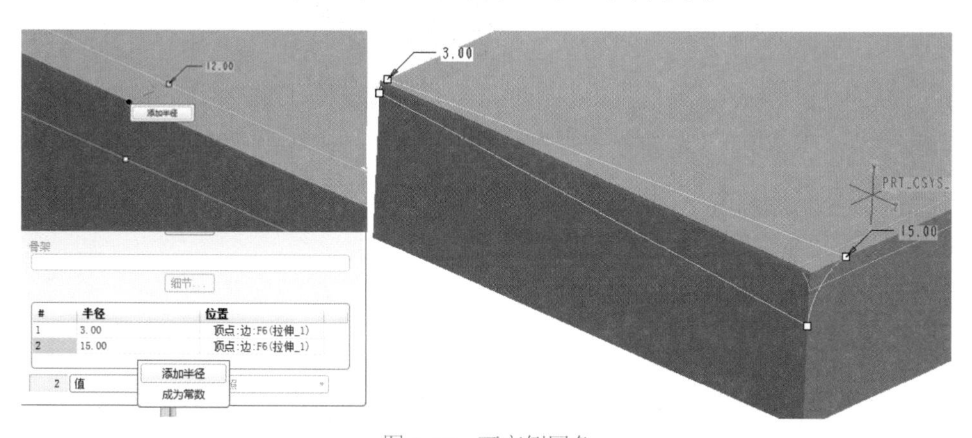

图 3-32　可变倒圆角

（3）完全倒圆角：圆角可根据两个面之间的距离来创建完全倒圆角，不需要设置半径，如图 3-33 所示，按住 Ctrl 键，单击选择两条线后在【集】中单击【完全倒圆角】按钮，需要注意的是，单击的两条边必须是对面的，不然无法激活完全倒圆角工具。

（4）通过曲线倒圆角：此功能也不需要给出半径，提前绘制好一条草图曲线，在【集】中单击【通过曲线】按钮，选择所创建的曲线即可，如图 3-34 所示。

图 3-33　完全倒圆角

图 3-34　通过曲线轮廓创建圆角

2 倒斜角

激活 Pro/E 软件界面右侧的【倒斜角】工具，具体操作如表 3-2 所示。

表 3-2　【倒斜角】工具选项及示例

选项	示例
D x D 倒斜角距离相同，例如 5×5	

续表

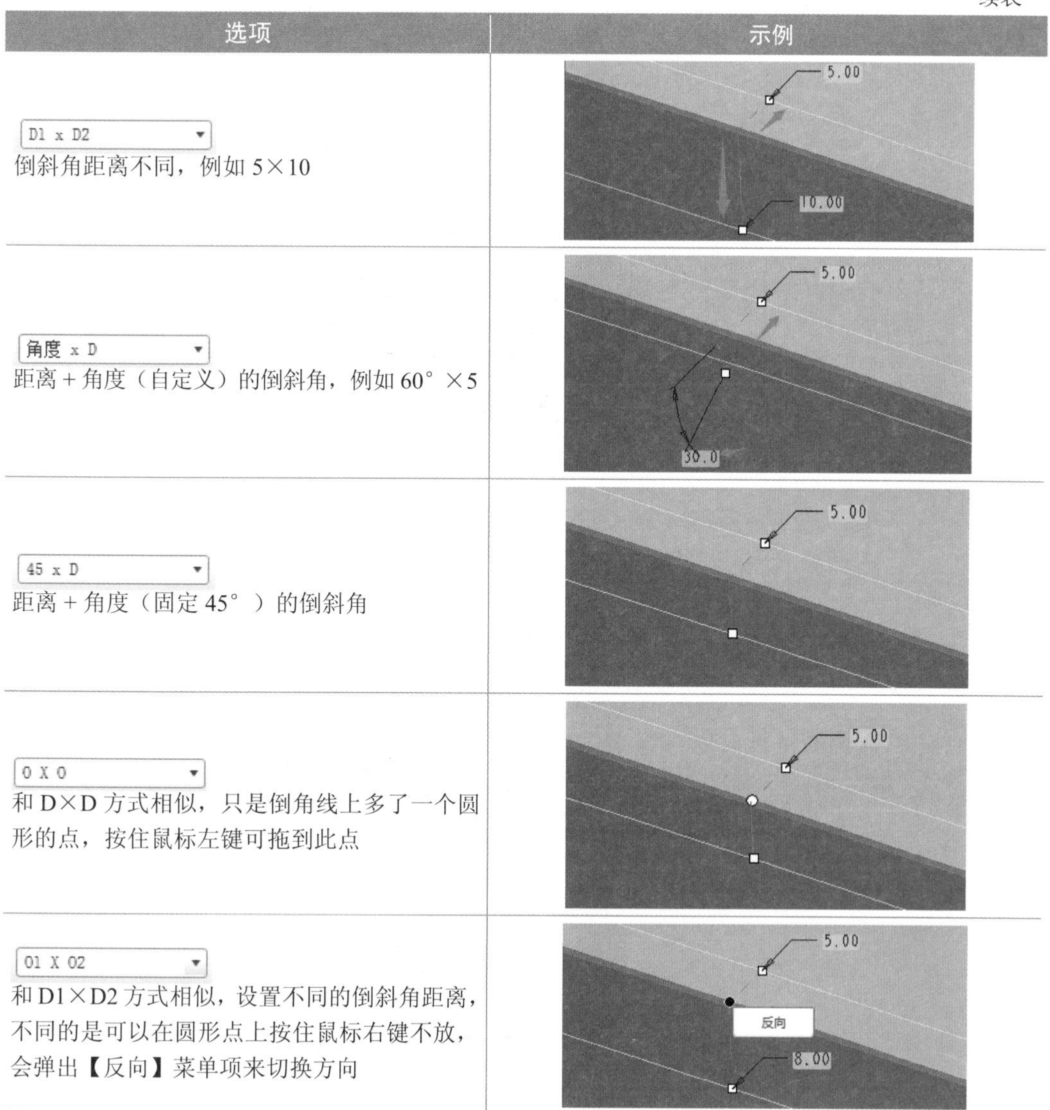

选项	示例
D1 x D2 倒斜角距离不同，例如 5×10	
角度 x D 距离 + 角度（自定义）的倒斜角，例如 60° ×5	
45 x D 距离 + 角度（固定 45° ）的倒斜角	
O X O 和 D×D 方式相似，只是倒角线上多了一个圆形的点，按住鼠标左键可拖到此点	
O1 X O2 和 D1×D2 方式相似，设置不同的倒斜角距离，不同的是可以在圆形点上按住鼠标右键不放，会弹出【反向】菜单项来切换方向	

3.1.7 加厚和抽壳

加厚和抽壳都是用于处理有薄壁厚度的模型，区别在于加厚是用于面组，抽壳是用于实体。

（1）加厚：先选择面组，执行【编辑】→【加厚】菜单命令（一定要先选择面组，不然加厚工具是灰色的），如图 3-35 所示。

（2）抽壳：应用于实体上，如图 3-36 所示，执行【插入】→【抽壳】菜单命令，Pro/E 软件会自动选中所有实体面，如果哪个面不需抽壳的话，即看成是否往里面偏移，可以通过【参照】选项卡中的【移除的曲面】，按住 Ctrl 来选择，如果哪个面厚度和统一厚度不一样，可通过【参照】选项卡中的【非缺省厚度】选择面自定义不一样的厚度。

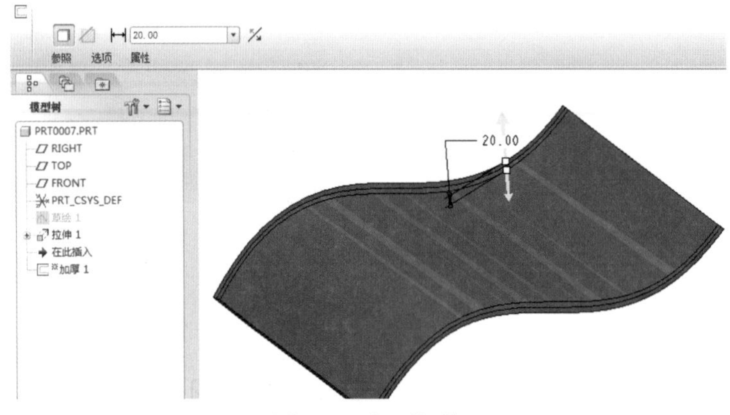

图 3-35　加厚操作

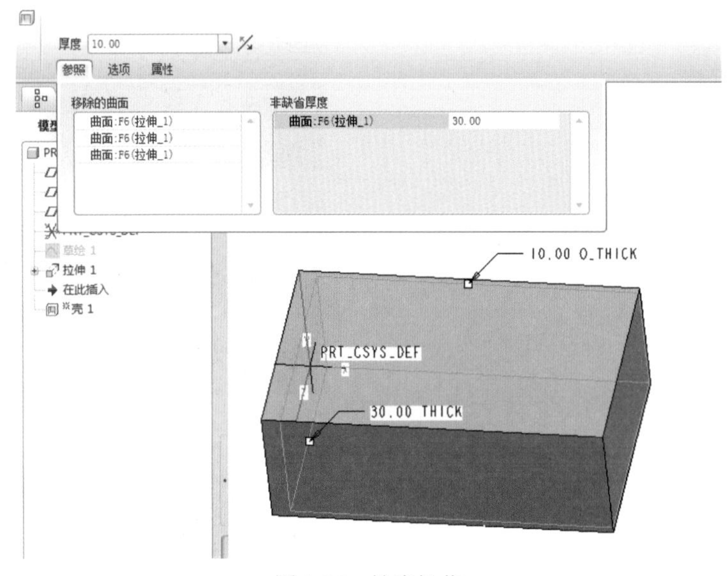

图 3-36　抽壳操作

3.1.8　拔模

在产品结构设计中，拔模通常用于对模型、部件、模具或冲模的竖直面添加斜度，以便借助拔模面将部件或模型与其模具或冲模分开。在铸造时，为了从砂中取出木模而不破坏砂型，零件毛胚设计往往带有上大下小的锥度，拔模就是为了保证模具在生产产品的过程中产品能顺利脱模。下面讲解 Pro/E 软件中的拔模。

（1）选择需要拔模的面，按住 Ctrl 键依次选择四周竖直面，再单击 Pro/E 软件界面右侧拔模工具图标，如图 3-37 所示。

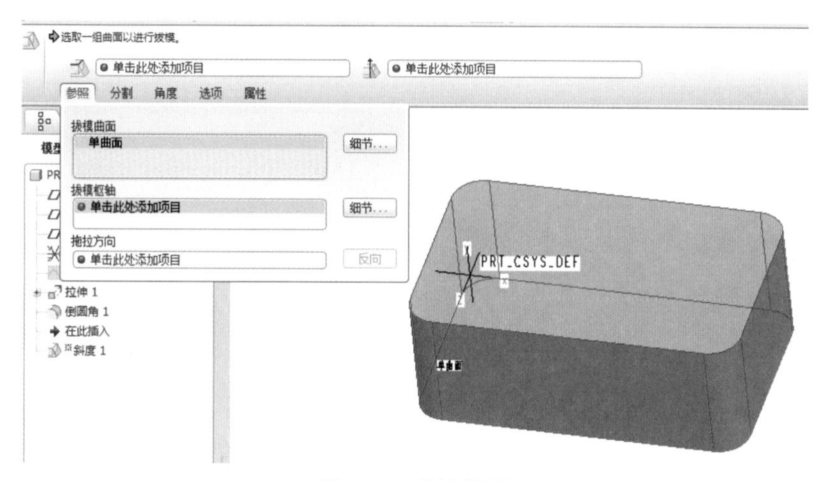

图 3-37　拔模界面

（2）选择一个平面（分模面）或曲线（方向）来定义【拔模枢轴】，拔模方向即【拖拉方向】。如果选择了底面作为拔模枢轴，那么 Pro/E 软件会自动认为拖拉方向为模型底面的垂直方向，再设置拔模角度，拔模就完成了，如果选择的拔模枢轴是在中间的基准平面，上、下面还可以设置不同的拔模角度，如图 3-38 所示。

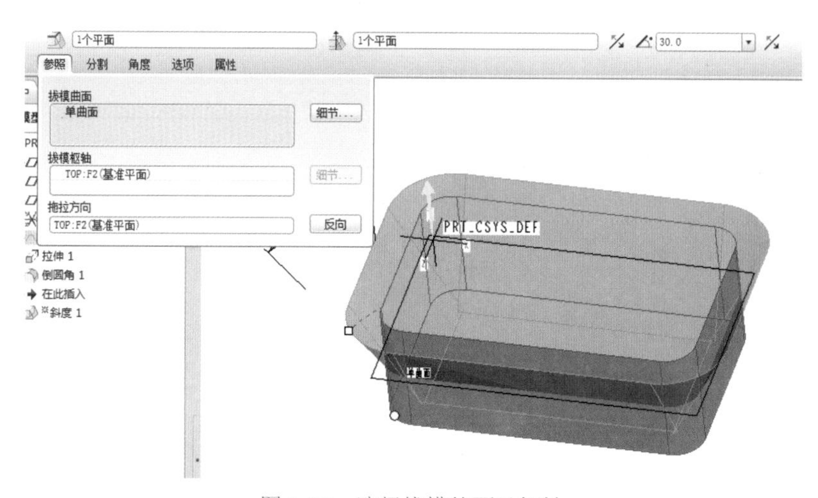

图 3-38　选择拔模的面及枢轴

3.1.9　镜像

镜像功能将特征（如拉伸、孔、圆角倒角等）以模型表面或者基准平面作为镜像面进行复制，操作如下。

（1）先选择要镜像的特征，如图 3-39 所示，先按住 Ctrl 键再选择拉伸特征和倒角特征，然后单击 Pro/E 界面右侧【镜像】工具图标 。

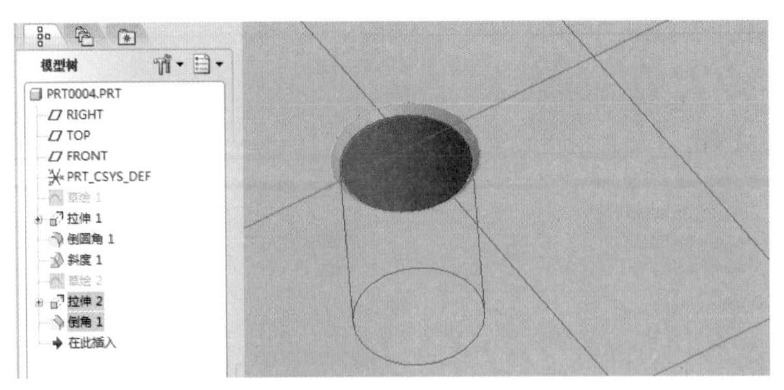

图 3-39　镜像特征先选择操作

（2）选择一个镜像平面，如图 3-40 所示，选择 FRONT 基准平面作为镜像平面。

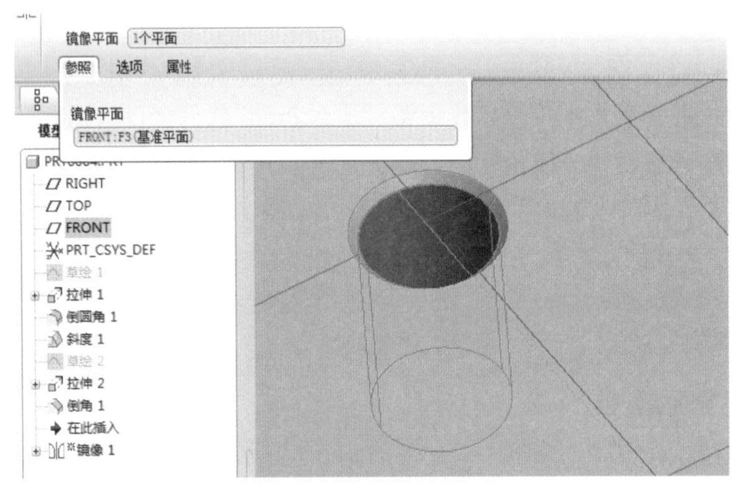

图 3-40　选择镜像平面

（3）镜像之后就可以把拉伸和倒角特征一起镜像，生成一个新的镜像特征，如图 3-41 所示。

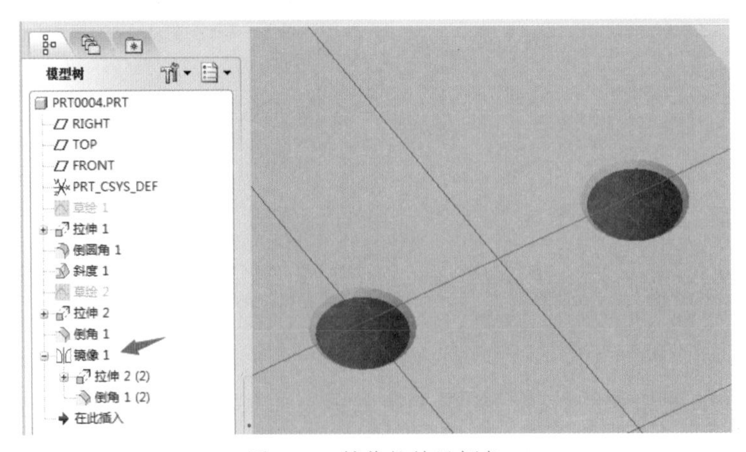

图 3-41　镜像拉伸及倒角

3.1.10 阵列

阵列特征是将特征按照 Pro/E 的规则阵列出大量相同或不同特征，阵列的规则有很多，如图 3-42 所示，常用的有尺寸阵列、方向阵列、轴阵列、填充阵列、曲线阵列和点阵列。

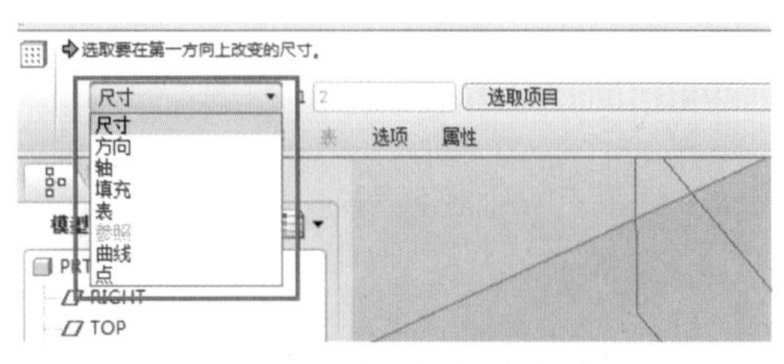

图 3-42 阵列的各种类型

（1）尺寸阵列：尺寸陈列可以修改特征中草图、特征中参数作为增量来改变阵列后的形态，如图 3-43 所示，参数有孔中心离基准面 10mm 距离、拉伸高度 20、直径 15，在【尺寸】选项卡中按住 Ctrl 键同时单击三个数据，分别对三个数据添加如下增量：

离基准面增量输入 30，表示后面阵列特征之间间隔 30mm。

拉伸高度增量输入 10，表示后面阵列的都比前一个高 10mm。

直径参数输入 -2，表示后面阵列的对象比前一个直径小 2mm。

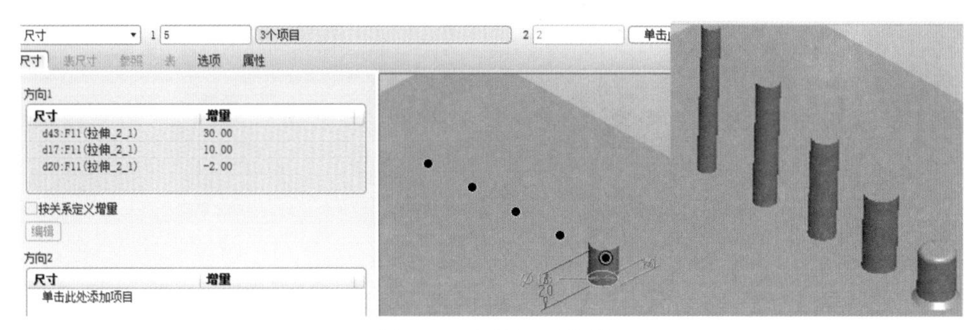

图 3-43 设置尺寸增量

阵列只可对单个特征进行阵列，倒角圆角无法跟随一起阵列，如果倒角圆角需要一起阵列，就需要将拉伸特征和倒圆角及倒斜角特征一起编组，如图 3-44 所示。

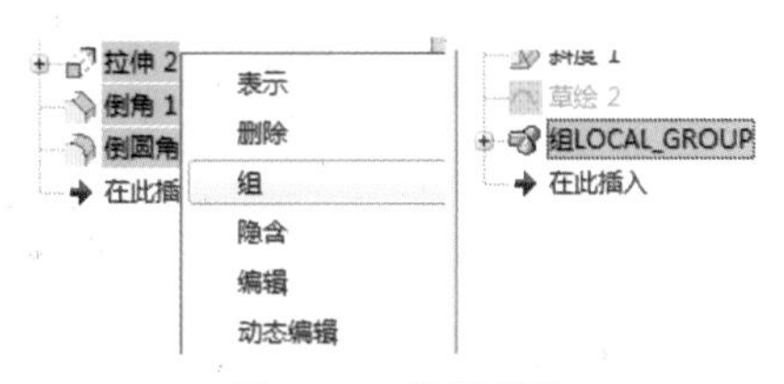

图 3-44 特征编组

（2）方向阵列：这是 Pro/E 软件确认方向的一种阵列，阵列的时候选择某一个基准平面、基准轴、模型平面、直线、坐标轴等，朝着一个固定的方向，如图 3-45 所示，以两个方向做参照，调整阵列数及阵列间距即可。

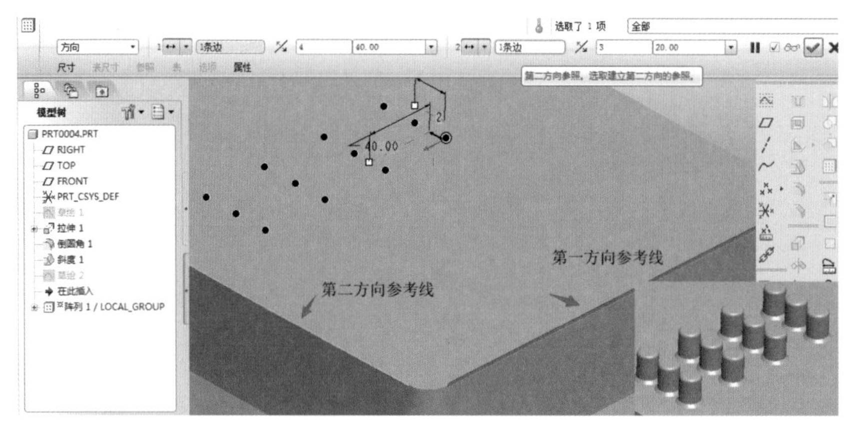

图 3-45　方向阵列

（3）轴阵列：以基准轴或坐标系轴作为阵列轴，如图 3-46 所示，以基准轴作为中心圆周的阵列，可调数量、间隔角度和总跨距。

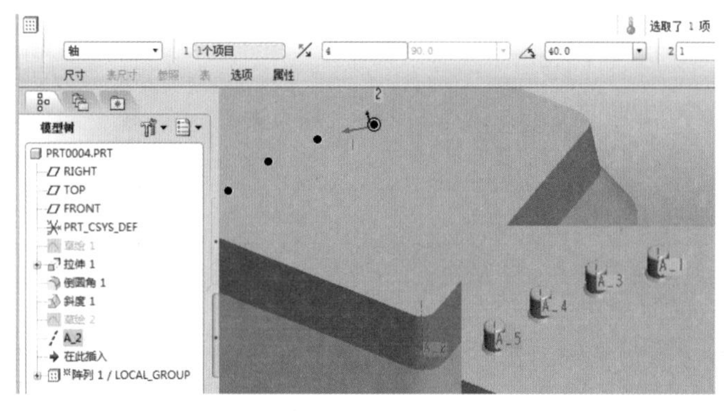

图 3-46　轴阵列

（4）填充阵列：在绘制的封闭草图区域内进行阵列，如图 3-47 所示，有各种不同的阵列类型，根据模型需求切换不同的类型。

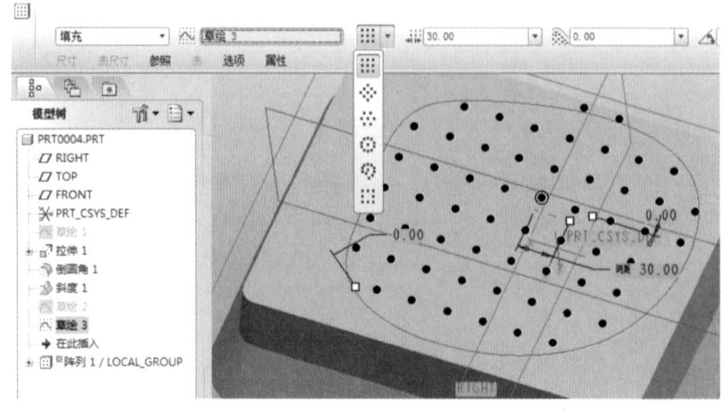

图 3-47　填充阵列

（5）曲线阵列：以草图曲线作为阵列依据，沿着曲线进行阵列，曲线绘制到哪里就会阵列到哪里，如图 3-48 所示。

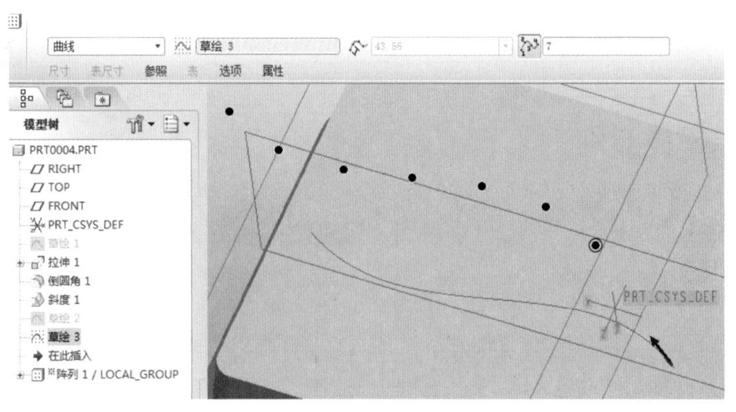

图 3-48　曲线阵列

（6）点阵列：以草图点或者基准点来阵列对象，如果多个点在一个基准点中，就可以批量阵列了，打开素材文件“第 3 章 \ 素材 \PRT001”，如图 3-49 所示，切换到【点】阵列类型，切换到基准点的方式，直接选择之前做好的基准点，即可将所有基准点选中。

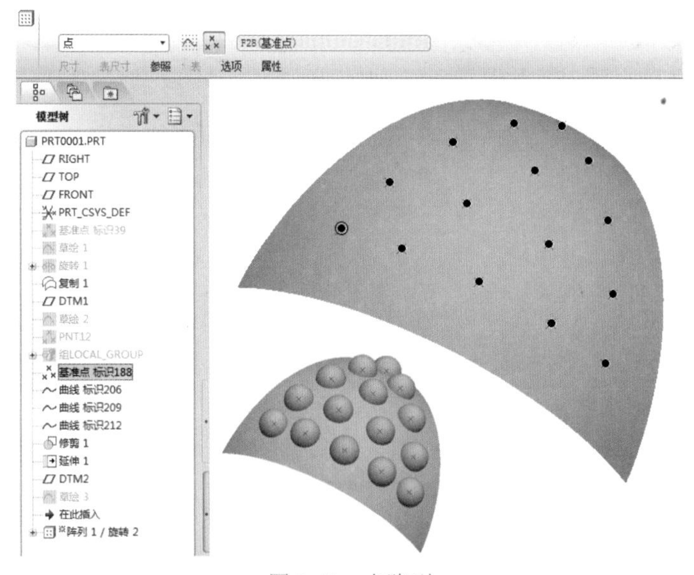

图 3-49　点阵列

注意

如果哪个点不需要阵列，那么可以按住 Shift 键的同时单击不需要阵列的点。另外还有几何阵列，是针对面来说的，和阵列相似，后面会有案例讲解。

3.2 零件练习

经验来源于实践，下面通过案例来巩固前面所学知识。

3.2.1 简单零件实例

复习本章知识点，通过一个案例来练习，练习图纸如图 3-50 所示。

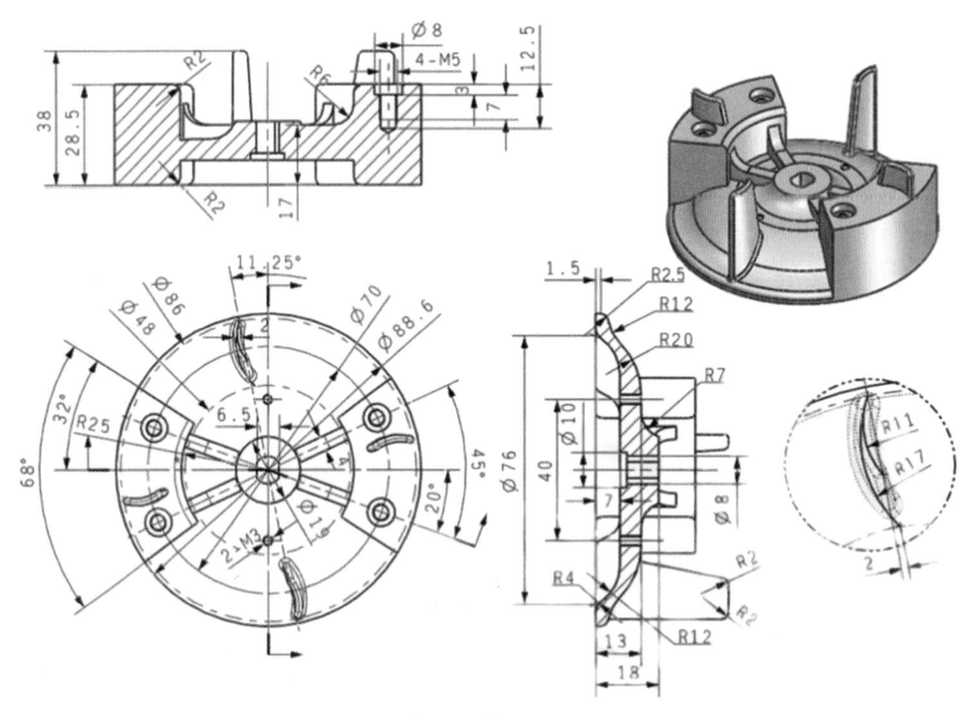

图 3-50　练习图纸

注意

三维设计最重要的是设计思维，绘制之前在脑海中对图中视图类型、尺寸表达意思、整个模型形状要有构思，在脑海中过一遍设计三维的步骤，会用到哪些工具配合，磨刀不误砍柴工，准备好再开始建模。

建模步骤如下。

（1）使用快捷键 Ctrl+N 新建零件文件，文件名称不可有汉字，注意调整单位，一般以默认毫米为单位即可，如图 3-51 所示。

图 3-51　【新建】零件窗口

（2）通过旋转工具创建底座，定义旋转草图绘制一半的截面，如图 3-52 所示，务必将草绘平面定位在 RIGHT 面上（因为要定位好模型的方位，便于后续的装配生成，可根据视图判断），参照平面选择 TOP 基准面，方向选择右。

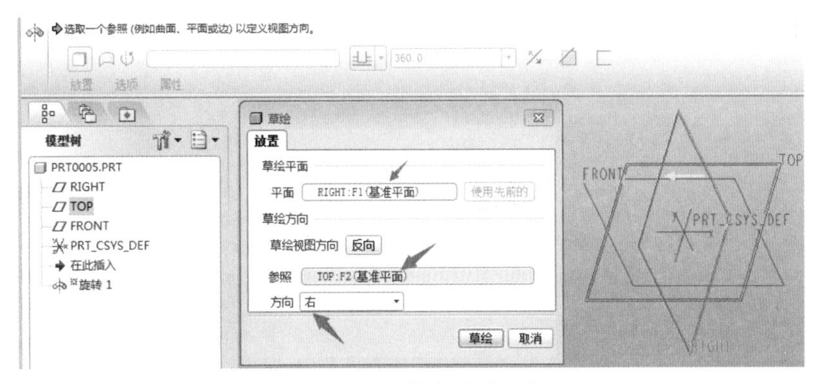

图 3-52　设置草绘平面及方向

（3）通过草图方向工具图标摆正草图，绘制一半的形状并在水平位置绘制一条几何中心线，标注修改尺寸参数，修改尺寸的时候不要选中【再生】复选框，如图 3-53 所示。

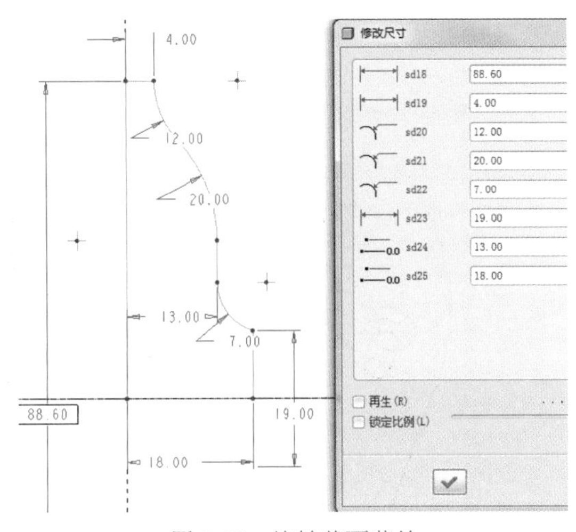

图 3-53　旋转截面草绘

（4）将底座边缘进行圆角处理，图中不清晰，暂定圆角半径为 2.5，如图 3-54 所示。

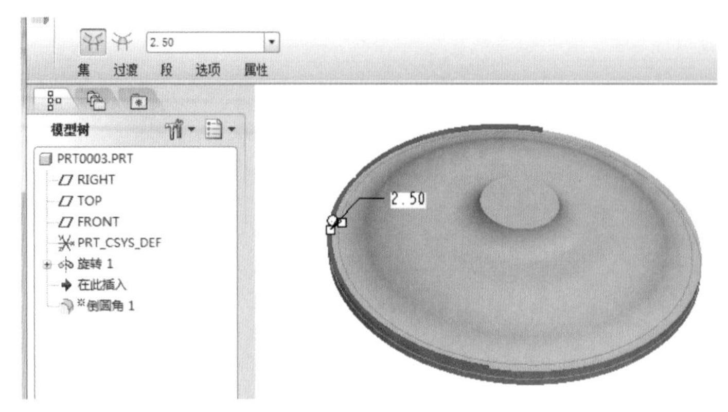

图 3-54　底座边缘以 2.5 为半径进行圆角

（5）向上制作孔的凸起拉伸位置，单击【拉伸】工具，草绘平面选择 TOP，模型方向在（2）中已确定，如图 3-55 所示。

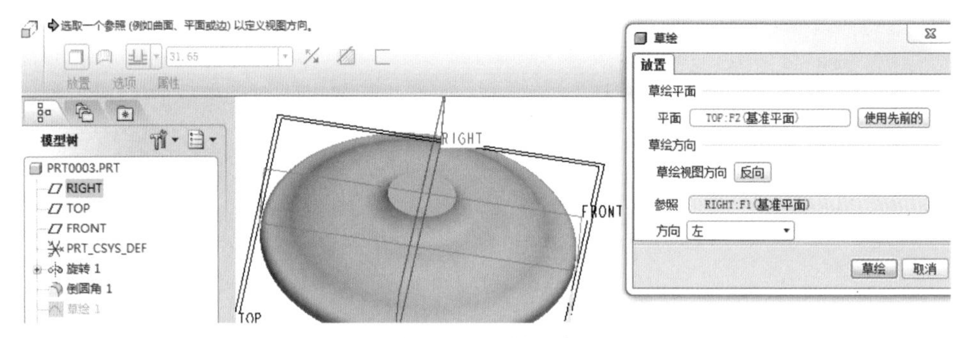

图 3-55　拉伸操作

（6）绘制拉伸截面，按照图中尺寸标注修改好，完成草图后拉伸高度设为 28.5mm，如图 3-56 所示。

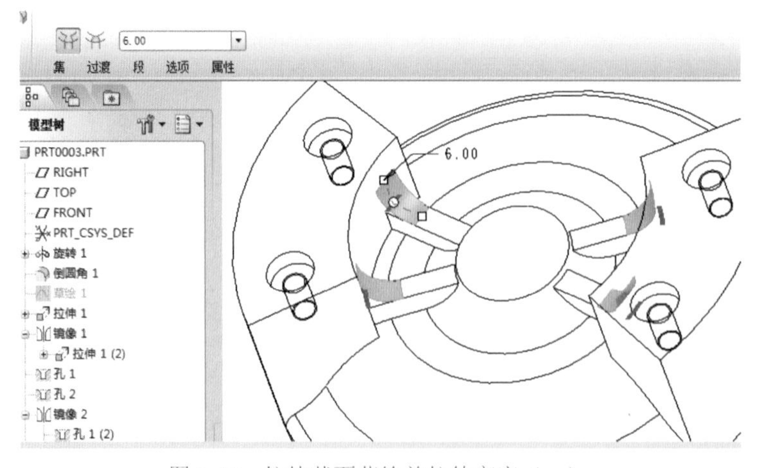

图 3-56　拉伸截面草绘并拉伸高度（一）

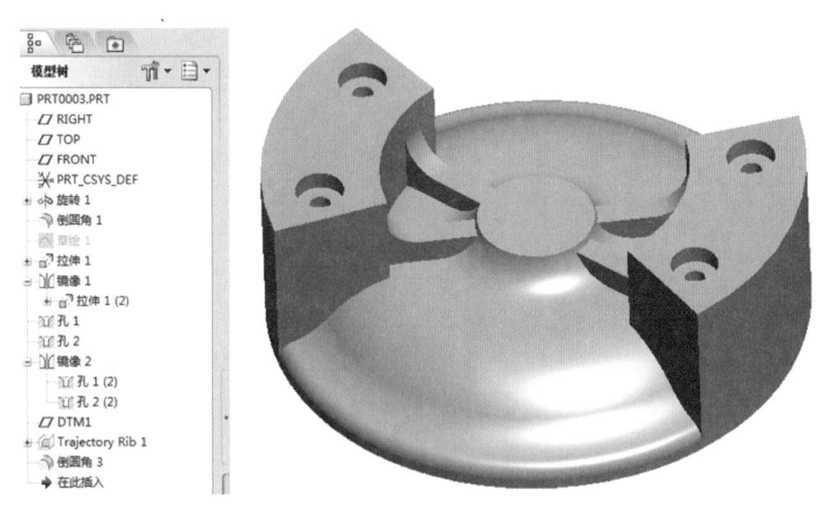

图 3-56　拉伸截面草绘并拉伸高度（二）

（7）拉伸特征两边对称，所以使用镜像即可，先选择（6）中的拉伸特征，再单击【镜像】工具，选择中间的【RIGHT 基准平面】，如图 3-57 所示。

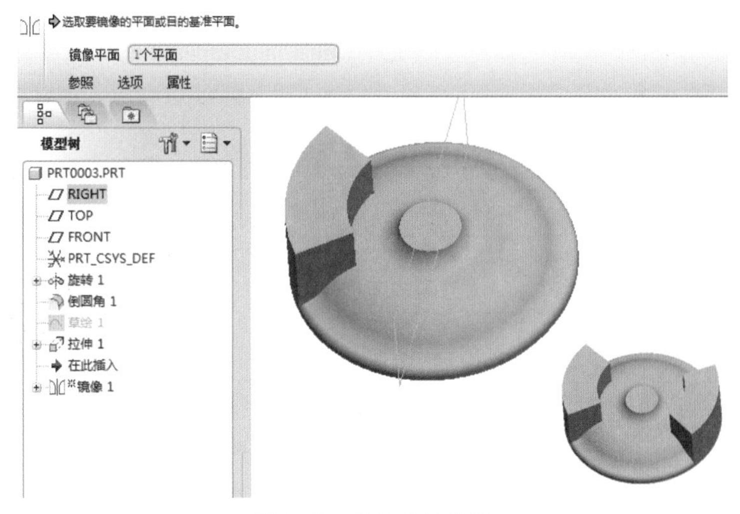

图 3-57　镜像拉伸特征

（8）接下来就是打孔了，单击【孔】工具，定位在（7）完成的伸特征上表面，然后根据图纸中的尺寸定位放置孔的位置，如图 3-58 所示，类型选择直径，偏移参照要按住 Ctrl 键的同时选择中心轴及 FRONT 基准面来定义直径和角度。

（9）定位好孔位置后就可以修改孔的形状了，图纸中孔为沉头螺纹孔，参数如图 3-59 所示。

（10）按照图纸的尺寸制作其余几个孔，如果孔大小相同，可以直接使用复制、粘贴功能完成，这样就无须重新设置孔的大小了。两边对称的孔可直接单击【镜像】工具，如图 3-60 所示。

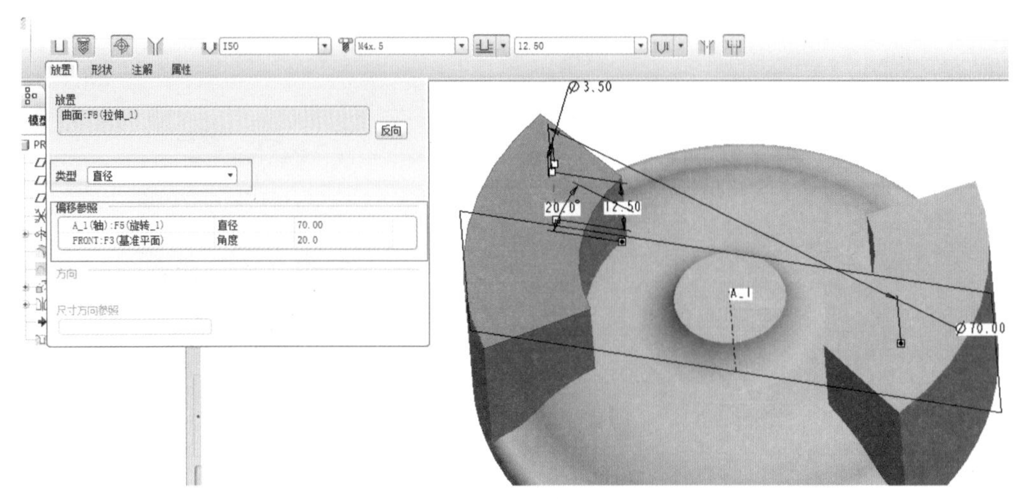

图 3-58 孔定位

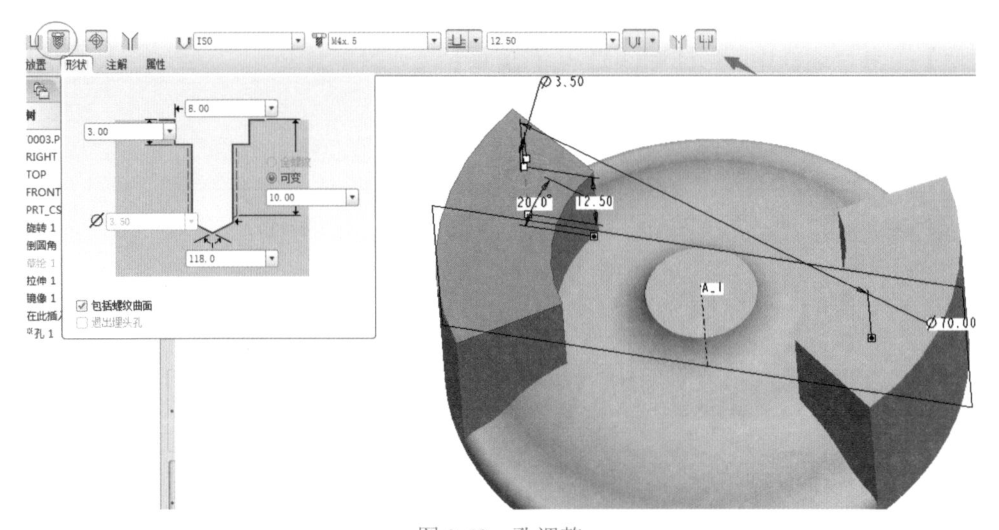

图 3-59 孔调整

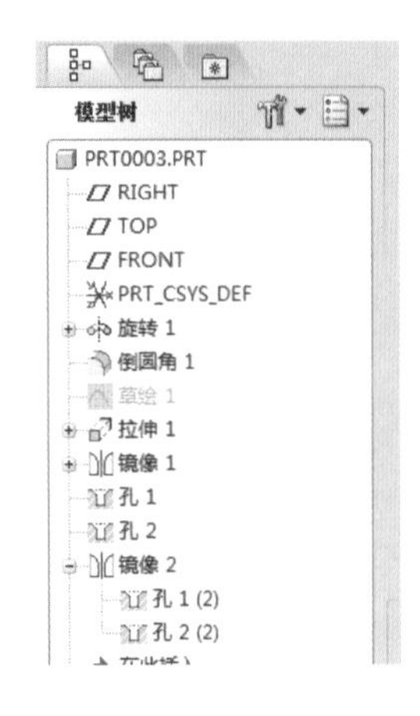

图 3-60 复制孔

（11）接下来绘制加强筋，这一步在筋特征一节讲到了，【轮廓筋】和【轨迹筋】两种方式均可得到，可把图纸中的筋板拆分为水平筋板及圆角两部分，筋板高度为17mm，故先制作一个离TOP面距离为17mm的基准平面用于定位筋板位置，操作如图3-61所示。

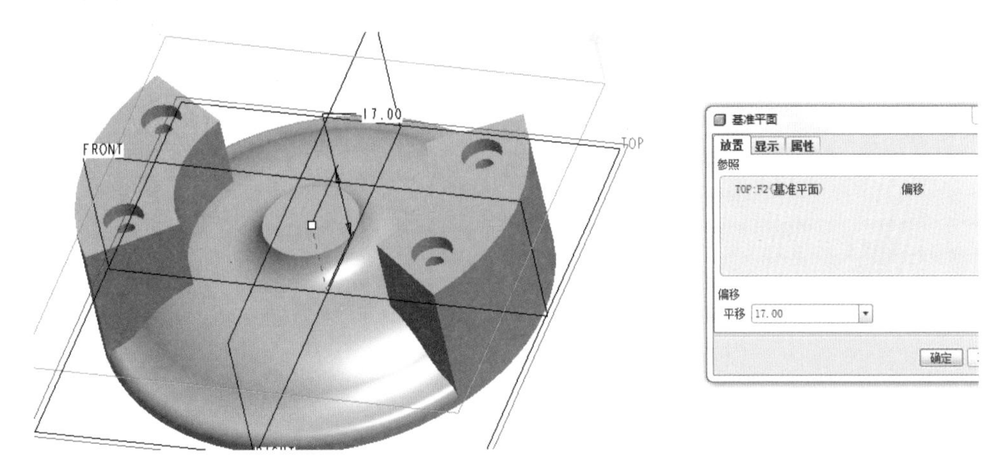

图3-61　创建离TOP面17mm的基准平面

（12）单击Pro/E界面右侧的【轨迹筋】工具，把草图放置在（1）新建的基准平面上，绘制筋板的草图位置即可，操作如图3-62所示。在绘制的草图中心线绘制两个面中间区域一小段线并完成草图。

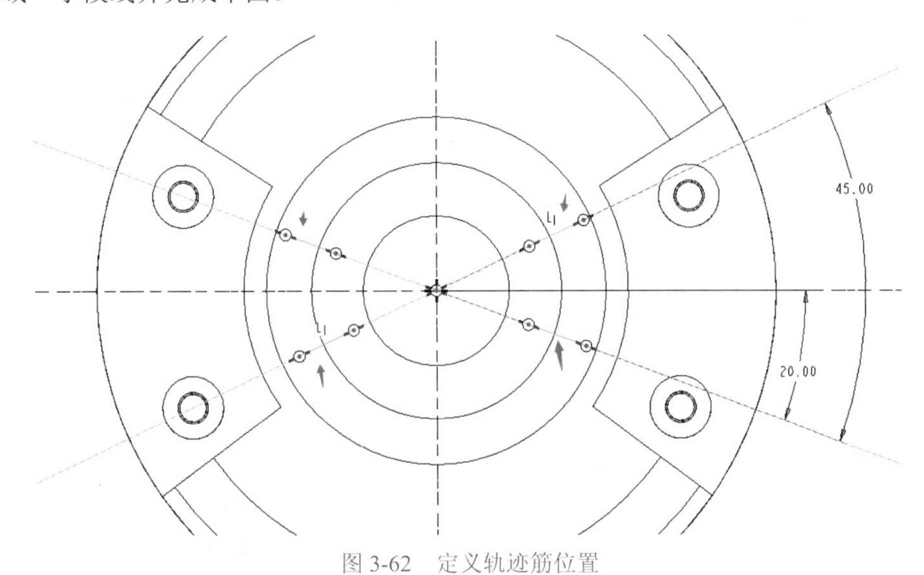

图3-62　定义轨迹筋位置

（13）箭头朝向有实体表面的方向，筋板的宽度参数设置为4mm，完成筋板的创建，如图3-63所示。

（14）在筋板和竖直面连接边上创建R6圆角，就完成筋板的创建了，如图3-64所示。

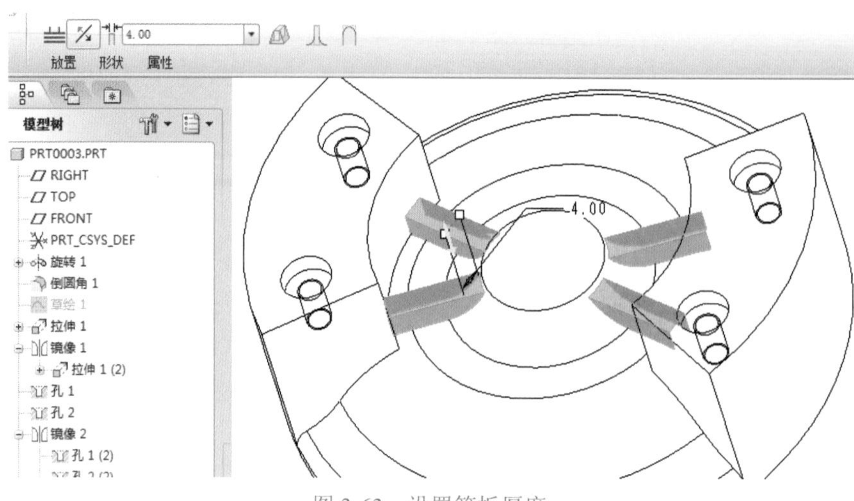

图 3-63　设置筋板厚度

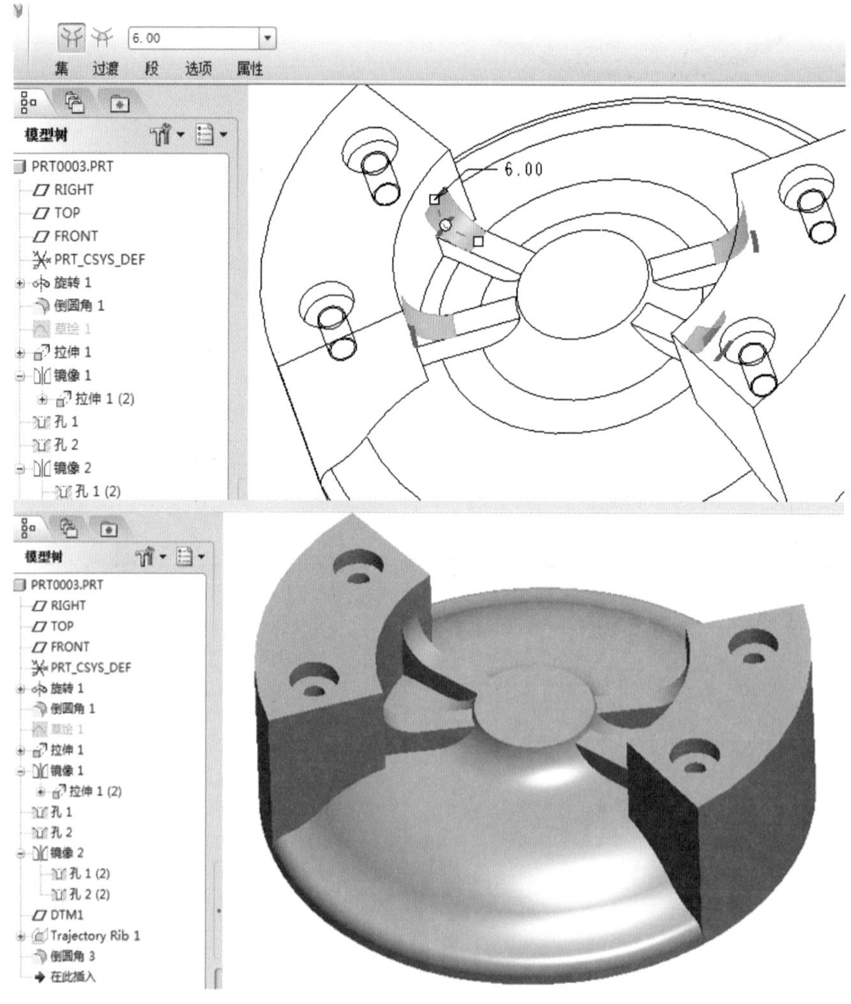

图 3-64　制作 R6 圆角

3.2.2 练习题

1. 图 3-51 还没有完成，请继续完成。
2. 熟练掌握建模工具并学会配合使用，思考如何快速找到设计思路。
3. 使用 Pro/E 软件将图 3-65 中的图纸制作为三维图形。

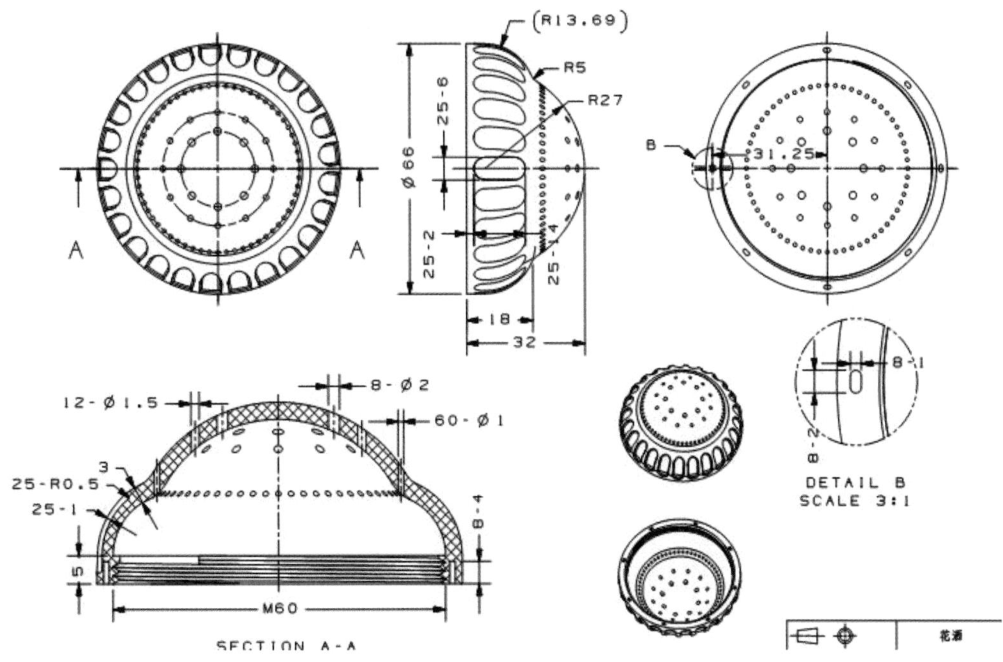

图 3-65 作业练习图纸

本章重点

Pro/E Wildfire 5.0

- Pro/E 扫描
- Pro/E 混合
- Pro/E 扫描混合
- Pro/E 可变截面扫描及螺旋扫描

第4章 Pro/E 扫描混合建模方式剖析

4.1 扫描

扫描工具的学习难度偏大。本节首先讲解扫描的相关知识。扫描只需一条轨迹线和一个截面，截面可以设置为不变，即绘制一种每一处的截面大小都相同的模型形状。

如图 4-1 所示，以杯子的把手作为案例讲解扫描工具的应用。操作如下。

图 4-1 杯子

（1）打开“第 4 章 \ 素材 \01.prt.2”文件，建立一条把手的轨迹线，可通过草图中的样条工具绘制出来，轨迹线的起始端和末端都在杯体边缘轮廓上，可任意绘制，形状不要太浮夸就行，如图 4-2 所示。

（2）执行【插入】→【扫描】→【伸出项】菜单命令，在弹出的【伸出项：扫描】对话框中单击【轨迹】，在弹出的【菜单管理器】中单击【选取轨迹】，选择第一步绘制好的轨迹并接受，如图 4-3 所示（也可以直接草绘轨迹）。

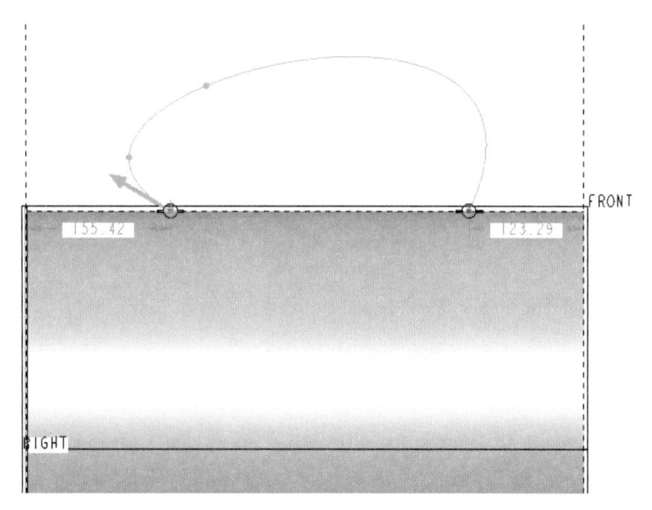

图 4-2　杯子把手轨迹线

（3）单击【合并端】让把手和杯体紧密贴合，如图 4-4 所示。

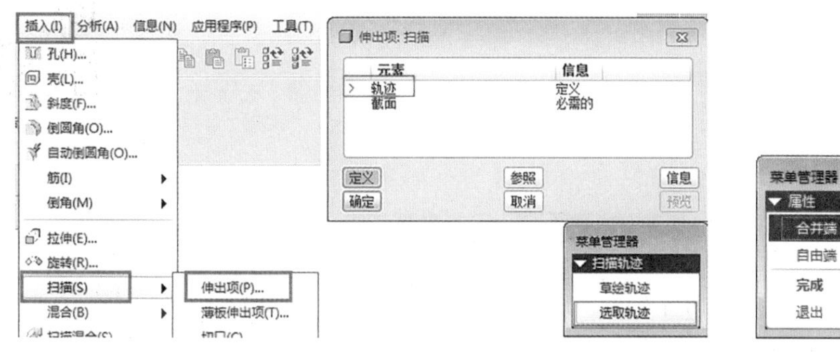

图 4-3　扫描伸出项　　　　图 4-4　合并端

（4）绘制把手的截面形状。截面形状决定了把手的最终样子。下面以中心对称的矩形为例，如图 4-5 所示。

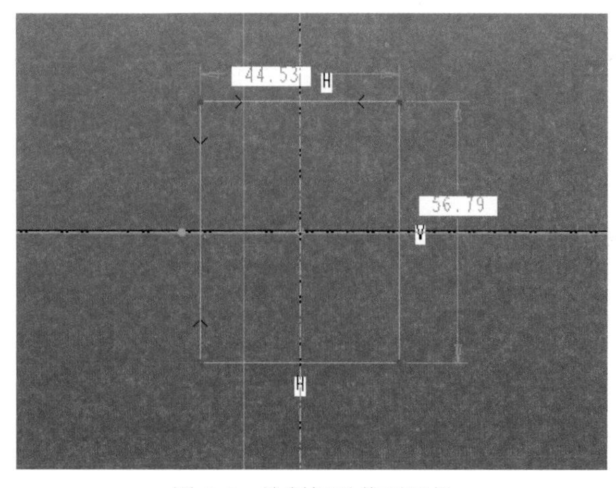

图 4-5　绘制把手截面形状

（5）草绘完成，把手即可生成，而且把手和杯体连接处会紧紧贴合，再进行倒圆角，如图 4-6 所示。

图 4-6　倒圆角

4.2 混合

混合工具是只以横截面创建对象，如图 4-7 所示。延续 3.2.2 节的作业，做完筋板之后的操作如下。

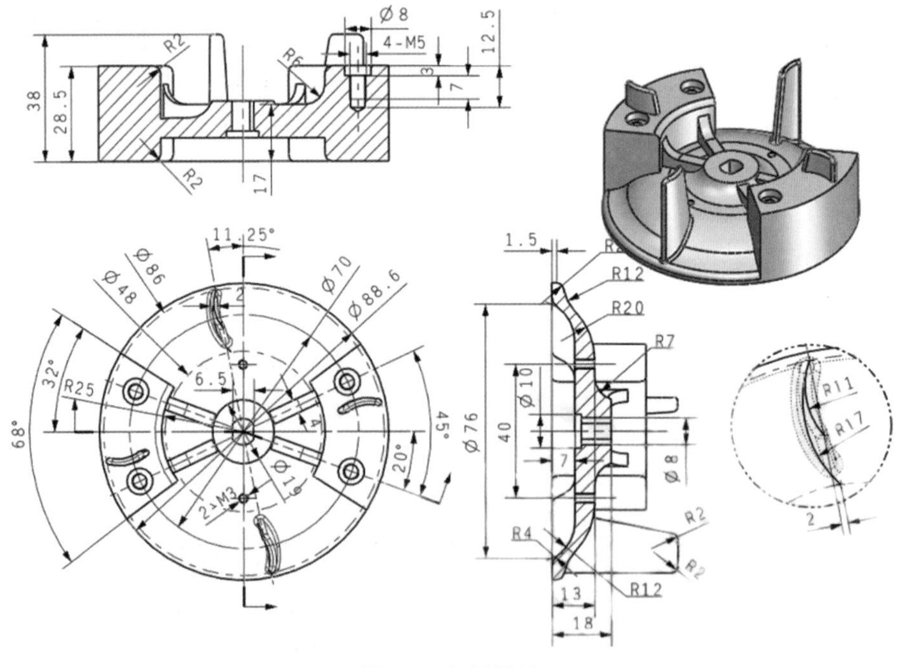

图 4-7　机械图纸

（1）打开素材文件“第 4 章”\ 素材 \prt0005”，如图 4-8 所示。

（2）根据图档得出叶片的位置只有横截面，叶片底面有个 R17 的圆弧，叶片上端有个 R11 的圆弧，并且都是开放对象，因此需要使用【混合】工具制作曲面。先在模型底部通过草绘将两个横截面绘制在一个草图中，便于后续修改，如图 4-9 所示。

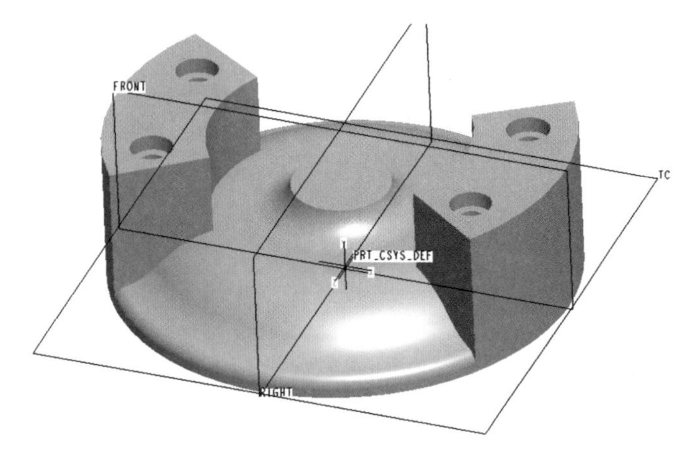

图 4-8　模型素材

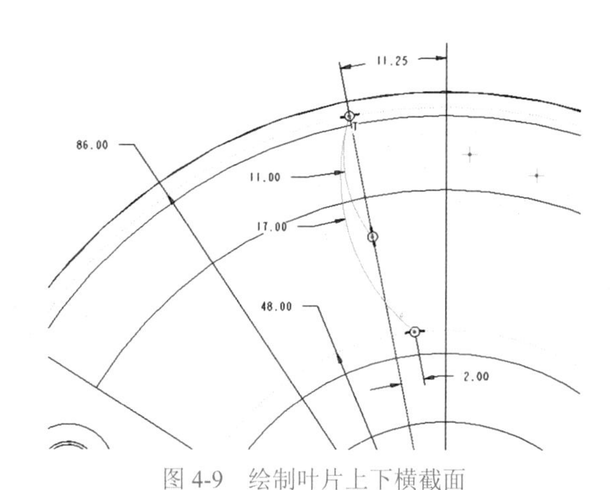

图 4-9　绘制叶片上下横截面

（3）执行【插入】→【混合】→【曲面】菜单命令，弹出【曲面：混合，平行，规则截面】对话框，如图 4-10 所示。先定义【菜单管理器】中的属性，再定义混合选项。

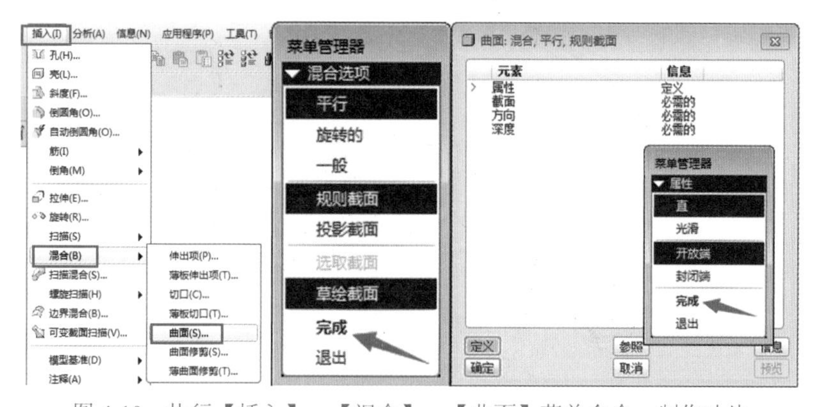

图 4-10　执行【插入】→【混合】→【曲面】菜单命令，制作叶片

（4）在【曲面：混合，平行，规则截面】对话框中选择【截面】选项直接选择 TOP 面作为草绘平面，如图 4-11 所示。

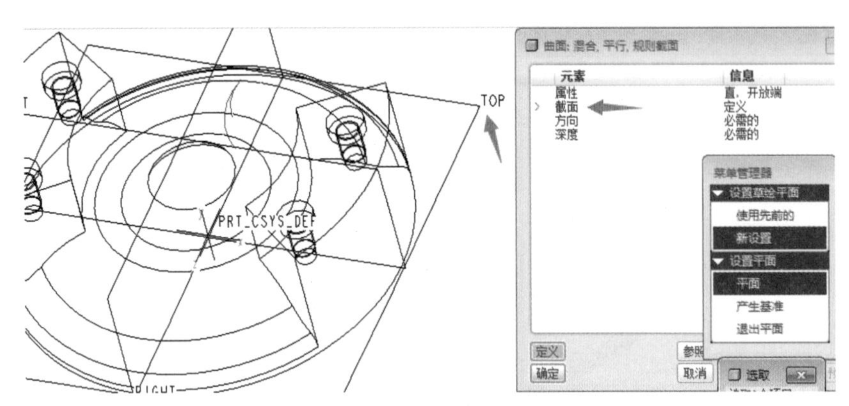

图 4-11　确定截面平面

（5）注意方向的切换，箭头方向要调整为正确的模型生成的方向，可通过【反向】按钮调节，如图 4-12 所示。

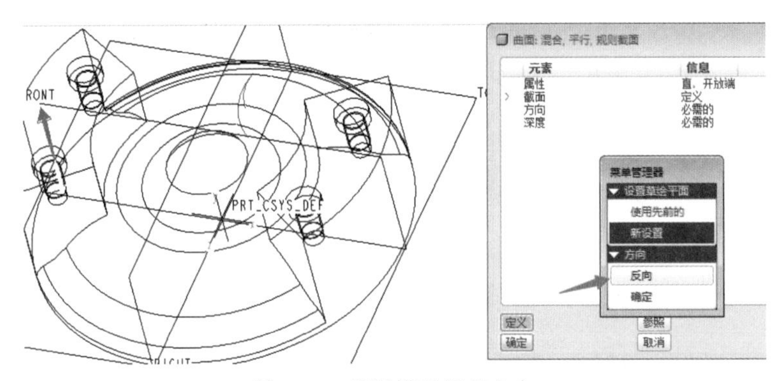

图 4-12　根据模型调整方向

（6）使用投影功能将草绘制作的 R17 的圆弧投影到当前草图中，如图 4-13 所示。

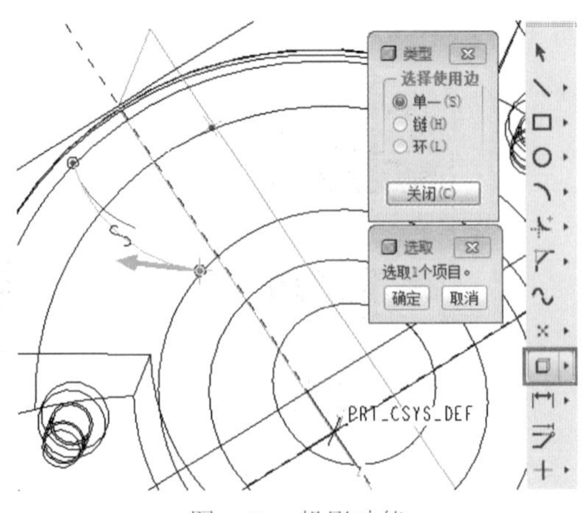

图 4-13　投影功能

（7）如果发现箭头方向不合理，可单击圆弧线的另一端，然后按住鼠标右键不放，在弹出的快捷菜单中选择【起点】菜单命令，一定要保持几个横截面箭头可以保持相同的方向，如图 4-14 所示。

（8）在空白处按住鼠标右键不放，在弹出的快捷菜单中选择【切换截面】菜单命令（另外一端的截面），如图 4-15 所示。

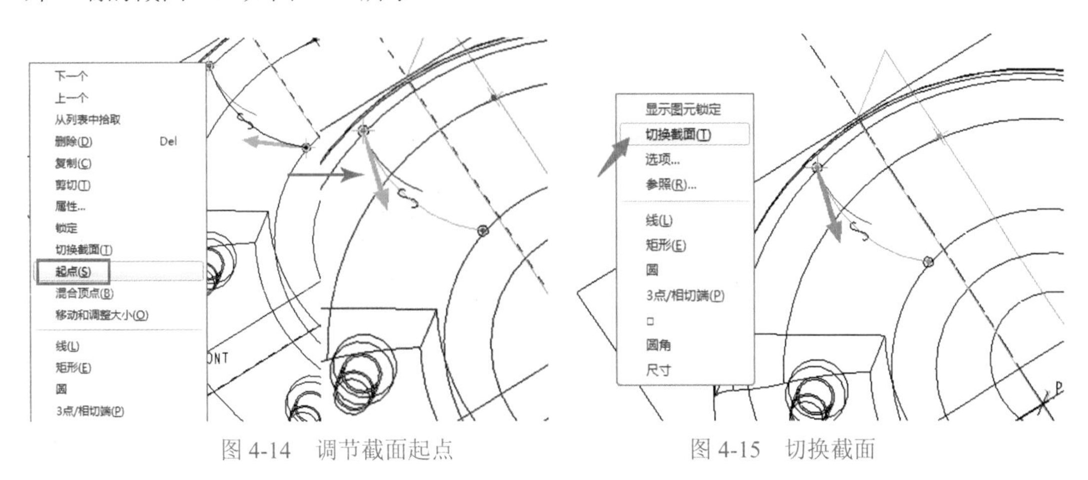

图 4-14　调节截面起点　　　　图 4-15　切换截面

（9）按照步骤（6）和（7）中相同的方法投影 R11 的圆弧，并调节好起始点箭头方向后完成草图，如图 4-16 所示。

（10）在【菜单管理器】中选择【盲孔】，即给其明确的高度参数，如图 4-17 所示。

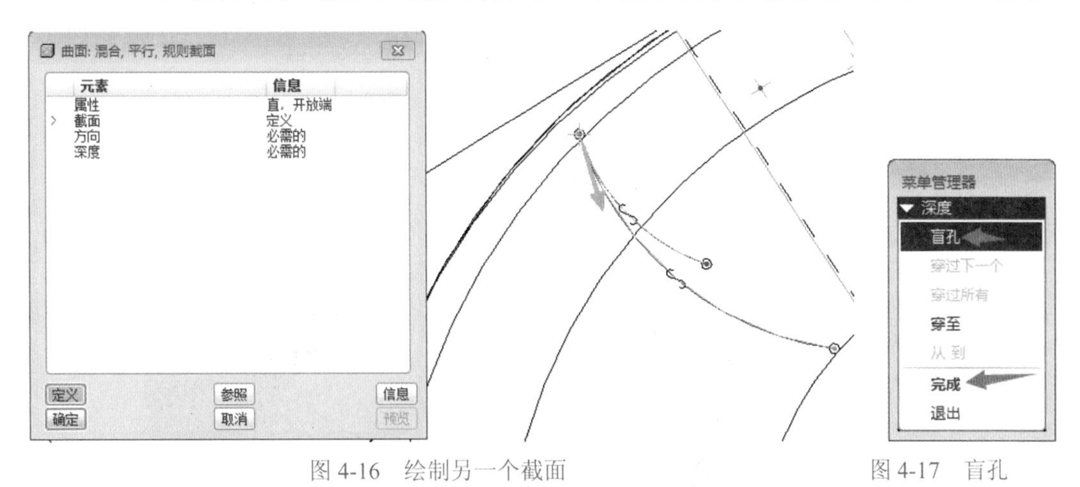

图 4-16　绘制另一个截面　　　　图 4-17　盲孔

（11）根据图档得出叶片的高度为 38mm，即输入截面 2 的深度为 38，然后单击☑按钮，如图 4-18 所示。

图 4-18　输入叶片高度参数

（12）完成之后可以单击【预览】按钮检查制作的叶片是否正确，方向是否正确，确认完成后单击【确定】按钮，如图 4-19 所示。

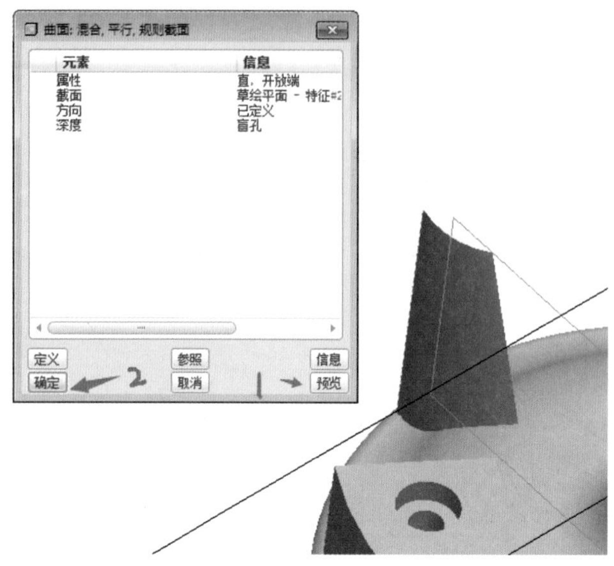

图 4-19　叶片曲面完成

（13）因为通过混合工具制作的是一个曲面，最终目标是要得到实体模型，因此要对曲面进行加厚，如图 4-20 所示，必须先选择曲面，再执行【编辑】→【加厚】菜单命令，居中加厚 2mm 即可。

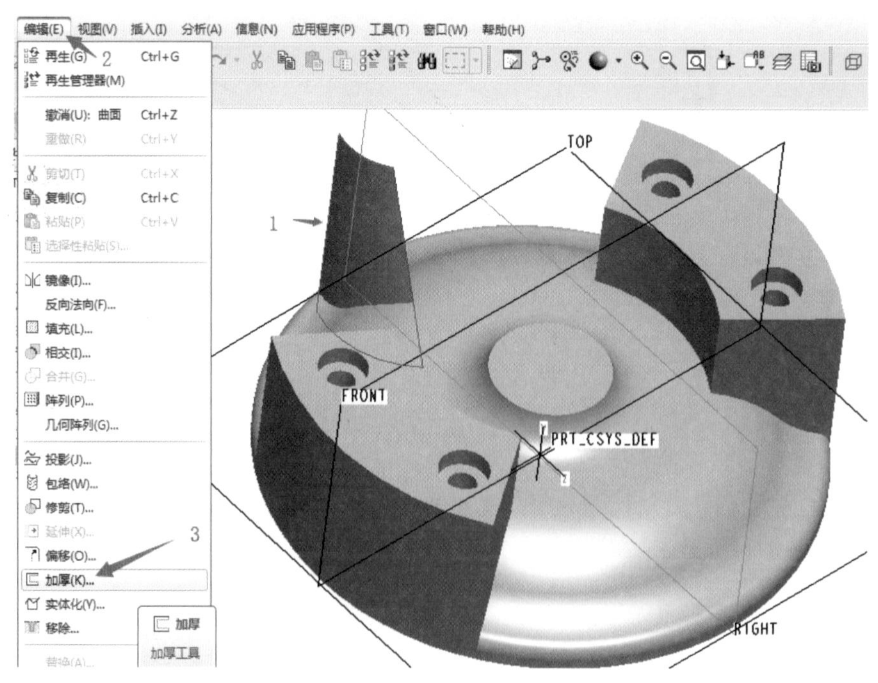

图 4-20　对曲面进行加厚

（14）按住 Ctrl 键，同时选择叶片处的所有外表面，执行【编辑】→【几何阵列】菜单命令，如图 4-21 所示。

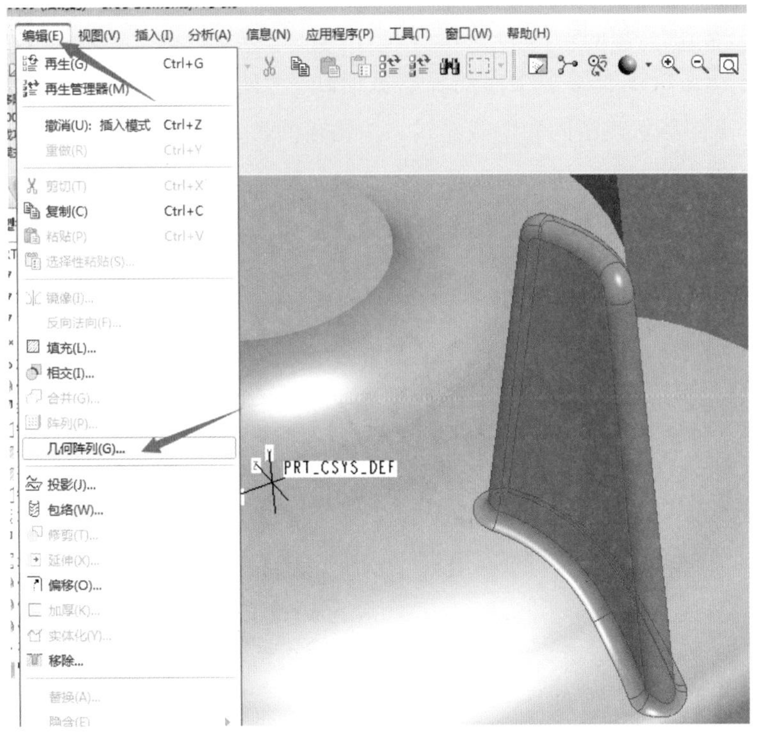

图 4-21 倒圆角后进行几何阵列

（15）在【几何阵列】窗口的下拉列表中选择【轴】，单击坐标轴 Y 轴，根据图档一共阵列 4 个即可，如图 4-22 所示。

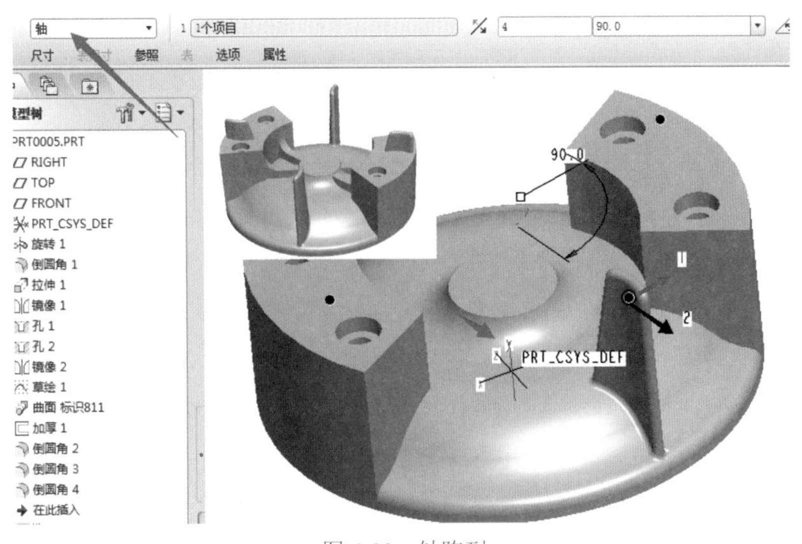

图 4-22 轴阵列

4.3 扫描混合

扫描混合相当于将扫描与混合结合起来，扫描 = 轨迹线 + 一个截面线，混合 = 无轨迹线 + 多个不同形状截面线，扫描混合 = 多条轨迹线 + 多个不同形状或相同相似截面线。相比较而言，针对复杂的结构建模，扫描混合更能胜任。

下面通过一个实际案例讲解扫描混合的用法，如图 4-23 所示，此案例应用了扫描混合、关系函数扫描等大量实战技巧。

图 4-23　混合扫描中的表达式方式建模案例

（1）可以看到，图 4-23 所示的案例模型中有圆形、三角形、矩形三种不相同的横截面，所以先要将三种横截面的位置定好并绘制出三种形状。首先在 TOP 面绘制一个直径为 100 的圆形，完成草图，如图 4-24 所示。

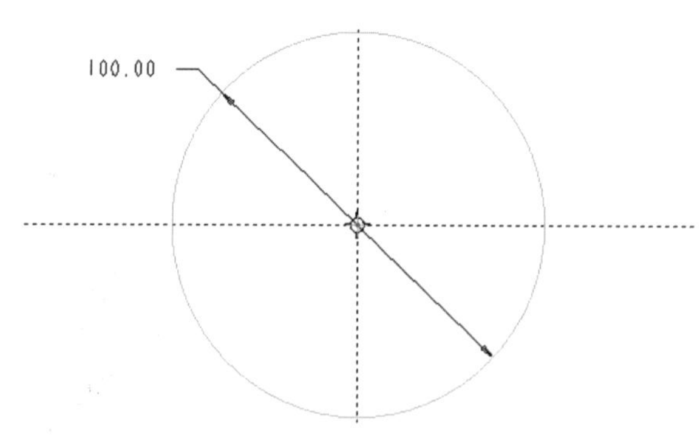

图 4-24　绘制第一个圆形横截面

（2）在 FRONT 正面方向绘制中心轨迹线，定位 150 的距离中心线，交点处作为圆心绘制圆，相切于第一步绘制的圆中心上，并修剪成半圆，如图 4-25 所示。

（3）创建三角形横截面的基准平面，以 RIGHT 基准平面作为参照，向左侧偏移 150，如图 4-26 所示。

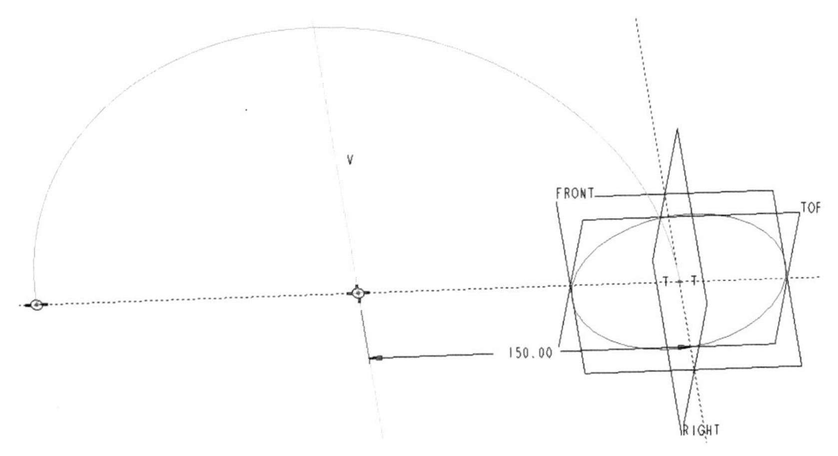

图 4-25　绘制模型轨迹

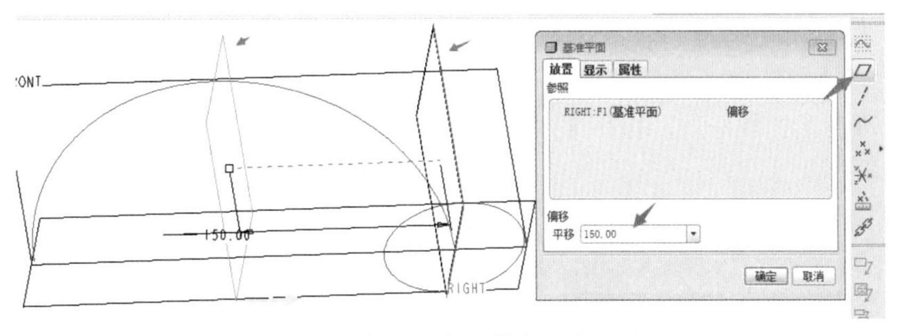

图 4-26　创建三角形横截面的位置

（4）在新建的基准平面上，创建圆角三角形作为第二个横截面，可使用草图中的【调色板】调用三角形，然后对三角形进行倒圆角，添加几何约束及尺寸约束，大小比第一个截面圆稍大即可，如图 4-27 所示。

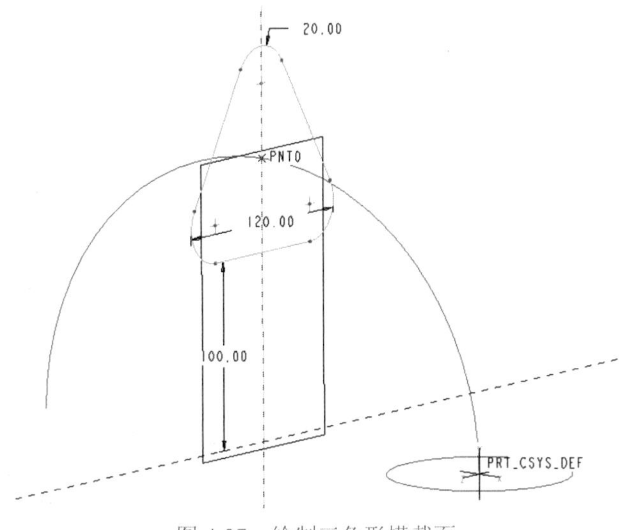

图 4-27　绘制三角形横截面

（5）在圆弧线的另外一端绘制第三个横截面圆角矩形，同样可以使用【调色板】调用圆角矩形，设置好约束对称，做好尺寸约束，比三角形横截面尺寸稍大即可，如图4-28所示。

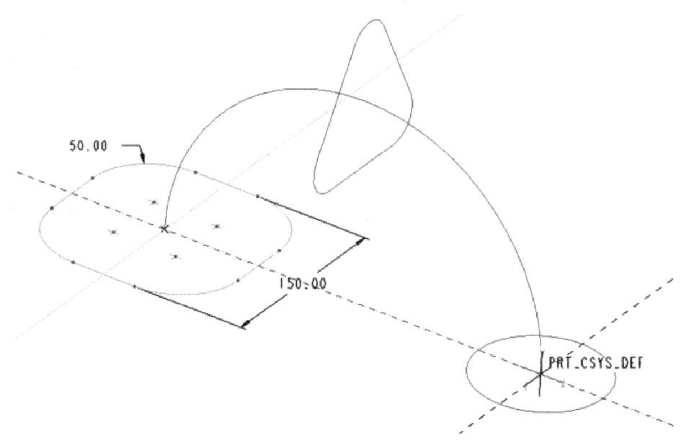

图 4-28　绘制第三个圆角矩形横截面

（6）准备工作做好后，执行【插入】→【扫描混合】菜单命令，如图 4-29 所示。

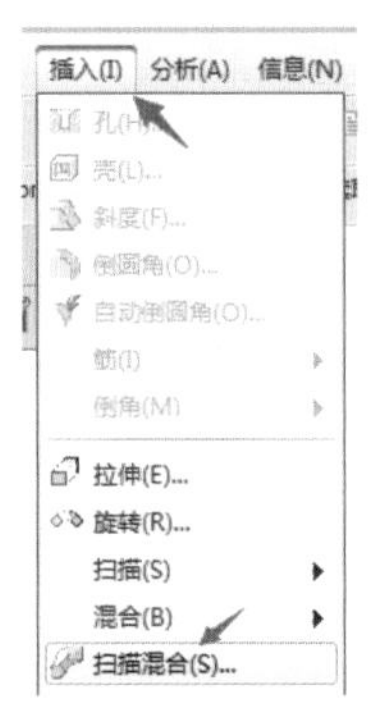

图 4-29　执行【扫描混合】命令

（7）默认创建曲面，单击【参照】选项卡后选择图中圆弧作为轨迹，模型就会沿着此轨迹生成，如同人的脊椎，如图 4-30 所示。

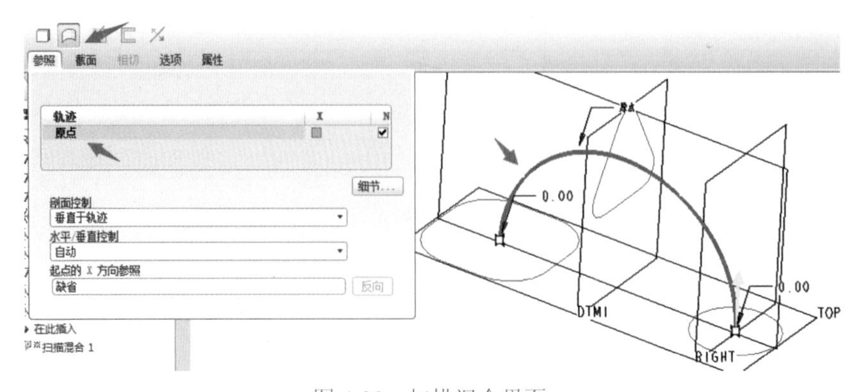

图 4-30　扫描混合界面

（8）切换到【截面】选项卡，单击【选定截面】选择已经绘制好的横截面，依次选择三个横截面（圆、圆角三角形、圆角矩形）进行插入，但是未成功生成曲面模型，如图 4-31 所示。

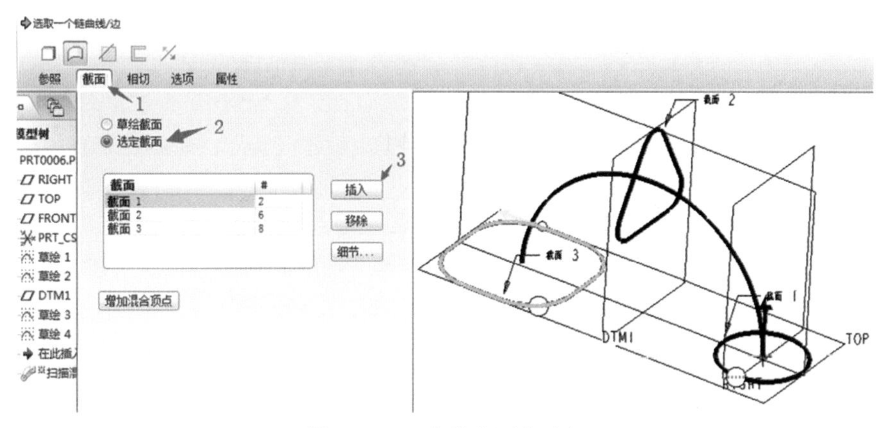

图 4-31　三个横截面的选择

（9）未生成曲面模型的原因是每一个截面的线段数必须保持相同才可以，按图例要以最高 8 边来修改每个横截面的线段数，如图 4-32 所示。

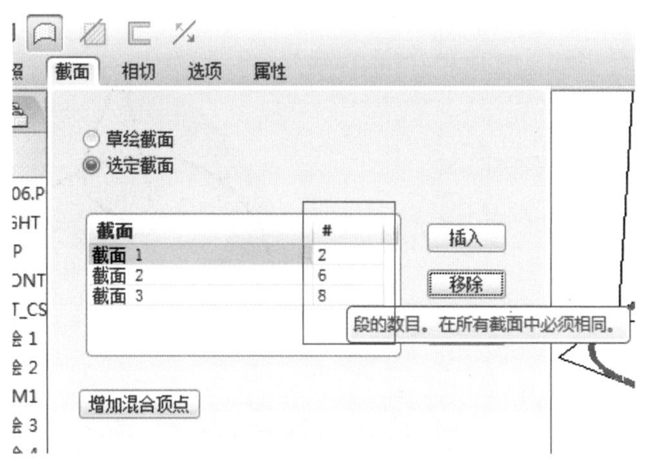

图 4-32　修改横截面线段数

（10）修改截面 1 和截面 2 的线段数目，需要使用草图中的【分割】工具，如图 4-33 所示，对草图的线在不改变形状的情况下进行分段。

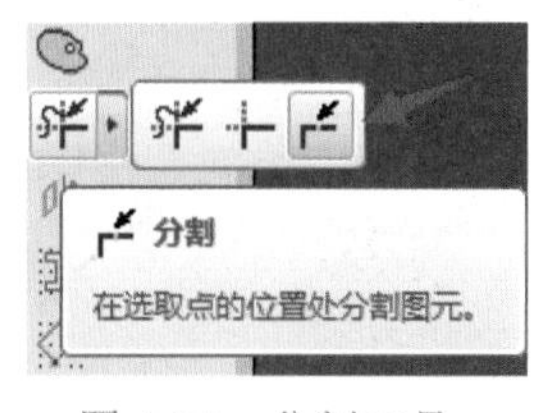

图 4-33　分割工具

（11）截面 1 的圆形需绘制 2 条中心线，单击中心线与圆的交点处进行分割，截面 2 的圆角三角形只需再增加 2 条线段，将最上端的圆弧和最下端的直线从中间分成 2 段即可，如图 4-34 所示。

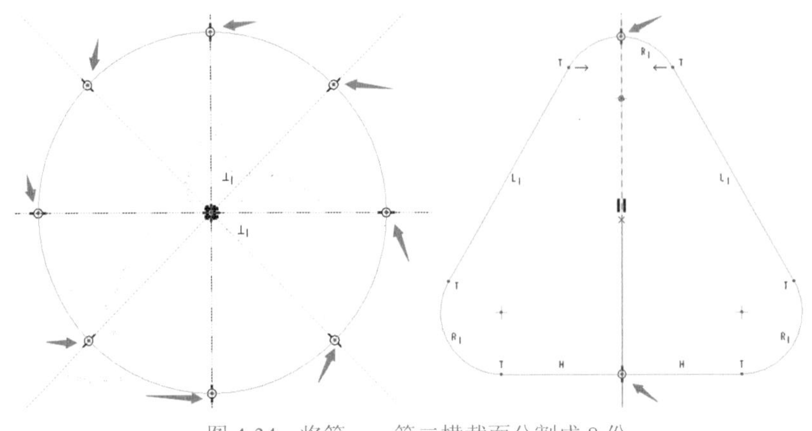

图 4-34 将第一、第二横截面分割成 8 份

（12）单击【扫描混合】工具，此时每个截面的线段数已经相同，但是做出来的曲面模型有很严重的扭曲变形，如图 4-35 所示。

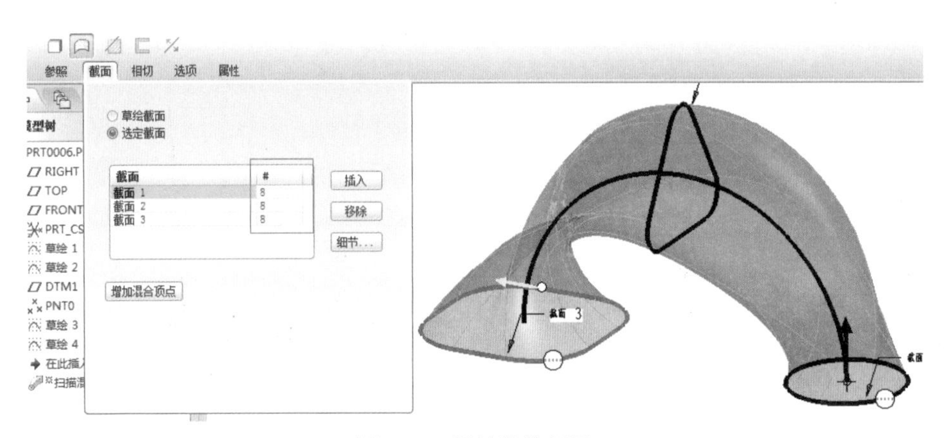

图 4-35 保持段数相同

（13）针对扭曲变形的曲面，可以利用每个截面的控制点进行拖动，使箭头保持统一，控制点的位置保持相似位置，如图 4-36 所示。

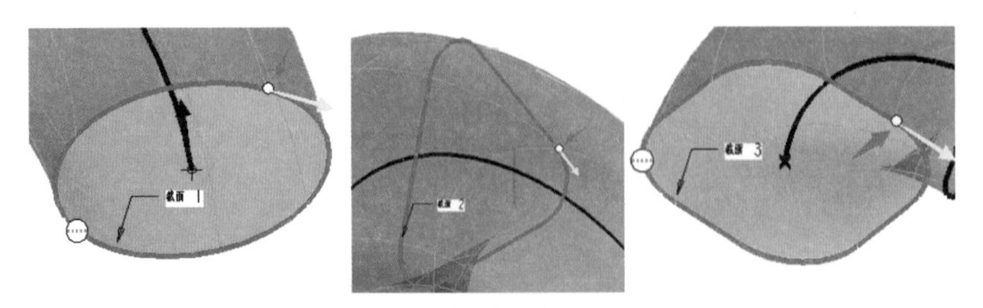

图 4-36 对扭曲现象进行调节

调整后的曲面模型如图 4-37 所示。

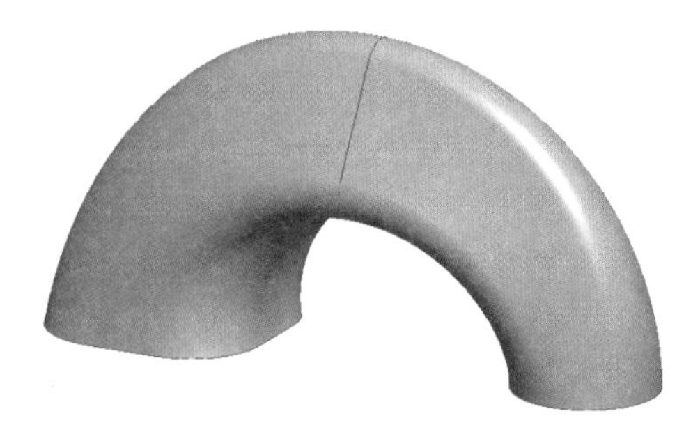

图 4-37　扫描混合生成的模型效果

4.4　可变截面扫描及螺旋扫描

本节继续对 4.3 节的案例模型进行操作。

4.4.1　可变截面扫描

可变截面扫描属于扫描类型的功能，和扫描操作相同，此工具可通过添加关系函数改变最终模型的形状，具体操作如下。

（1）执行【插入】→【可变截面扫描】菜单命令，如图 4-38 所示。

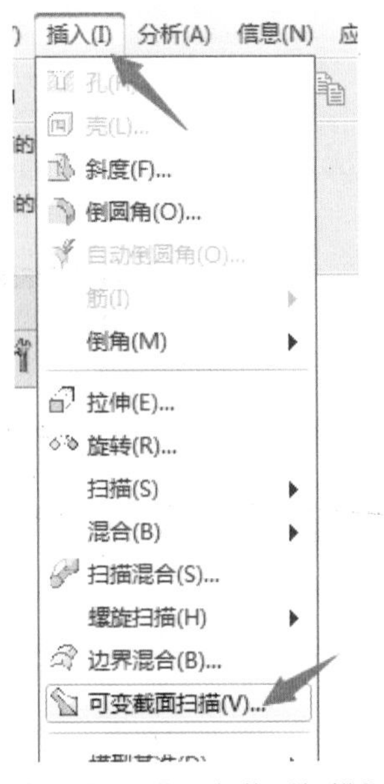

图 4-38　【插入】→【可变截面扫描】菜单命令

（2）在【可变截面扫描】面板上，单击【创建或编辑扫描剖面】按钮，创建一条线作为扫描横截面，如图 4-39 所示。

（3）因为需要生成一个未定义的角度尺寸，选中 V 垂直约束并删除，如图 4-40 所示。

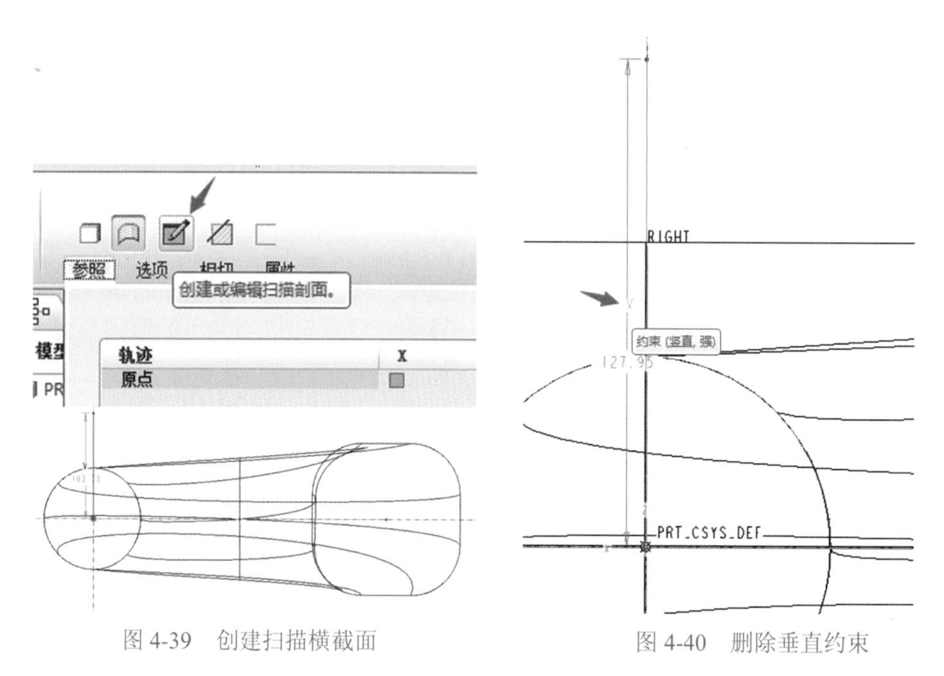

图 4-39　创建扫描横截面　　图 4-40　删除垂直约束

（4）执行【工具】→【关系】菜单命令，在弹出的【关系】对话框中为其标注添加变化的函数，使最终得到的模型发生规则变化，变化的规律则为关系中输入的函数公式，如图 4-41 所示。

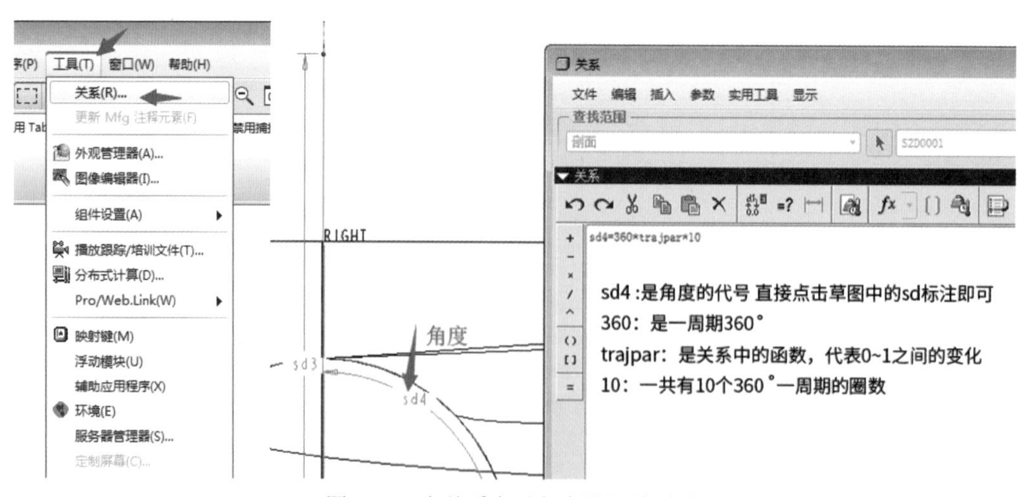

图 4-41　在关系中对角度设置关系式

（5）得出来的旋转曲面模型，显示为均匀的，如图 4-42 所示。

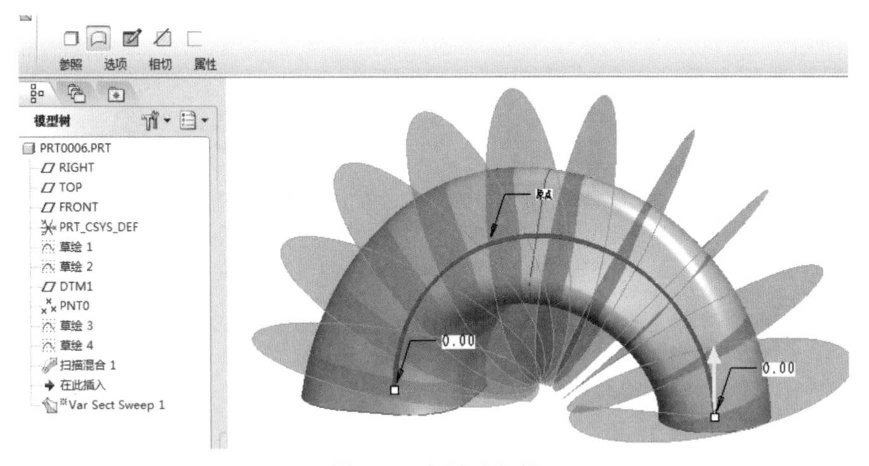

图 4-42　螺旋式扫描

（6）图例中两头比较密集，中间比较松散，所以做如下修改，先将【模型树】中【在此插入】项拖动到【Var Sect Sweep 1】之前，暂时可以取消可变截面扫描所生成的模型状态，再执行【插入】→【模型基准】→【图形】菜单命令，如图 4-43 所示。

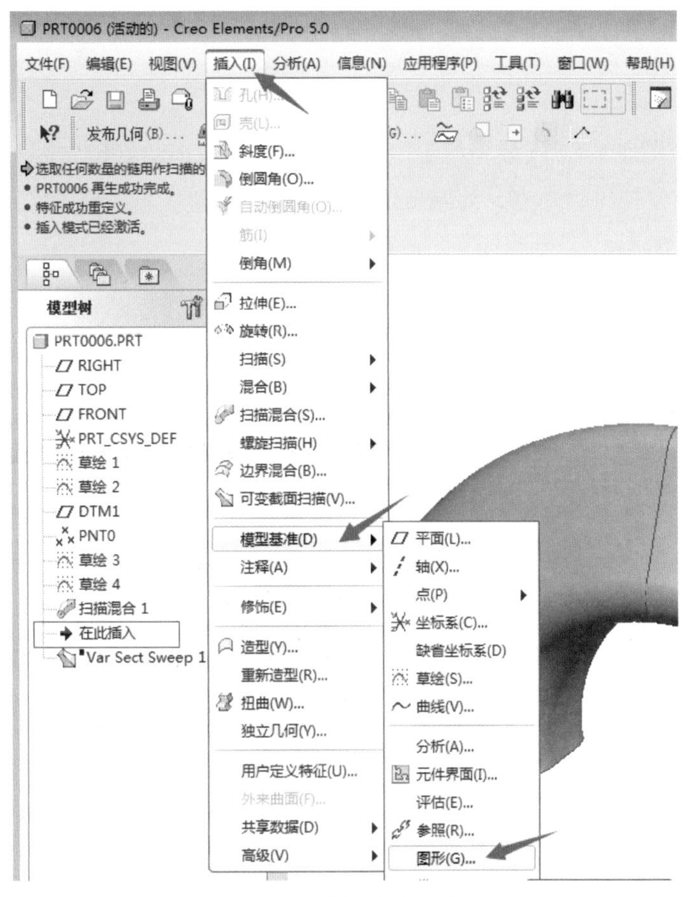

图 4-43　创建图形基准

（7）在弹出的对话框中输入图形的名字，弹出草绘界面绘制独立的草图，包括添加坐标系、中心线、渐变过程的线条，如图 4-44 所示。

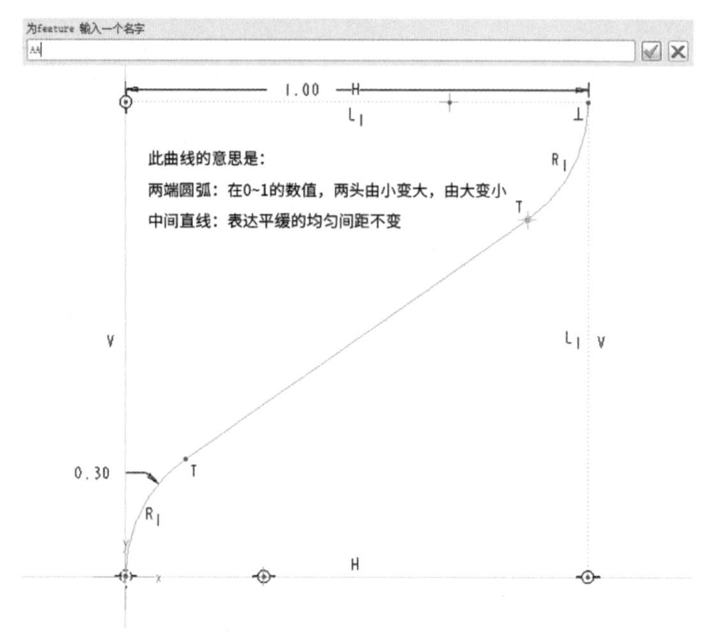

图 4-44　绘制渐变的图形线条

（8）完成草图之后，将【模型树】中的【在此插入】项拖动到【Var Sect Sweep 1】之后，因为要调节模型使其可以渐变，故编辑定义可变截面扫描，重新修改关系中的函数公式，如图 4-45 所示。

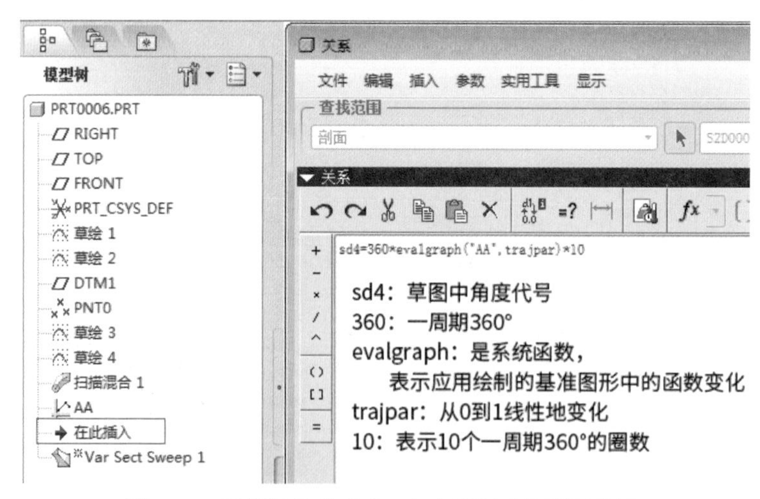

图 4-45　重新调整关系式，加上所创建的图形基准

（9）通过修改后的关系函数公式得出的曲面模型两头比较紧凑，中间比较均匀，如图 4-46 所示。

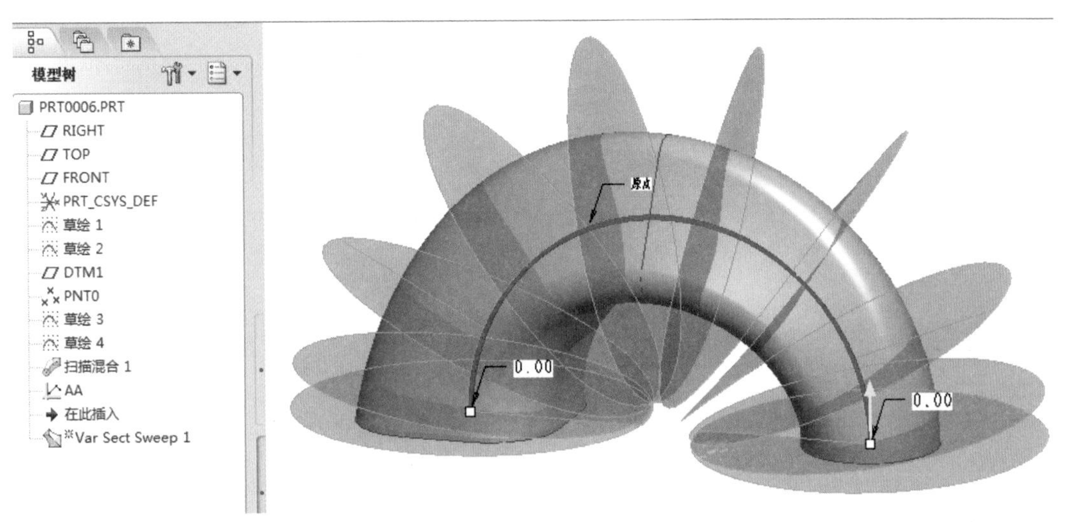

图 4-46　修改关系式之后的螺旋式扫描

（10）创建两组面的相交线，先将右上角过滤器切换至面组，选择两组面，再执行【编辑】→【相交】菜单命令，就可以得出两组面的相交线，如图 4-47 所示。

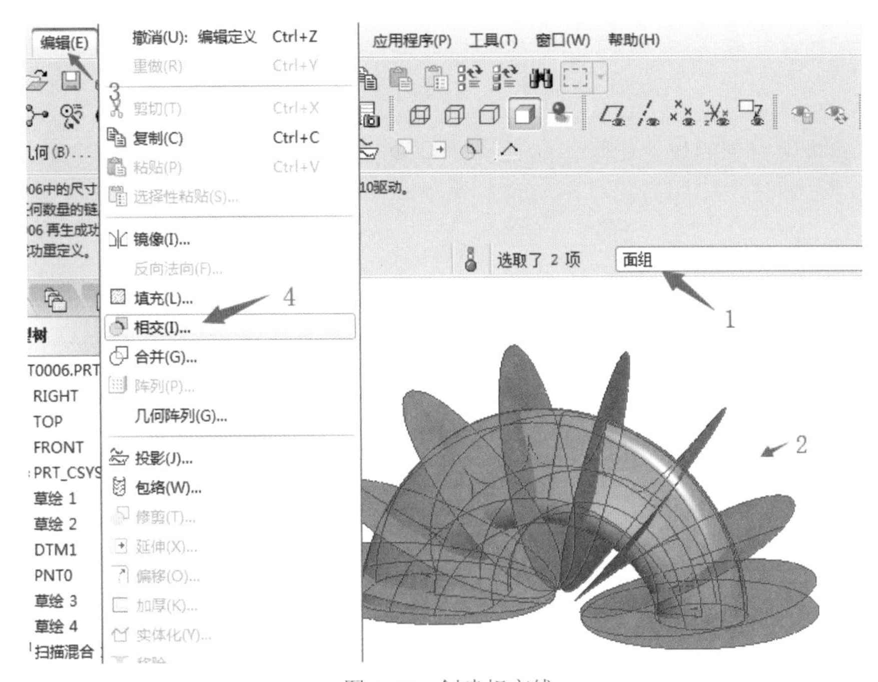

图 4-47　创建相交线

（11）将面组和三个横截面隐藏之后，只留下相交线，如图 4-48 所示。

（12）执行【扫描】→【伸出项】菜单命令，在【伸出项：扫描】对话框中，将相交线选择为轨迹，绘制出横截面直径为 4 的圆，如图 4-49 所示。

图 4-48　只显示相交线

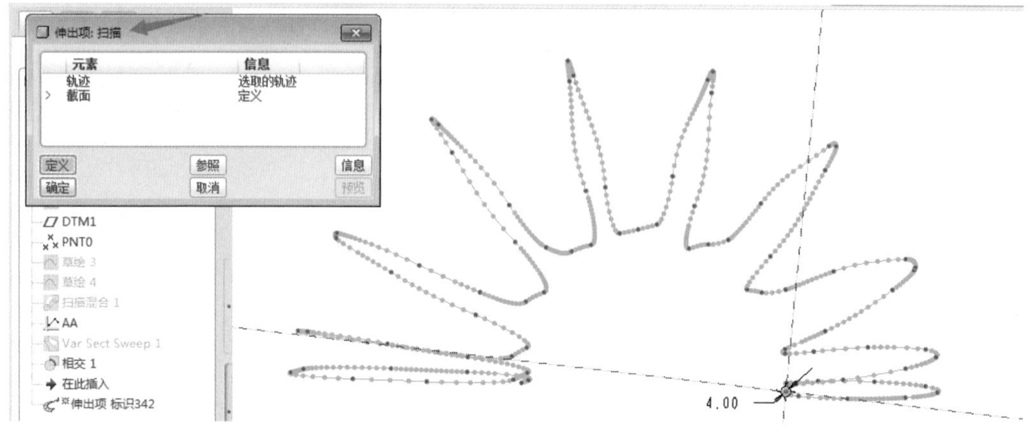

图 4-49　扫描创建模型

（13）最终得到的效果如图 4-50 所示。

图 4-50　模型最终效果

4.4.2　螺旋扫描

螺旋扫描是沿着螺旋轨迹线进行扫描，必要数据有轴线、轨迹线、截面、螺距等，一般用于制作外螺纹、内螺纹、弹簧等零件。下面通过案例讲解螺旋扫描的用法，案例如图 4-51 所示。

（1）执行【插入】→【螺旋扫描】→【伸出项】菜单命令，弹出【螺旋扫描】对话框和相对应的【菜单管理器】，在【菜单管理器】的【属性】项中选择【常数】、【垂直于轨迹】（因为案例外轮廓并不垂直）和【右手定则】，如图 4-52 所示。

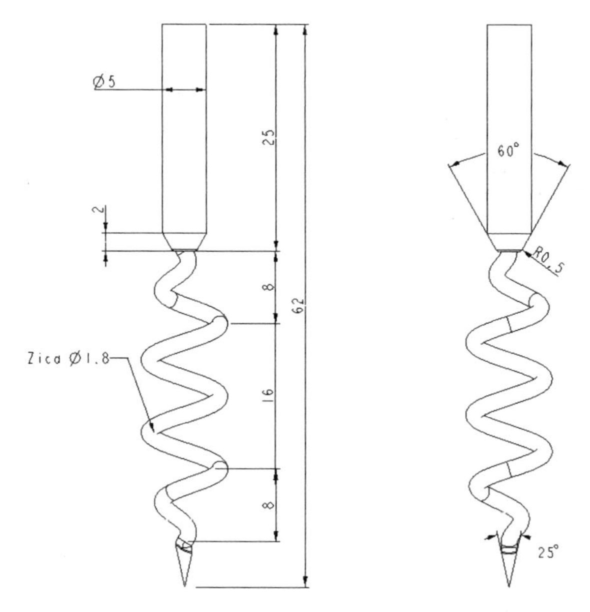

图 4-51　螺旋扫描案例

图 4-52　螺旋扫描操作界面

【菜单管理器】的【属性】项的关键信息说明如下。

- 常数：螺旋线螺距为常数。
- 可变的：螺旋线螺距可变，可以定义变化规律。
- 穿过轴：截面位于穿过轴线的平面内。
- 垂直于轨迹：截面位于垂直于螺旋线的平面内。
- 右手定则：右手大拇指指向尖端，四根手指的方向为螺旋线轨迹方向。
- 左手定则：左手大拇指指向尖端，四根手指的方向为螺旋线轨迹方向。

（2）定义轨迹线及轴线，在【伸出项：螺旋扫描】对话框中单击【扫引轨迹】，弹出第一个【菜单管理器】，选择 FRONT 基准平面作为草绘平面后，弹出第二个【菜单管理器】，单击【确定】按钮，弹出第三个【菜单管理器】，单击【缺省】按钮，进入草图绘制螺旋线的外轮廓轨迹，也需要在中心竖直绘制一条中心轴线，轨迹线可以控制最终模型的外形，如图 4-53 所示。

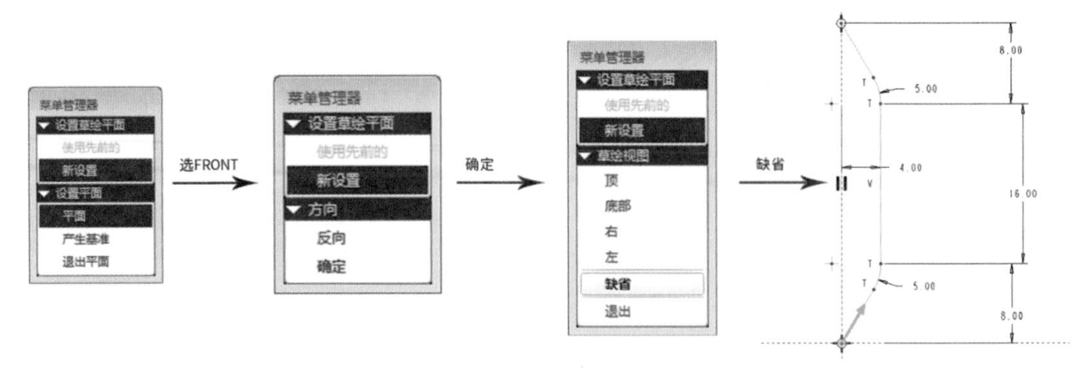

图 4-53　螺旋扫描操作步骤

（3）完成草图后，弹出【输入节距值】对话框，在其中定义螺距，输入 8mm，如图 4-54 所示。

图 4-54　定义螺距

（4）定义截面，在【伸出项：螺旋扫描】对话框中单击【截面】后，选择轨迹线，默认在线条的端点处创建草图，绘制直径为 1.8mm 的圆作为扫描截面，如图 4-55 所示。

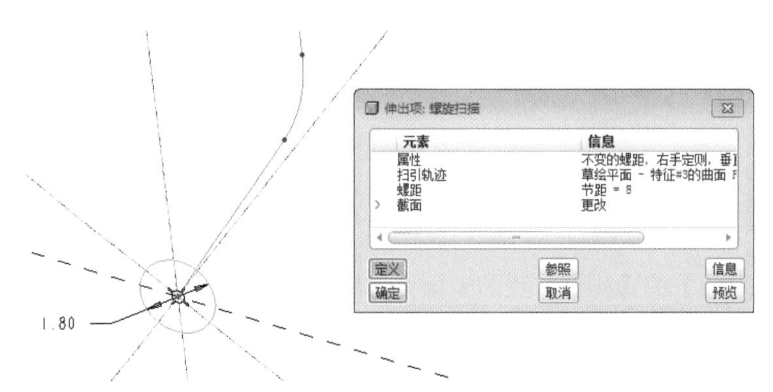

图 4-55　定义横截面形状

（5）最终完成以螺旋扫描得到的模型，如图 4-56 所示。

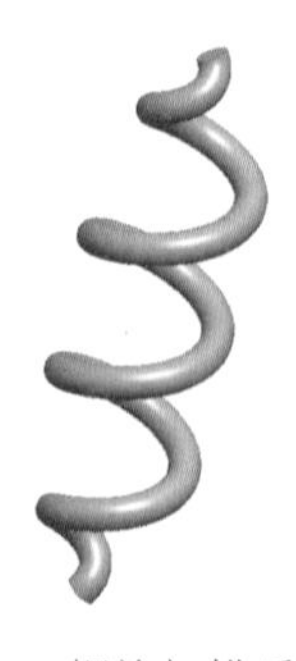

图 4-56　螺旋扫描后的模型

4.5 作业

1. 根据图纸尺寸绘制模型，如图 4-57 所示。

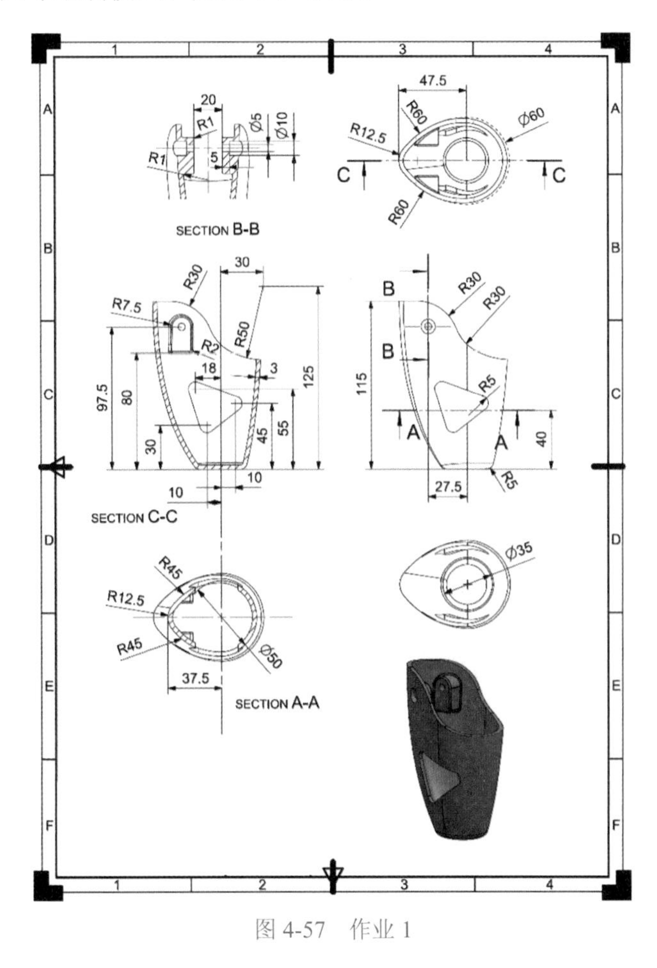

图 4-57 作业 1

2. 打开素材文件“第 4 章 \ 作业 \001”，通过螺旋扫描完成如图 4-58 所示的外螺纹及内螺纹，截面、螺距可以自定义。

图 4-58 作业 2

第5章

Pro/E 基准曲线详解

本章重点

Pro/E Wildfire 5.0

- 通过点创建曲线
- 自文件创建曲线
- 使用横截面创建曲线
- 从方程创建曲线

5.1 Pro/E 基准曲线介绍

模型由点、线、面构成，把模型拆开来看，如何构线是非常重要的环节，如果线创建得完美，面做出来也会很完美，最终得到的模型也会质量高。下面详细介绍基准曲线的几种建立方式。

5.1.1 通过点创建

下面通过如图 5-1 所示的案例图形来讲解通过点创建曲线的方法。图中需要做出均匀分布的凹坑，这就需要曲线的帮助。

图 5-1 高尔夫球案例

（1）在 Pro/E 软件界面单击【基准点】右侧的三角形，展开之后单击第二个选项【偏移坐标系】，弹出【偏移坐标系基准点】对话框，在【参照】项中选择绘图区的偏移坐标系，如图 5-2 所示。

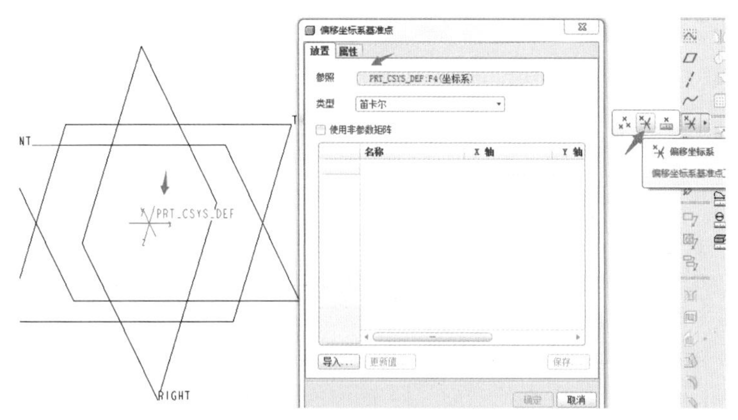

图 5-2　激活偏移坐标系

（2）在【偏移坐标系基准点】对话框中单击【导入】按钮，选择素材文件“第 5 章\素材\1.pts”。此文件为外部设备测量出来的精确的点数据文件，如图 5-3 所示。

图 5-3　导入点数据文件

（3）在绘图区显示导入的所有点数据，如图 5-4 所示。

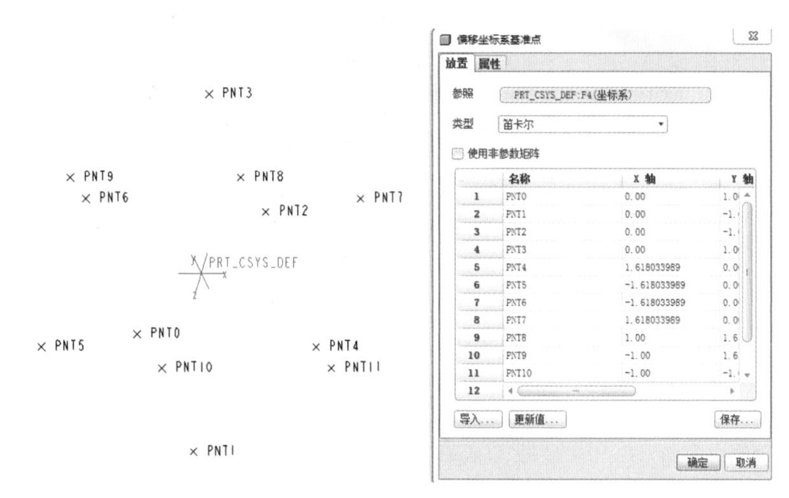

图 5-4　导入点数据后的效果

（4）通过【旋转】工具，对于凹坑效果，需要通过曲线完成，则需切换到曲面，单击【放置】按钮后再单击【定义】按钮，弹出【草绘】对话框，选择 FRONT 面作为草绘面，如图 5-5 所示。

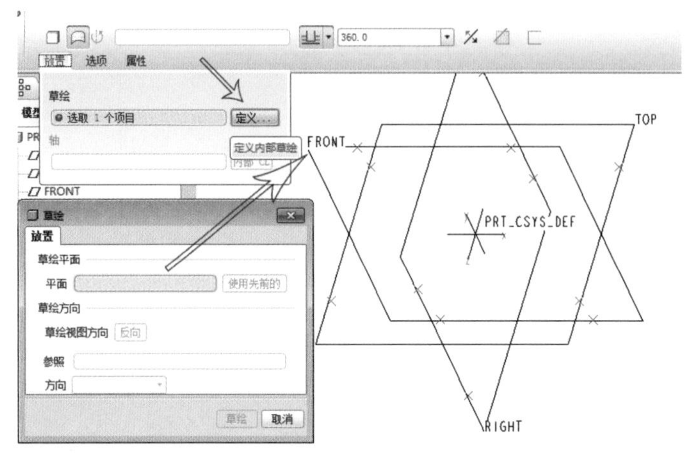

图 5-5　旋转曲面

（5）再执行【草绘】→【参照】菜单命令，将导入的点中对角距离最远的两点参照到当前草绘中，如图 5-6 所示。

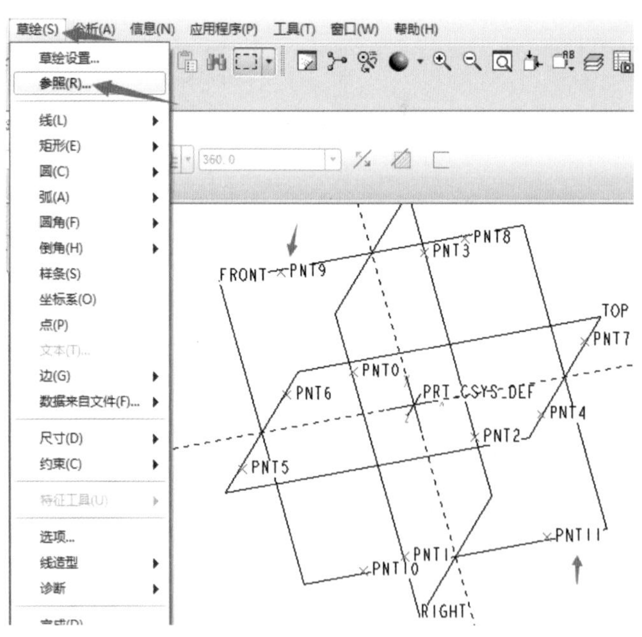

图 5-6　参照点到当前草图

（6）在草图中单击【中心线】工具，绘制连接 PNT9 和 PNT11 两参照点的中心线，再单击【圆心和点】工具，以草绘中心作为圆心，以 PNT9 作为点，再单击【删除段】工具将半圆删除留下另外半圆，如图 5-7 所示。

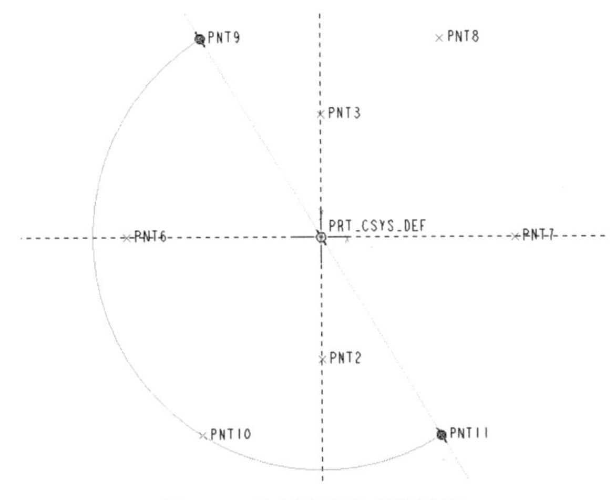

图 5-7 绘制半圆的草图形状

（7）单击左侧草绘工具最下方的√按钮，得到一个球体的曲面，如图 5-8 所示。

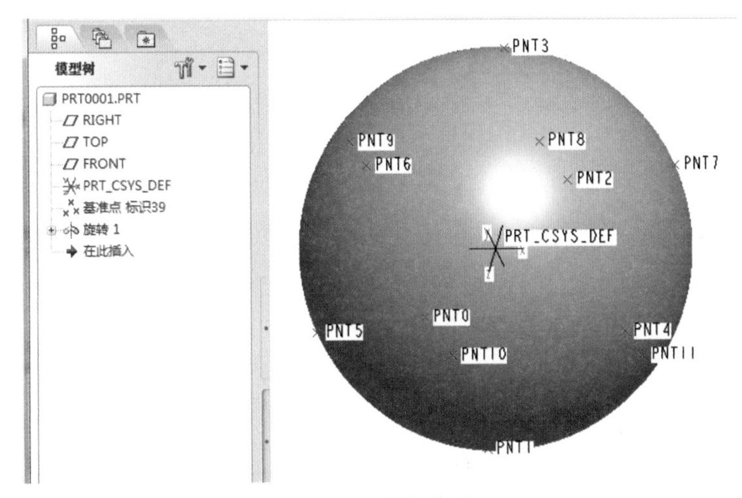

图 5-8 球体曲面

（8）单击 Pro/E 软件界面右侧的【基准平面】工具，按住 Ctrl 键的同时单击任意三个基准点，创建一个新的基准平面，如图 5-9 所示。

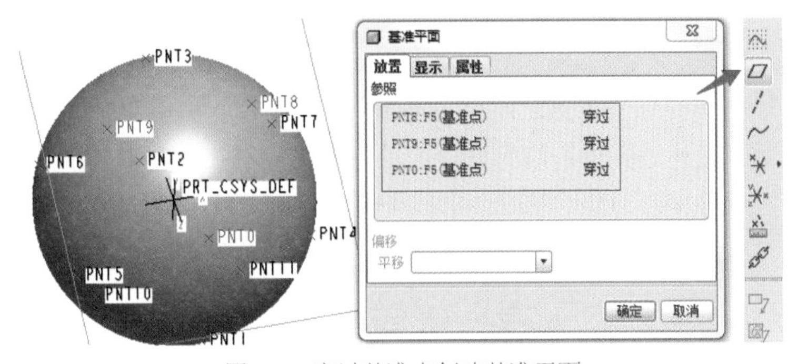

图 5-9 穿过基准点创建基准平面

（9）在新建的基准平面上，参照（8）中选出的三个点，绘制一个多条线形成的多个三角形的草图，如图 5-10 所示。

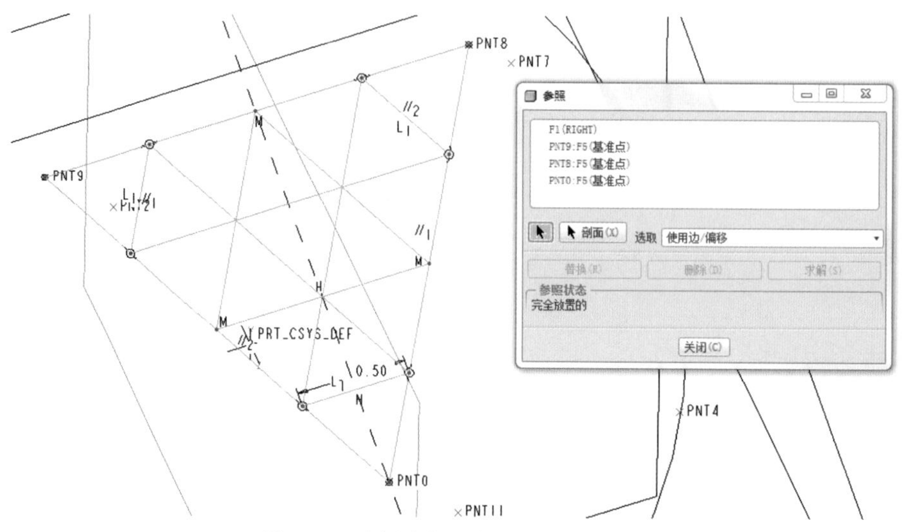

图 5-10　在新建的基准平面上创建草图

（10）在草图的直线顶点、直线和直线的交叉点位置都可以创建基准点（为方便起见，一定要在一个基准点工具中创建多个交点），如图 5-11 所示。

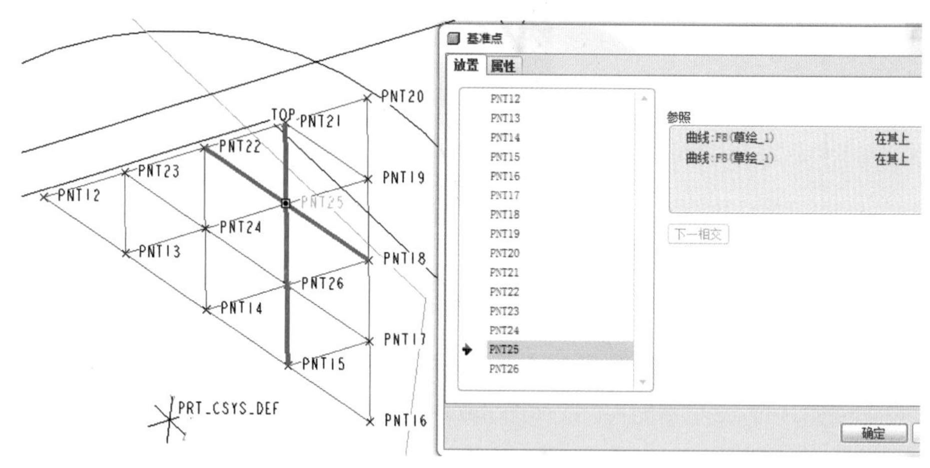

图 5-11　草图交叉点上创建新的基准点

（11）从球体中心到基准点之间创建多条基准轴作为辅助，单击 Pro/E 界面右侧的【基准轴】工具，按住 Ctrl 键的同时依次单击球体中心点和草图上的基准点，如图 5-12 所示。

（12）单击 Pro/E 软件界面右侧的【基准点】，创建基准轴与球面相交的点，这样做出来的基准点肯定在球体表面，而且分布很均匀，如图 5-13 所示。

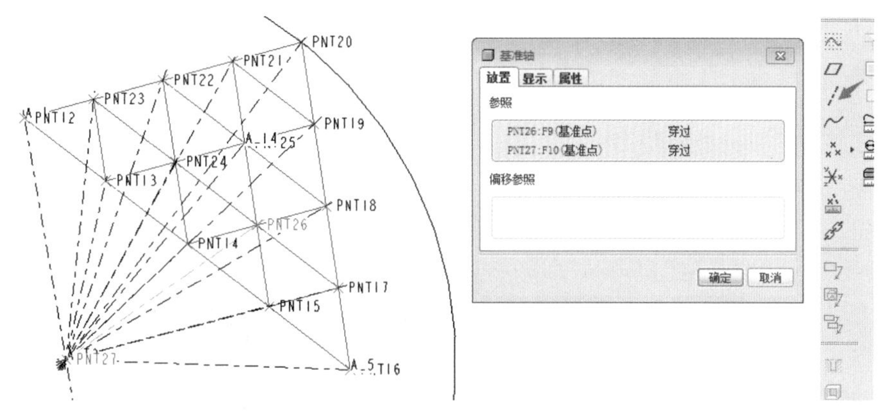

图 5-12　从球体中心到基准点创建基准轴

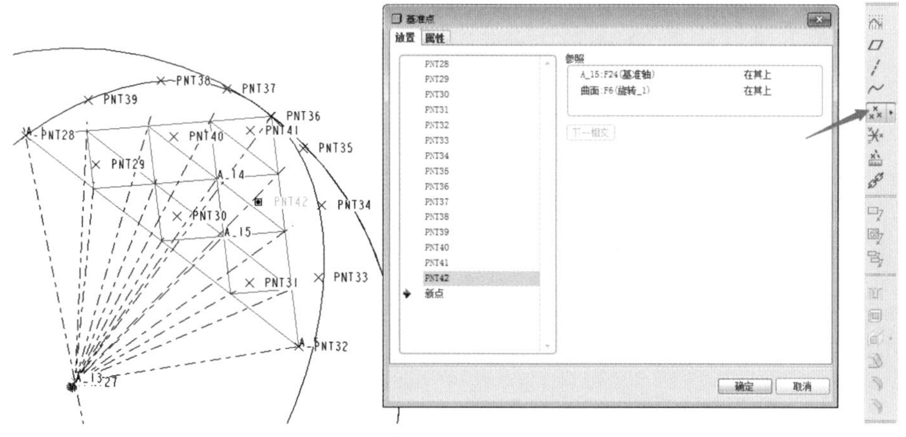

图 5-13　在球体表面创建基准点

（13）将球体表面的基准点连接起来，就需要使用【基准曲线】中【通过点】的功能，单击 Pro/E 软件界面右侧的【基准曲线】图标，在【菜单管理器】中的曲线选项中选择【通过点】选项，如图 5-14 所示。

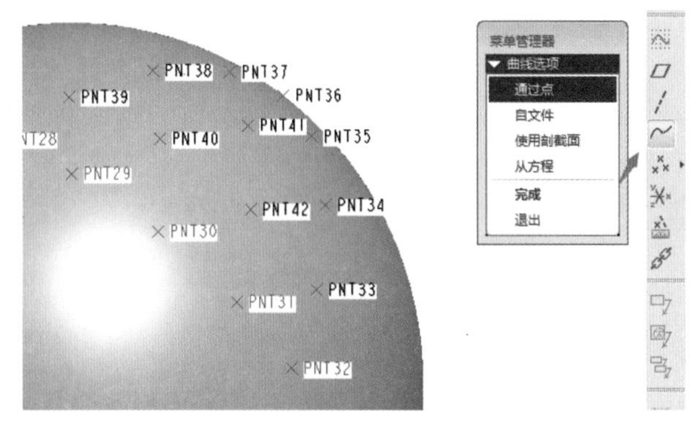

图 5-14　通过点创建基准曲线

（14）在弹出的【曲线：通过点】对话框中单击【曲线点】按钮，弹出【菜单管理器】，默认以添加点的方式，依次循序单击球体表面上的基准点，围成一个三角形区域，如图 5-15 所示。

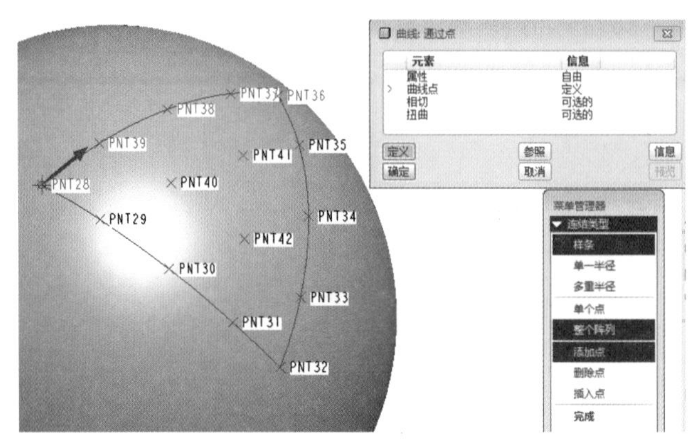

图 5-15　基准曲线创建的三角形区域

5.1.2　自文件

这个功能用来把外部曲线数据导入到 Pro/E 中使用，特别是常见的 igs 格式文件（多以曲线、点数据呈现），下面介绍将 AutoCAD 二维图档导入 Pro/E 中制作模型的过程，如图 5-16 所示，操作步骤如下。

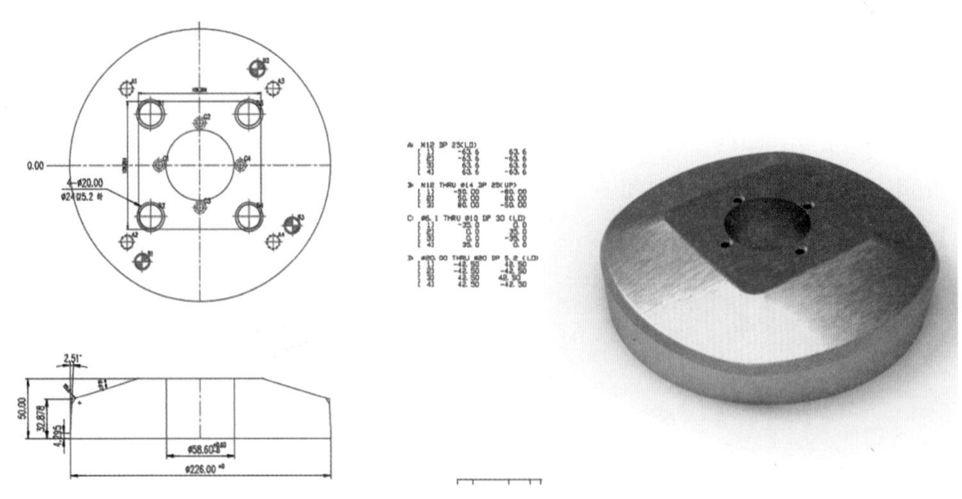

图 5-16　自文件创建曲线案例

（1）首先在 AutoCAD 软件中调整好线条的方位，在 AutoCAD 的模型空间，将线条摆放在合适的位置，并且将坐标原点对应到底部圆心位（因为工程软件坐标系统是统一对应的），AutoCAD 软件中的操作在此处不做过多讲解，如图 5-17 所示，为了方便读者操作，在素材中有制作好的文件“第 5 章 \ 素材 \1011.dxf”供使用。

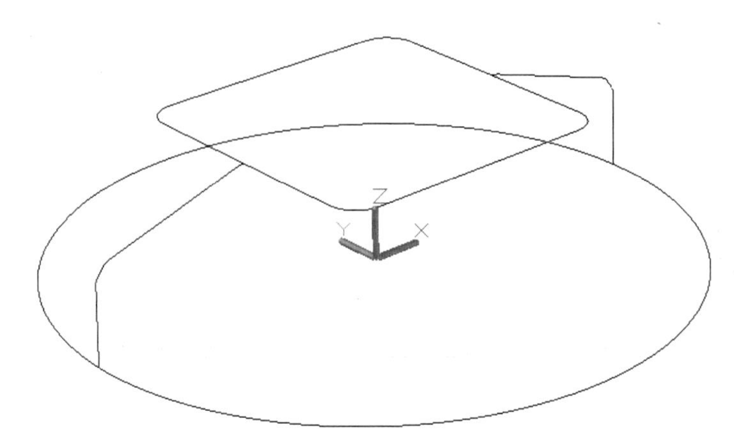

图 5-17　在 AutoCAD 软件中调整曲线

（2）执行【文件】→【输出】菜单命令，在弹出的【输出数据】对话框中，先将【文件类型】切换到“IGES（*.igs）”格式，再单击【保存】按钮，如图 5-18 所示。

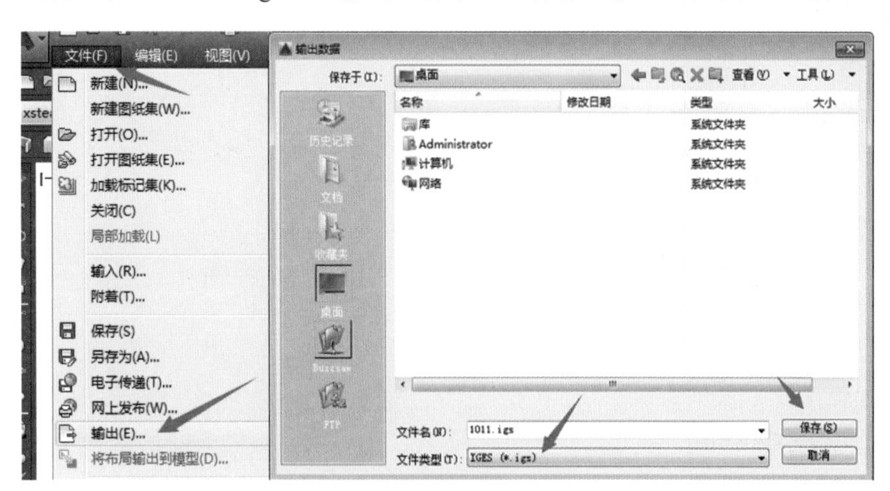

图 5-18　输出 igs 文件

（3）选中需要导出的线条，如图 5-19 所示。

（4）单击 Pro/E 软件界面右侧的【基准曲线】工具，在【菜单管理器】面板中选择【自文件】选项，然后单击 Pro/E 软件默认坐标系，打开“第 5 章 \ 素材 \1011.igs”文件，即可将 AutoCAD 做好的图形导入 Pro/E 中，如图 5-20 所示。

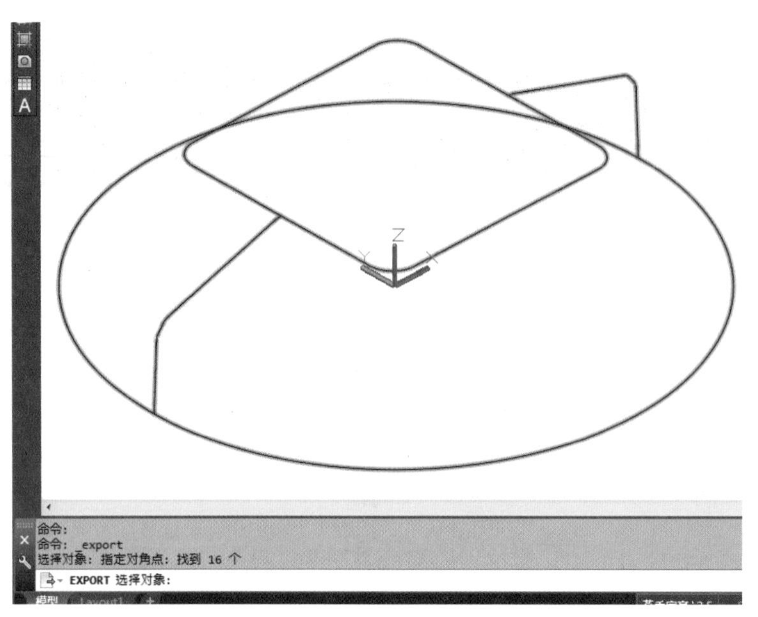

图 5-19　选中需要导出的曲线

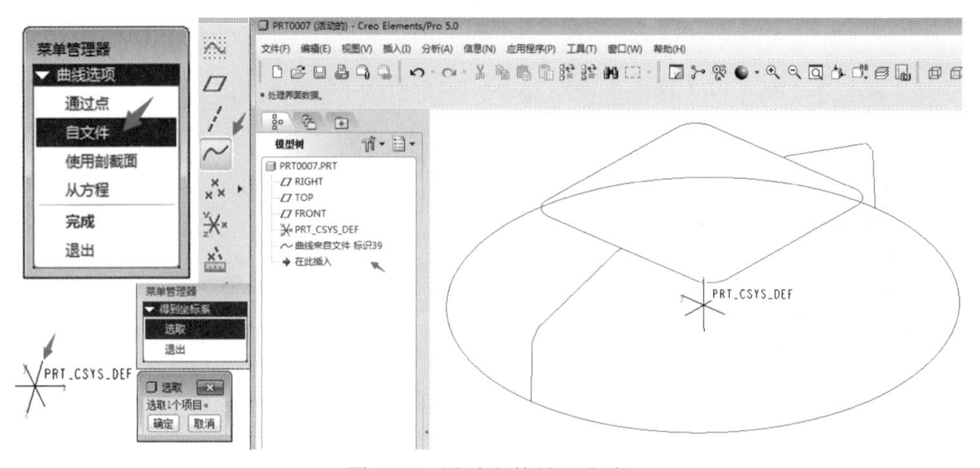

图 5-20　通过文件导入曲线

5.1.3　使用剖截面

此功能主要是帮助设计师获取模型剖截面的曲线，用于下一步的操作。

下面以“第 5 章 \ 素材 \3DHEAD”素材文件为例，使用剖截面，要先创建截面，操作步骤如下。

（1）打开“第 5 章 \ 素材 \3DHEAD”素材文件，单击 Pro/E 界面上方【视图管理器】工具，打开【视图管理器】对话框，切换至【横截面】选项卡，如图 5-21 所示。

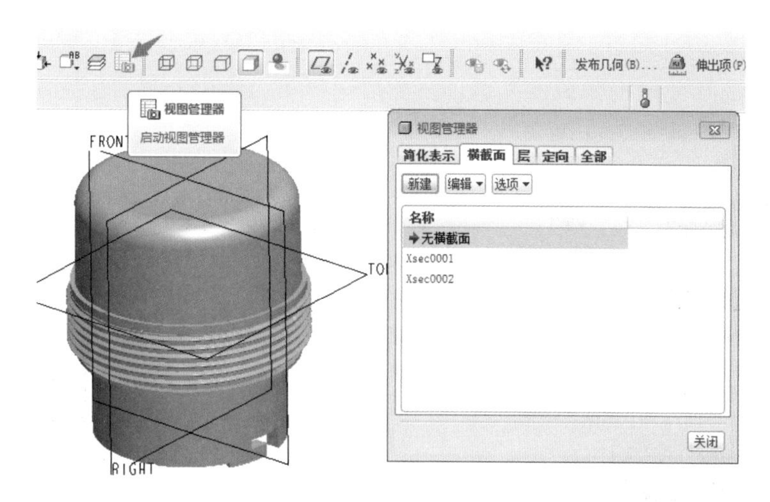

图 5-21　创建横截面

（2）单击【新建】按钮，为横截面命名（最好用大写字母命名，因为在后续制作工程图的时候会自动生成命名的名称），此处命名为“B”，如图 5-22 所示。

图 5-22　为横截面命名

（3）弹出【菜单管理器】，按照默认选项，单击【完成】按钮，弹出第二个【菜单管理器】，选择 FRONT 基准平面作为剖面，步骤如图 5-23 所示，生成一个新的横截面。

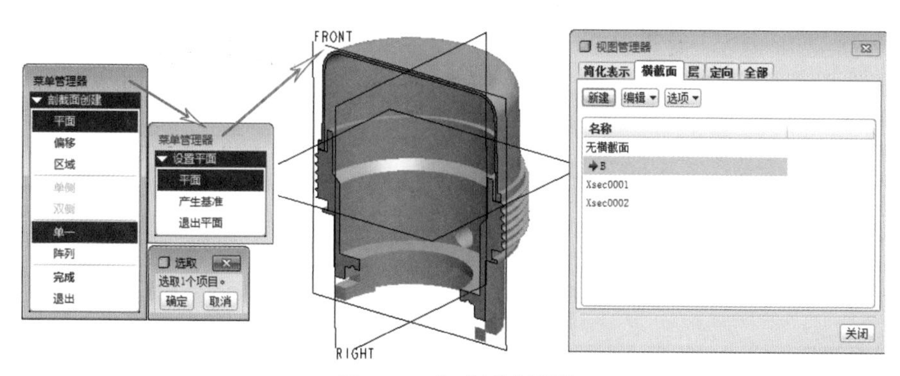

图 5-23　生成新横截面

（4）创建好横截面后，单击 Pro/E 软件界面右侧的【基准曲线】工具，在弹出的【菜单管理器】中选择【使用横截面】选项，然后选择第二步创建的“B”横截面，即可生成横截面的曲线，如图 5-24 所示。

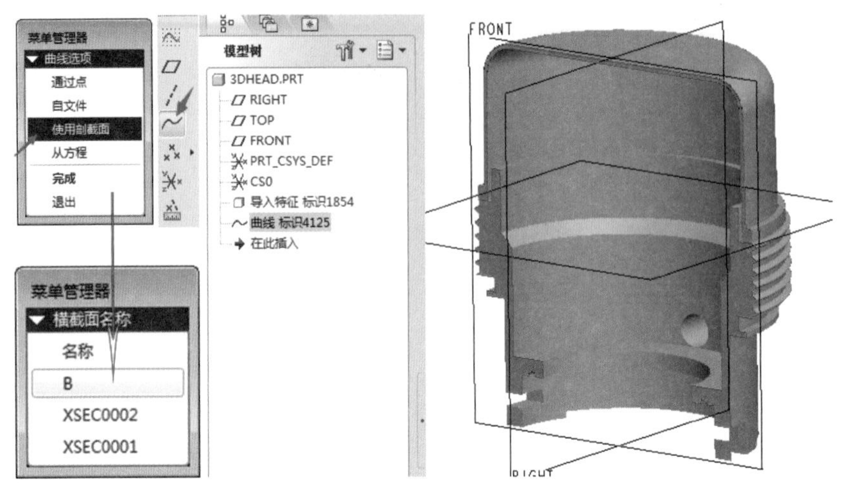

图 5-24　选择【使用横截面】项创建曲线

5.1.4　使用方程创建

在建模设计时遇到空间曲线，就无法使用正常的方式绘制曲线，例如由数学公式计算得到的曲线就需要用方程式来创建。下面以如图 5-25 所示的莫比乌斯环为例进行讲解。

（1）单击 Pro/E 软件界面右侧的【基准曲线】工具，在【菜单管理器】中选择【从方程】选项，如图 5-26 所示。

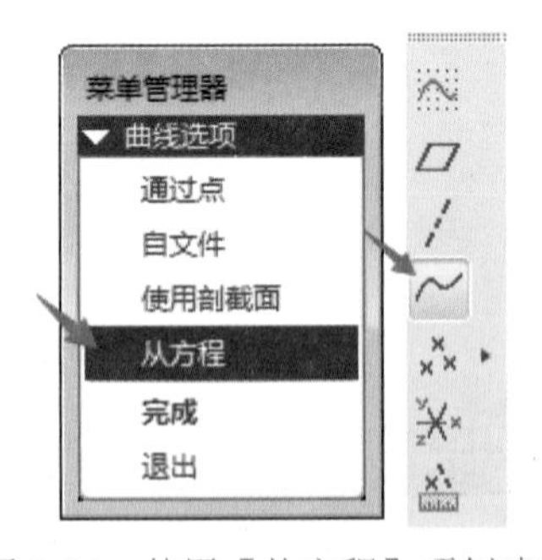

图 5-25　使用方程式创建曲线的案例　　图 5-26　使用【从方程】项创建曲线

（2）单击【完成】项，弹出【曲线：从方程】对话框，依次为坐标系、坐标系类型、方程元素进行设置，“坐标系”选择 Pro/E 默认坐标系，“坐标系类型”选择“笛卡尔”，如图 5-27 所示。

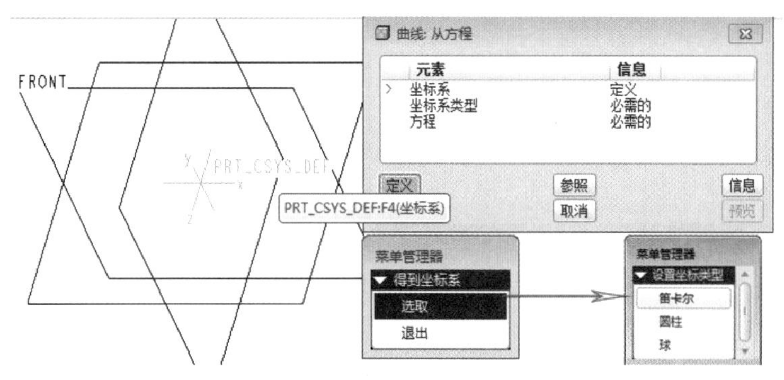

图 5-27　定义坐标系

（3）单击【笛卡尔】选项后弹出记事本，输入以下数学方程式，如图 5-28 所示。

x=cos(359*t)+2*(cos(2*359*t))

y=sin(359*t)-2*(sin(2*359*T))

z=2*sin(3*359*t)

rel.ptd - 记事本

文件(F)　编辑(E)　格式(O)　查看(V)　帮助(H)

```
/* 为笛卡儿坐标系输入参数方程
/*根据t (将从0变到1) 对x, y和z
/* 例如:对在 x-y平面的一个圆, 中心在原点
/* 半径 = 4, 参数方程将是:
/*           x = 4 * cos ( t * 360 )
/*           y = 4 * sin ( t * 360 )
/*           z = 0
/*------------------------------------------

x=cos(359*t)+2*(cos(2*359*t))
y=sin(359*t)-2*(sin(2*359*T))
z=2*sin(3*359*t)
```

图 5-28　输入曲线的数学方程式

（4）输入方程式后保存文件，单击【确定】按钮后即可创建莫比乌斯曲线，如图 5-29 所示。

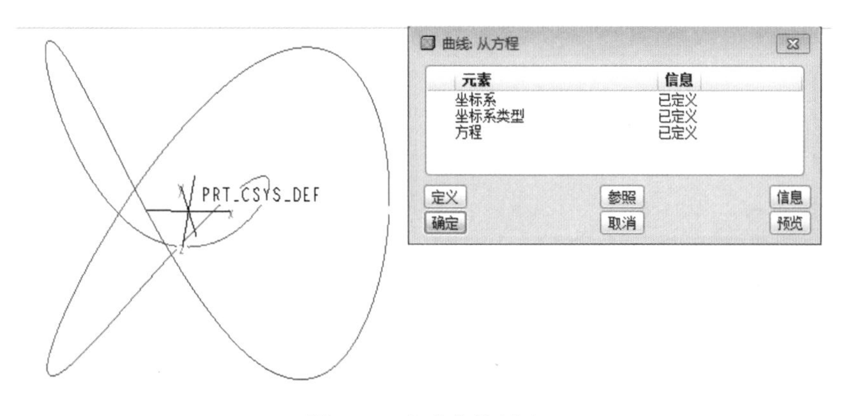

图 5-29　完成曲线创建

5.2 作业

1. 学习四种创建基准曲线的方法。
2. 思考有无其他方法创建曲线。

第6章

Pro/E 曲面设计剖析

本章重点

Pro/E Wildfire 5.0

- Pro/E 曲面造型
- Pro/E 五星级酒店水龙头造型

6.1 Pro/E 曲面造型

曲面造型可使机械产品有美观的外形，是现代设计师的必备能力。图 6-1 是邢帅教育憨憨熊的卡通形象，呆萌可爱。设计思路是：邢帅教育已经创建 11 年，对在线教育这样的市场还很懵懂，处在婴儿期，婴儿产品的特征多数是小巧可爱，故将模型制作成可爱型，下面讲述在 Pro/E 中如何制作这个产品。

图 6-1 憨憨熊公仔

6.1.1 设计准备工作

将美工组设计的 ID 图用 Photoshop 软件切成正面及侧面，用于图片参照建模，如图 6-2 所示，正面图可以命名 FRONT、侧面图可以命名 RIGHT，对于 Photoshop 软件如何操作此处不做介绍。

图 6-2　对 ID 图进行切片

6.1.2　在Pro/E软件中导入图片

首先将切好的图片导入到 Pro/E 软件中，然后单击 Pro/E 软件界面右侧的【造型】工具图标 。如果发现网格活动页面不在 FRONT 面，就需要执行【造型】→【设置活动平面】菜单命令，再单击 FRONT 面，确保 FRONT 面是活动平面，用于放置憨憨熊正面站立的图片，如图 6-3 所示，图片放置、画线都在活动平面上进行。

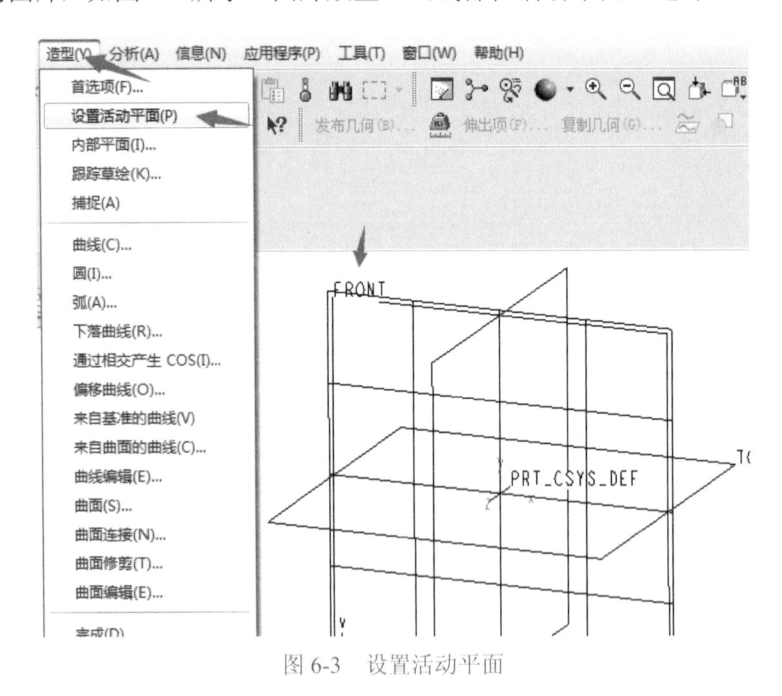

图 6-3　设置活动平面

然后执行【造型】→【跟踪草绘】→【跟踪草绘】菜单命令，弹出【跟踪草绘】对话框，如图 6-4 所示。

在弹出的【跟踪草绘】对话框中，单击【前】再选择“第 6 章 \ 素材 \FRONT”中的 FRONT.png 图片，如图 6-5 所示。

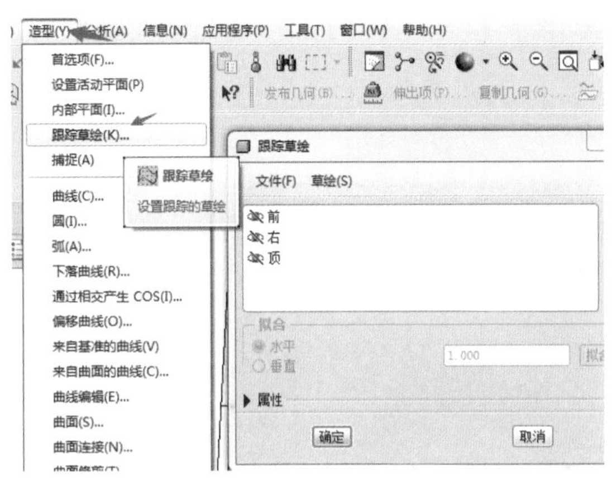

图 6-4 【跟踪草绘】对话框

图 6-5 选取素材图片

成功导入图片后，将图片做微调，切换到垂直项，设为 200 后单击【拟合】按钮即可将图片高度改为 200mm，再拖动图片居中对称摆放，与默认基准平面对齐，如图 6-6 所示。

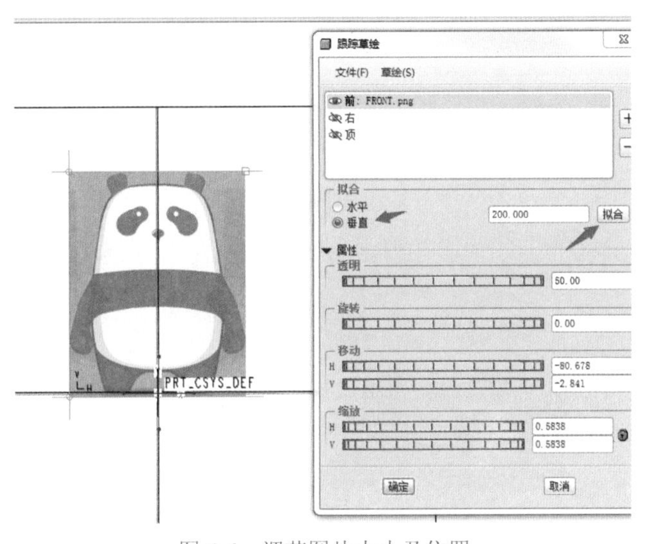

图 6-6 调节图片大小及位置

以相同的方法将侧面图片导入至【右】，垂直高度也设为200mm，确保2张图片高度一致，如图6-7所示。

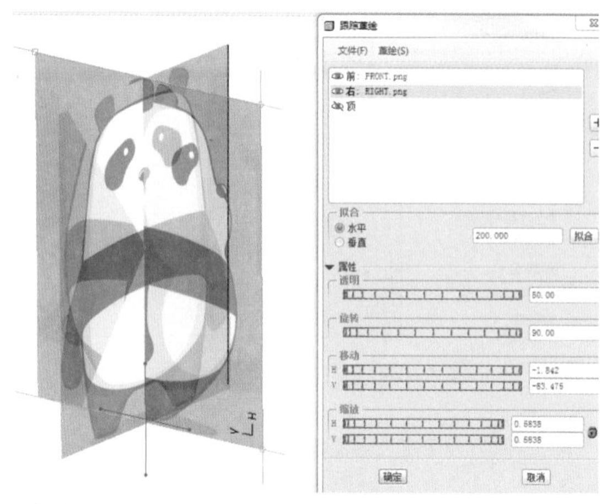

图6-7　添加第二张图片

6.1.3　构建憨憨熊曲线

【造型】工具中构建曲线和编辑曲线是分开的，面的质量取决于线的质量，单击Pro/E界面右侧【创建曲线】图标，切换到创建平面曲线就可在活动平面创建曲线，并且要求固定曲线起点和终点位置（因为曲线需要直线作为相切方向，可使曲线连接处更光滑，所以可提前在头部和肚子最下方创建草图水平直线用作参照），在绘制的时候要捕捉到直线的端点，需要按住Shift键的同时单击直线端点附近，即可捕捉到直线端点，如图6-8所示。

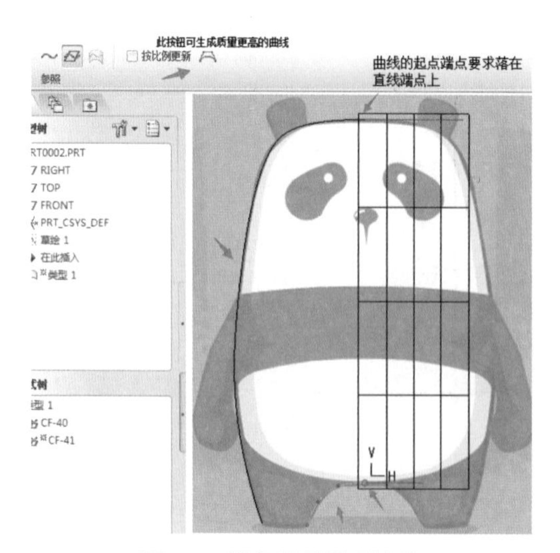

图6-8　样条描绘图形边缘

注意

创建曲线的时候控制点不用特别多，先创建近似图片轮廓的曲线，后面可以再修改，创建完成后单击【使用控制点来编辑此曲线】按钮，便于对曲线进行微调，使曲线更接近图片轮廓，因为此功能是采用贝塞尔曲线生成的，调整不会变形，曲线质量更高。

切换活动平面到 RIGHT 基准面，采用同样的方法创建侧面曲线，如图 6-9 所示，注意此曲线一定要与 FRONT 面上的曲线首尾相连。

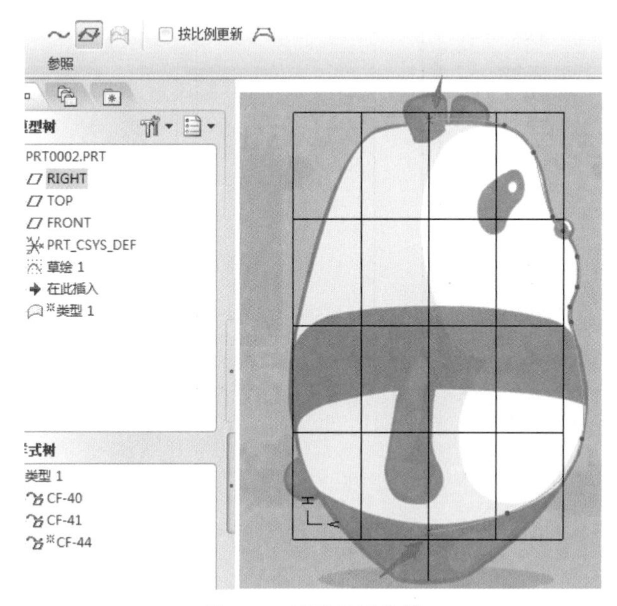

图 6-9　创建侧面曲线

然后创建底端的曲线，此曲线并不需要依附活动平面，需直接创建曲线，如图 6-10 所示。

图 6-10　创建底端的曲线

接下来编辑曲线，双击绘制好的曲线进行微调，使曲线更接近图片轮廓，下面讲解几处需要调整的地方。

单击控制点出现杆，在杆上按住右键，在弹出的快捷菜单中选择【相切】菜单项，即可与水平直线相切，拉动杆可控制曲线形状，类似的有杆的地方都需要调整，如图6-11所示。

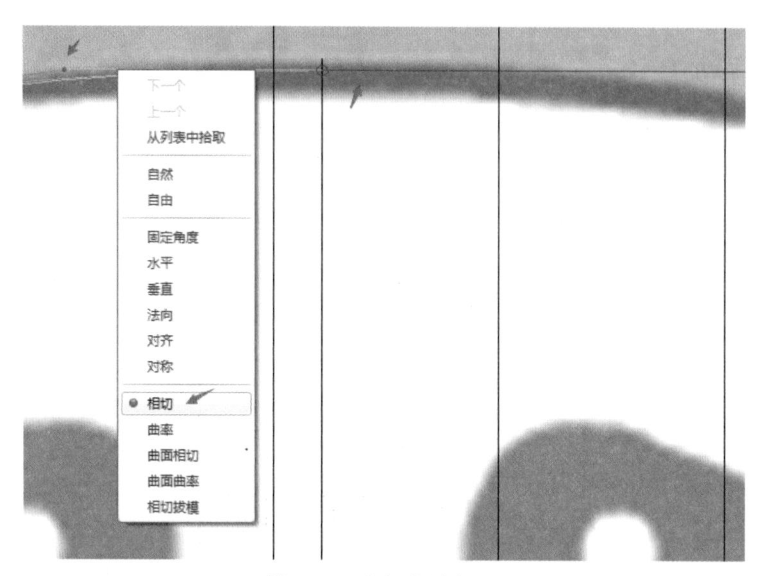

图 6-11　编辑曲线相切

如果没有直线连接，在杆上按住右键，在弹出的快捷菜单中选择【法向】菜单项，选择基准平面作为法向面，如图6-12所示，类似的有杆的地方都需修改，注意，杆要垂直于选择的基准平面。

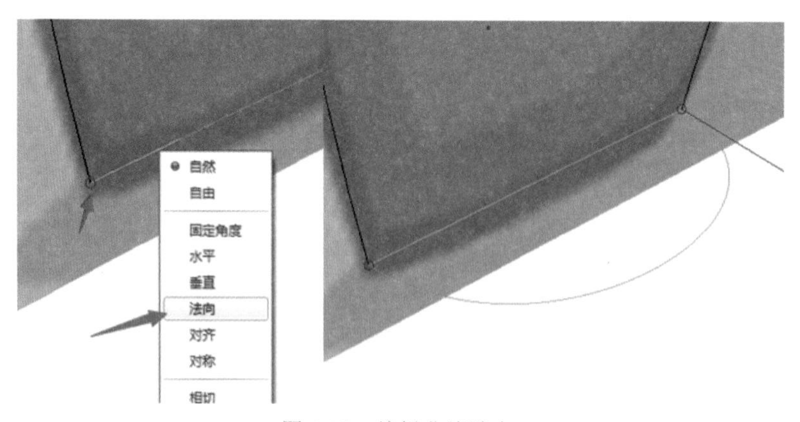

图 6-12　编辑曲线法向

然后再执行【造型】→【跟踪草绘】→【跟踪草绘】菜单命令，弹出【跟踪草绘】对话框，在对话框中执行【草绘】→【隐藏全部】菜单命令，如图6-13所示。

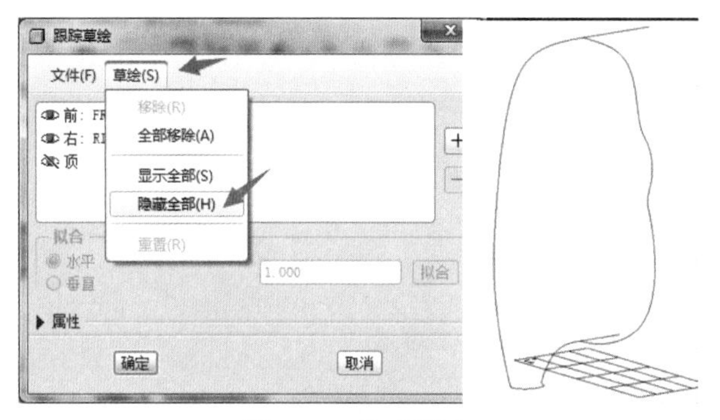

图 6-13　隐藏图片

只显示曲线，因为曲线质量会影响曲面质量，所以一定要把曲线构建好。

6.1.4　构建并修改曲面

【造型工具】拥有强大的曲面创建功能，让用户可以很容易地将曲面制作出来。

单击 Pro/E 软件界面右侧的【造型工具】图标，此功能可直接选择多条边界作为主曲线来创建曲面，按住 Ctrl 键的同时，按照曲线围成的封闭环依次选择曲线，如图 6-14 所示。

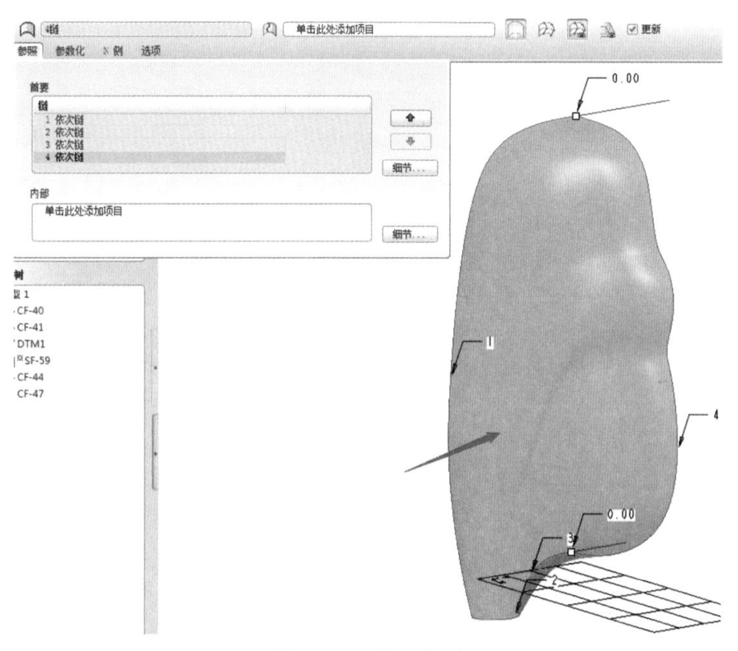

图 6-14　创建曲面

完成之后会发现曲面有很明显的褶皱，这是因为整个大面是根据曲线变化的，曲线弯曲程度很大地方会出现褶皱，解决方法是把长的曲线分段，在中间增加几条过渡线。

通过 6.1.3 节的构建曲线的方法，在中间添加 2 条过渡线，注意线的法向设置，如图 6-15 所示。

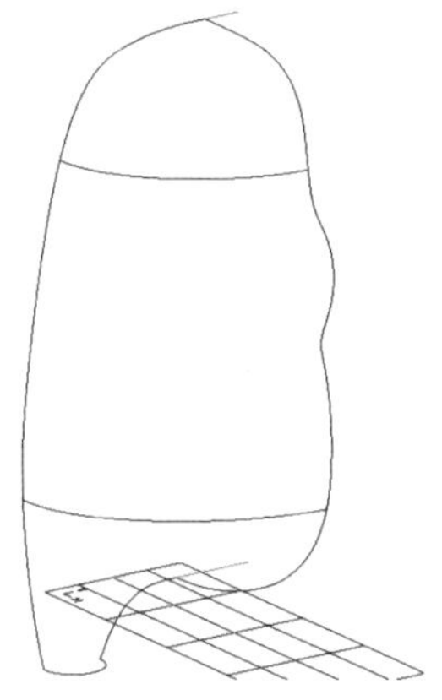

图 6-15　添加过渡曲线

再次单击【曲面】图标，如图 6-16 所示，按住 Ctrl 键，按照曲线围成的封闭环依次选择曲线，从左到右依次创建曲面，注意曲面创建的顺序，因为可以让曲面和曲面自动相切连接，只要曲线制作得好，制作曲面时会自动约束好边界。

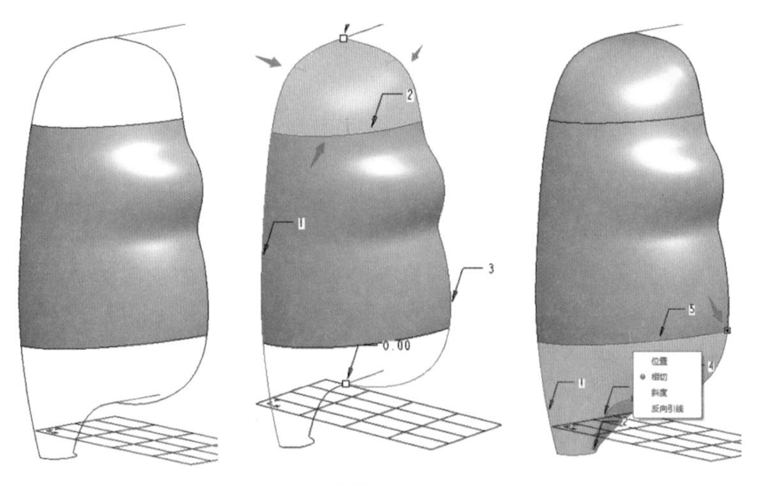

图 6-16　依次绘制三段曲面

6.2 五星级酒店水龙头造型

在设计中需将曲线构建好再构建曲面，而大多数设计不只在造型工具里完成，需要和曲面、草图等相互配合才可制作出满足客户要求的模型。

设计来源于生活，生活中任何物体被设计出来都要满足市场需求，图 6-17 是一款五星级酒店水龙头，设计要求将面质量做到极致，看上去大气、简约。设计流程如下。

（1）先将所想的模型用铅笔在纸上画出来，或者用 Photoshop 软件绘制，如图 6-18 所示，需根据客户需求、市场需求等找出最优模型。

图 6-17 水龙头实物

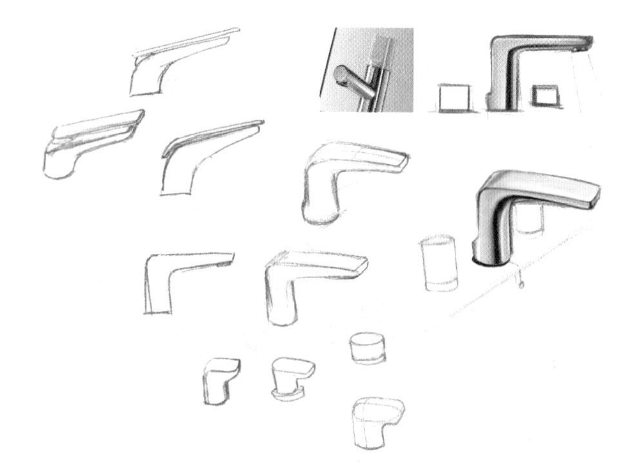

图 6-18 设计方案手稿

（2）新建两个基准平面，用于定位感应区域及水龙头总长，分别以 TOP 面为参照向上偏移 7mm、以 FRONT 面为参照向左偏移 210mm，如图 6-19 所示。

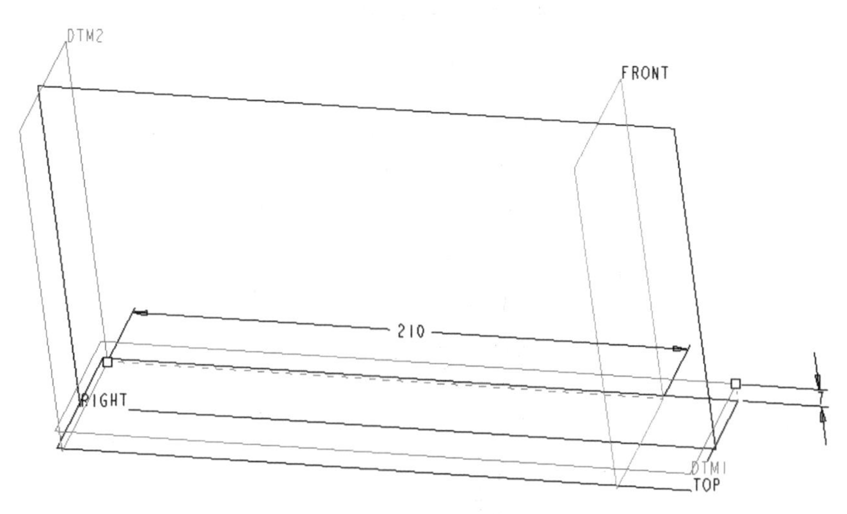

图 6-19 定义基准平面

（3）在 TOP 面上绘制一个直径 55mm 的圆形，并拉伸参数（拉伸参数高一些），参数会按照实际生活中水龙头大小 1:1 定参，如图 6-20 所示。

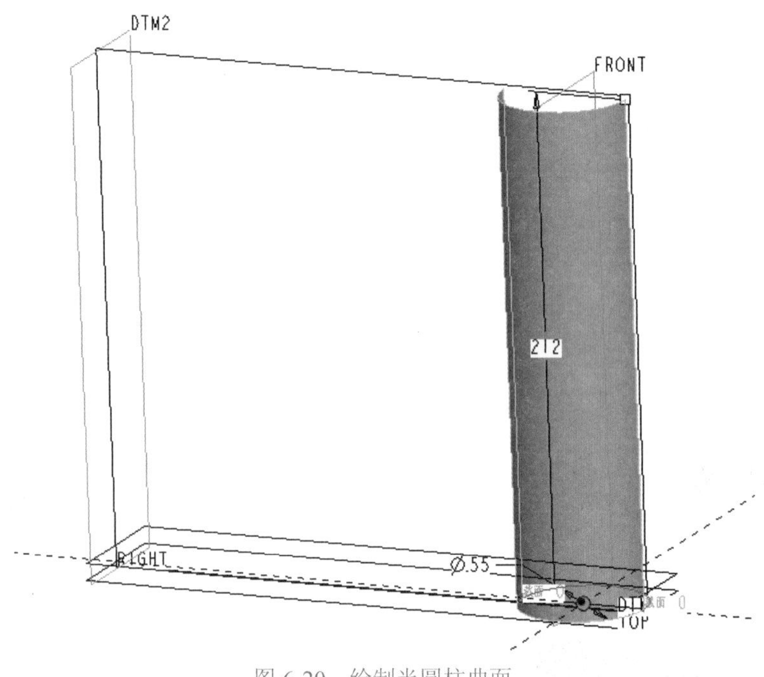

图 6-20　绘制半圆柱曲面

（4）在拉伸方向上制作一个斜切面，线条左端离底部有 64mm 的距离，与竖直线夹角暂定为 113°（设计模型的时候一定要定参数，方便后续修改），如图 6-21 所示。

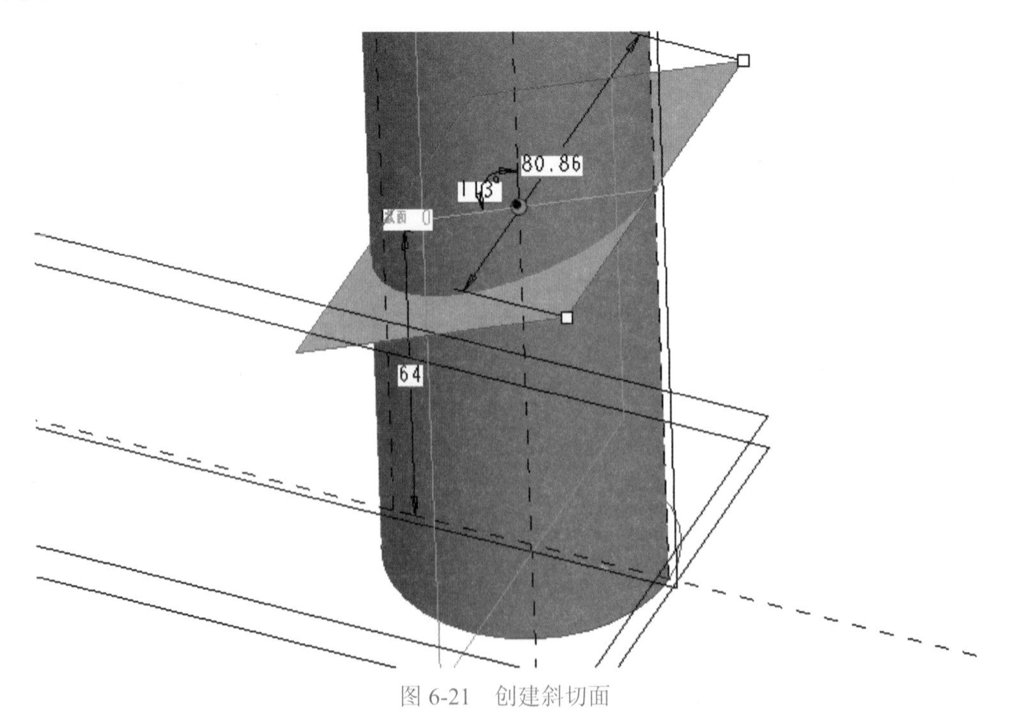

图 6-21　创建斜切面

（5）先选择需要修剪的面（不选中对象时工具图标为灰色不可用），再执行【编辑】→【修剪】菜单命令，修剪对象选择斜切面，箭头方向为保留区域（看哪个面上有“蚂蚁线”，即出现很多方格点的区域，就是被保留的区域），如图 6-22 所示。

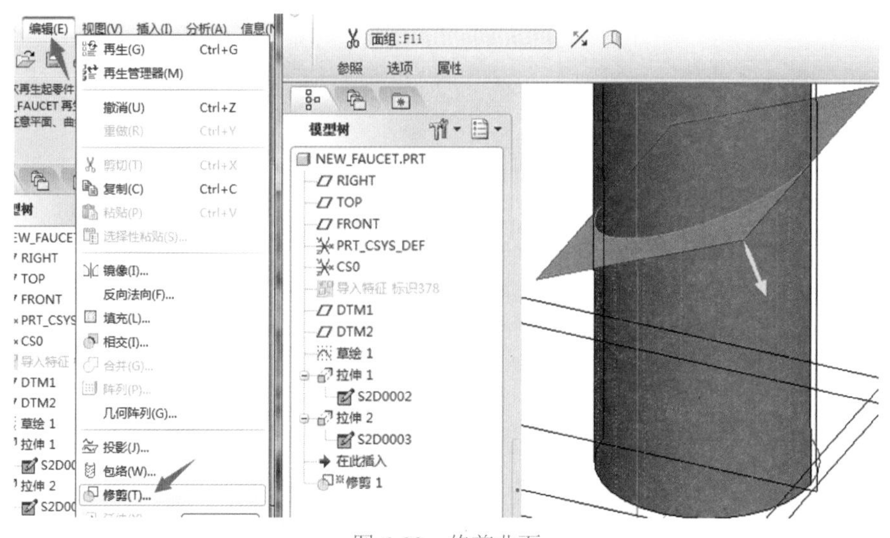

图 6-22　修剪曲面

（6）使用【拉伸】工具，生成一个直角面，定义感应区域的平面，线端点落在斜切面上，离圆柱边缘 11mm 的距离，直角顶点落在第一步创建的基准平面上，并拉伸 L 形草图，拉伸能贯通圆柱面即可，如图 6-23 所示。

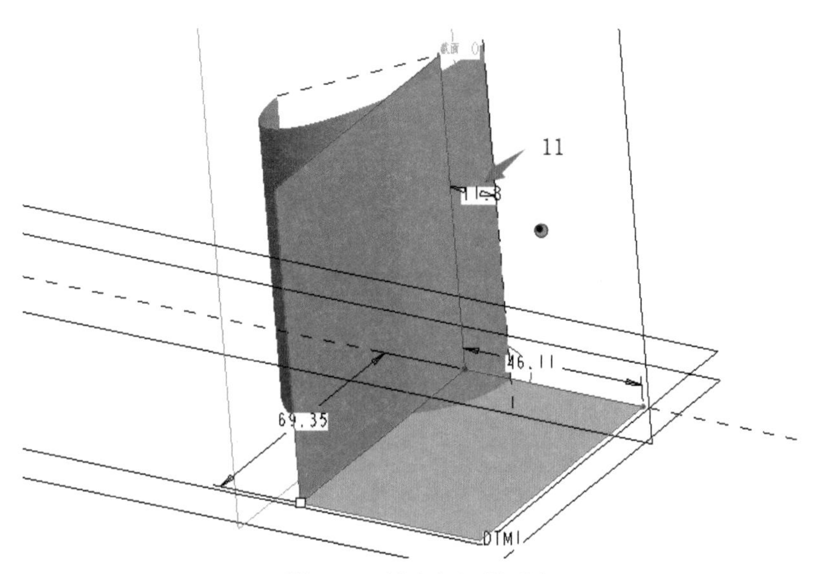

图 6-23　创建直角形切面

（7）先选择圆标面组和人形拉伸面组（可通过右上角过滤器选择面组），然后执行【编辑】→【合并】菜单命令，得到如图 6-24 所示右上角的样子。

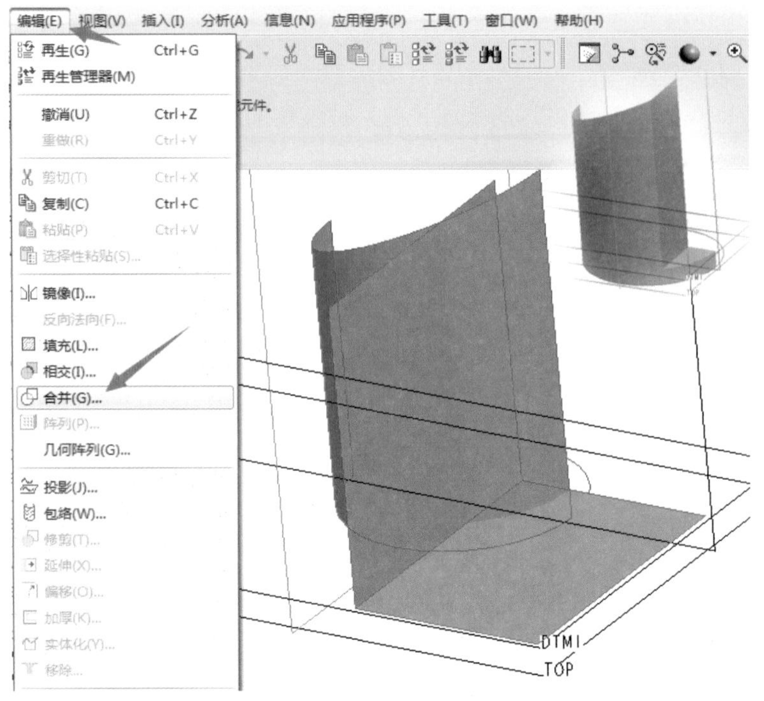

图 6-24　合并、修剪形成右上角的样子

（8）在 RIGHT 面上绘制草图直线，直线两个端点分别约束在基准平面上，如图 6-25 所示。

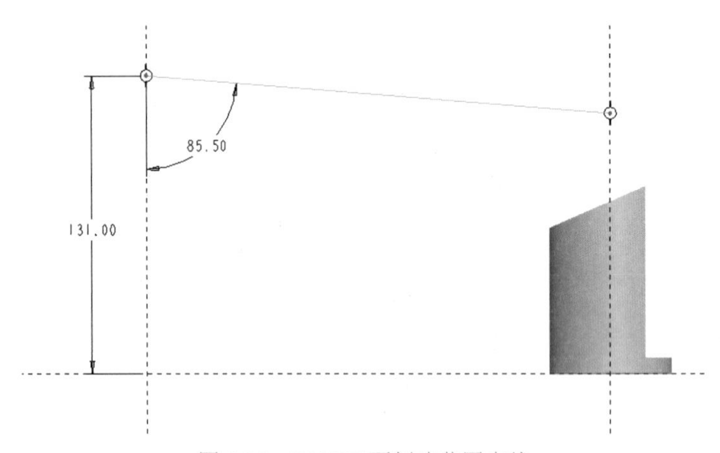

图 6-25　RIGHT 面创建草图直线

（9）接下来需要将直线与右侧垂直曲面连接，而且要让连接线质量很高（因为五星级酒店的水龙头面质量一定要求很高）。要想让曲面质量高，就需要提升曲线质量，激活【造型】工具，在 RIGHT 活动平面上从直线（不是端点）的某一处到曲面交点做一条过渡曲线，落在直线的一端约束的时候选择【曲率】，落在曲面交点的一端选择【曲面曲率】，如图 6-26 所示。

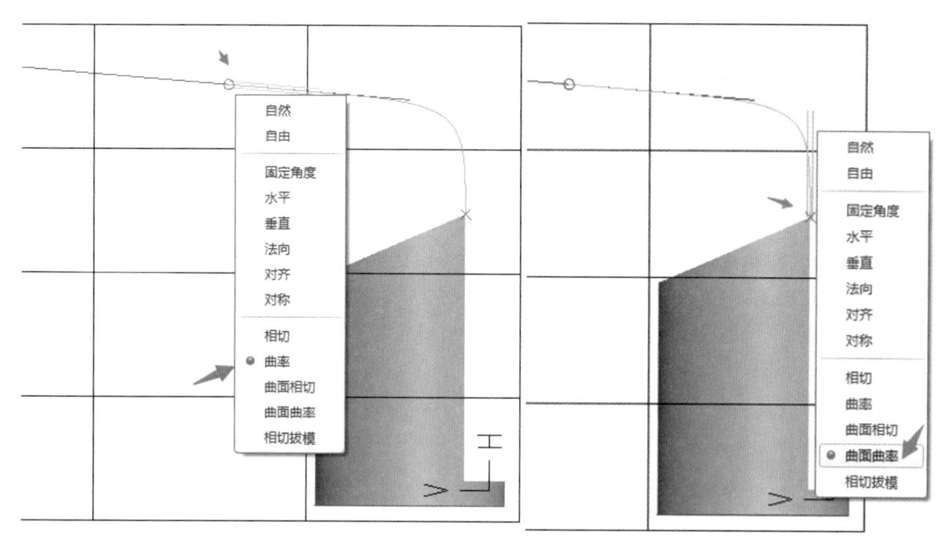

图 6-26　造型中用【曲率】连接过渡曲线

（10）创建好高质量曲线后退出【造型】工具，然后修剪曲线。首先是在刚刚创建的高质量曲线一端创建一个基准点，然后选择直线，执行【编辑】→【修剪】菜单命令，修剪对象可直接选择基准点，将直线上多余的部分修剪掉（Pro/E 软件的修剪功能不光针对曲面，也可针对曲线），如图 6-27 所示。

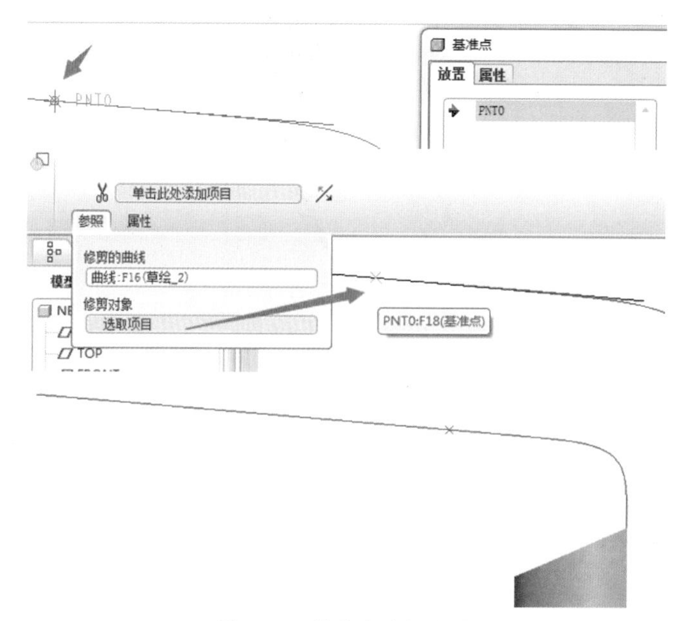

图 6-27　修剪多余的曲线

（11）拉伸所制作的直线和高质量曲线，【拉伸】类型切换到曲面，【拉伸到】切换为拉伸至选定的点、曲线、平面或曲面，选择如图 6-28 所示的端点，这样正好与右侧垂直的曲面连接上，无须过多的操作。

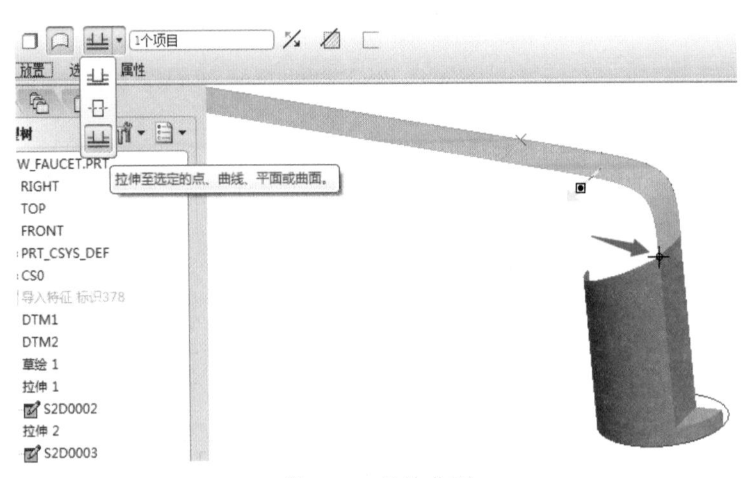

图 6-28 拉伸曲面

（12）在 TOP 面创建一条与底面圆相切且与最左端端点重合的直线，再通过此直线创建垂直于 TOP 面的基准平面，最后选择好基准平面与圆柱面，执行【编辑】→【相交】菜单命令，创建相交线，用于后续作为线的参照，如图 6-29 所示。

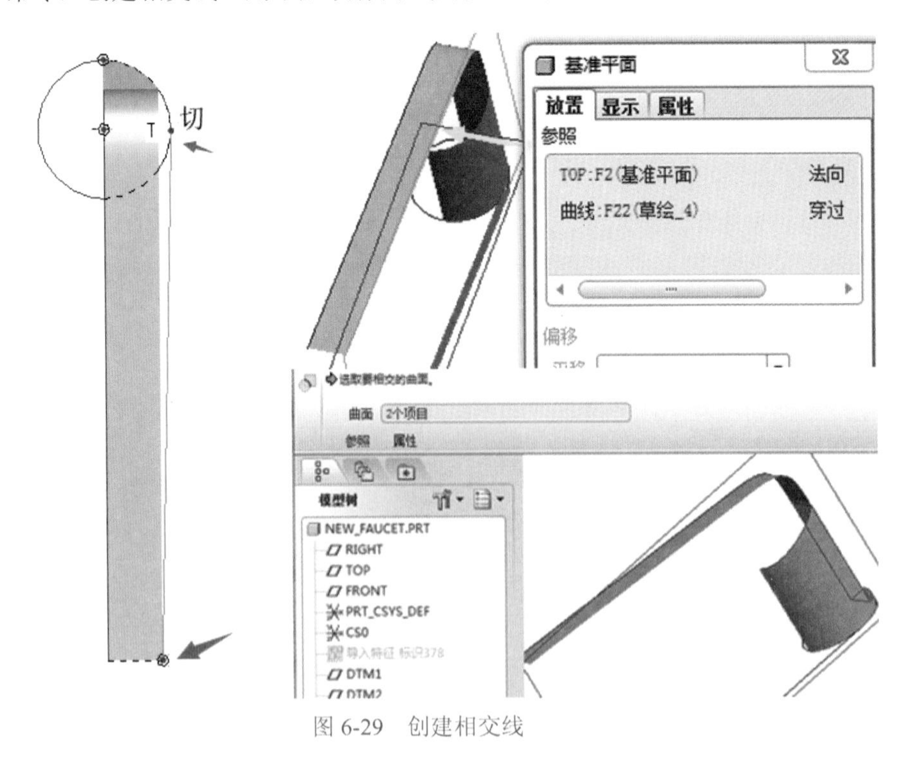

图 6-29 创建相交线

（13）在 RIGHT 面创建两条直线，中间的直线用作后续空间线参照，最下方的直线是水龙头下端轮廓，设计的线间距尽量平均，避免一边大一边小，如图 6-30 所示。

（14）将图中箭头所指向的直线投影到侧面基准平面上，如图 6-31 所示。

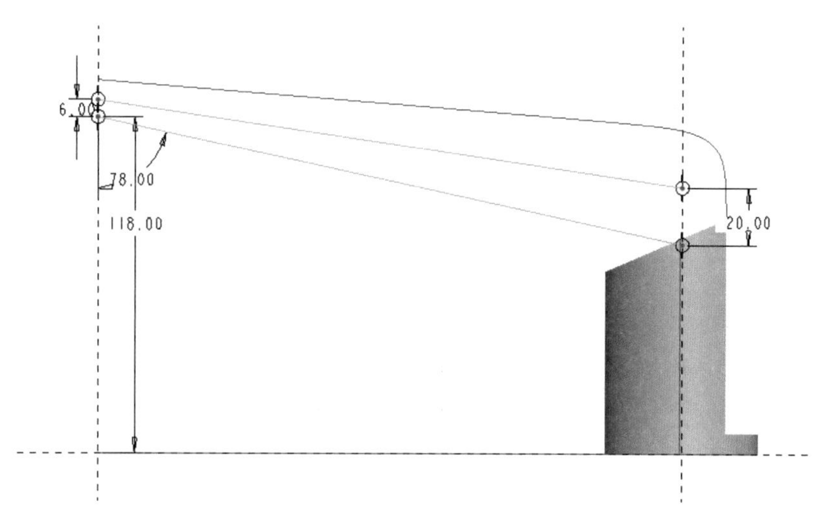

图 6-30　在 RIGHT 面绘制下端轮廓

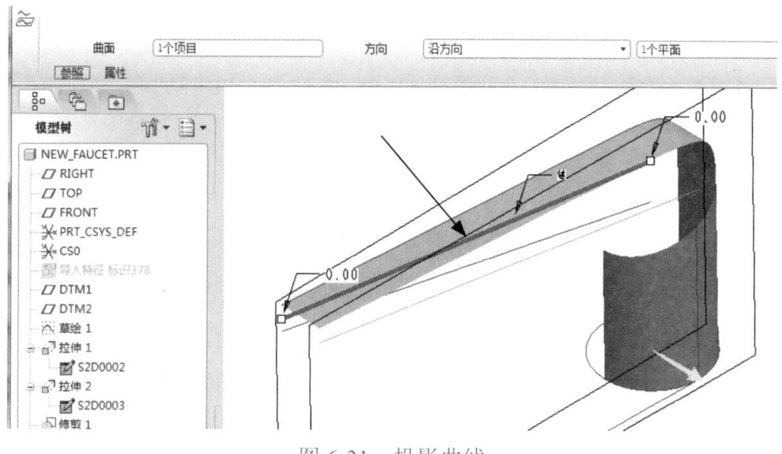

图 6-31　投影曲线

（15）按住 Shift 键的同时选择拉伸的边，然后使用复制、粘贴功能，用类型为【逼近】方式创建箭头所指的一条完整的样条线，厚边线和创建的样条线重合，如图 6-32 所示。

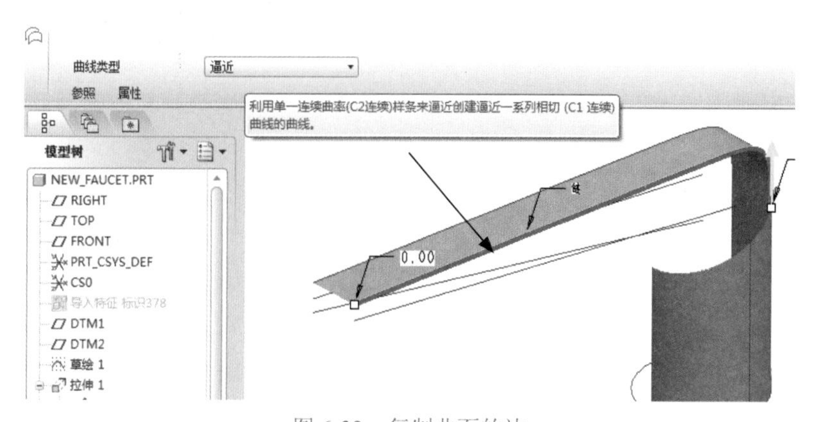

图 6-32　复制曲面的边

（16）进入造型工具里面，将最左侧的基准平面设置为活动平面，单击【创建曲线】工具图标，在最右侧按住Shift键选择所创建曲线的几个端点（箭头所指），如图6-33所示，可在曲线上多增加一个控制点用于调整曲线形状。

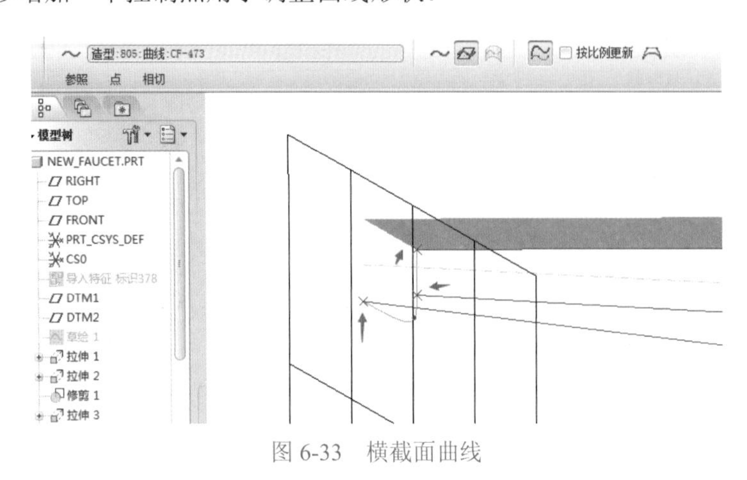

图6-33　横截面曲线

（17）按照与（16）同样的方法创建曲线，如图6-34所示，中间部分创建曲线，创建好之后退出造型工具，中间截面和截面跨距较远的话，需要增加一个横截面过渡一下，这样制作的面才不会发生很大的变形。

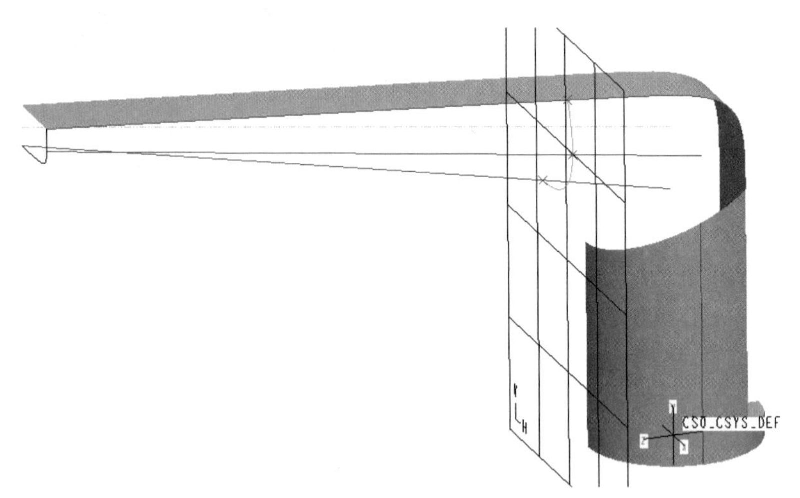

图6-34　在中间创建过渡曲线

（18）单击Pro/E界面右侧的【边界混合】工具图标，按住Ctrl键不放，第一方向链依次选择造型创建的两条链，第二方向链按照曲线走向，依次选择水平方向的三根曲线，即可生成一块曲面，如图6-35所示。水平方向最下方的曲线是在对称面上，需添加垂直约束。

（19）接下来修剪曲面，因为以现在边界混合制作的面，内侧过渡效果太紧，不足以形成优质的面，所以在中间绘制一条线并拉伸用于修剪之用，如图6-36所示。

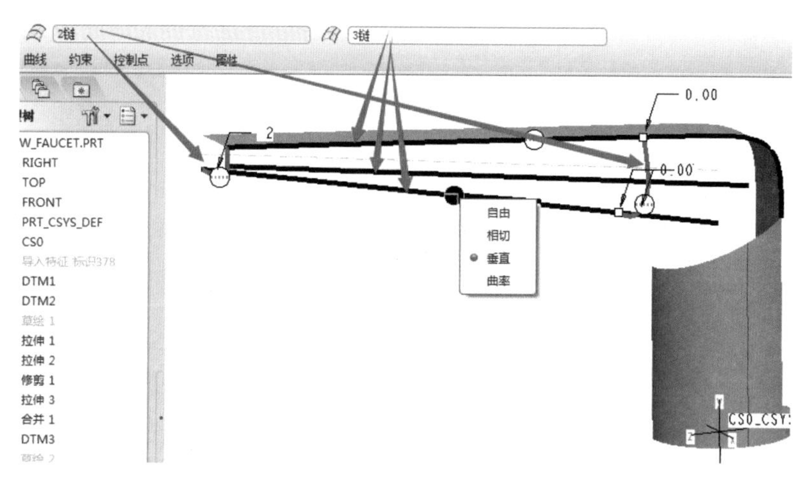

图 6-35　边界混合创建曲面

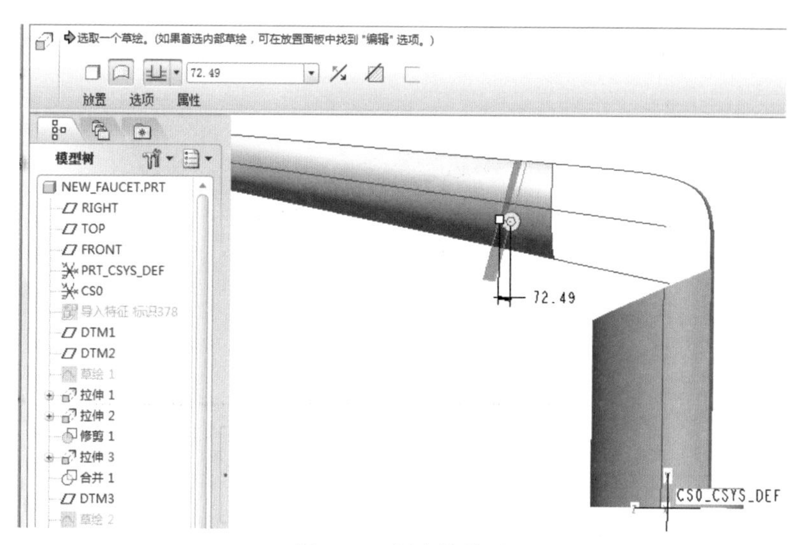

图 6-36　创建修剪面

（20）使用步骤（10）中的修剪功能修剪面，也需要以创建的拉伸面修剪投影线，如图 6-37 所示。

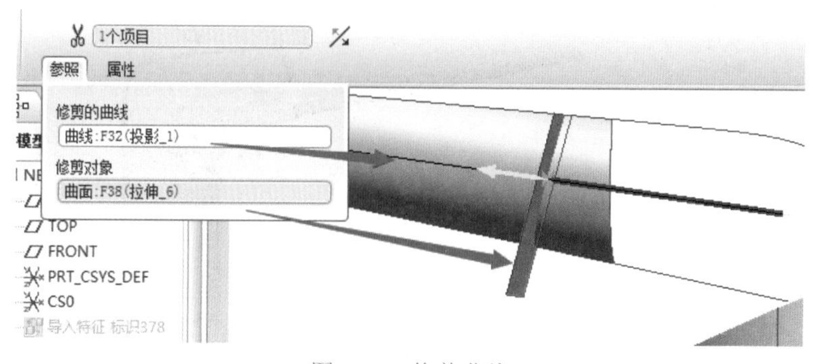

图 6-37　修剪曲线

（21）以拉伸面修剪曲面，如图 6-38 所示。

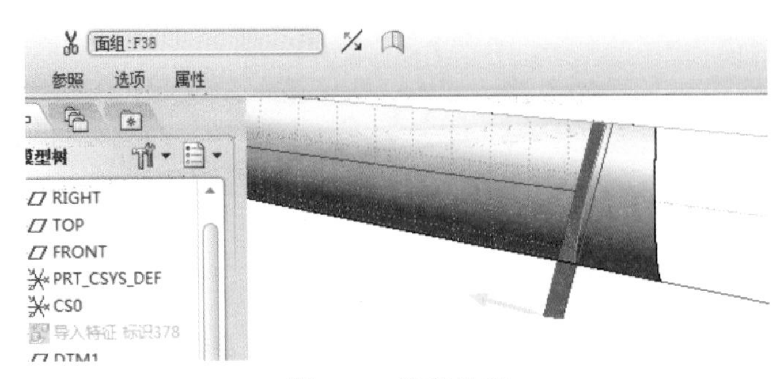

图 6-38　修剪曲面

（22）修剪完成之后，要构建曲线将左边和右边连接起来，而且所制作的曲线一定要质量很高，在造型工具中创建 2 条连接曲线并微调，如图 6-39 所示。注意，在捕捉的时候一定要按住 Shift 键不放选择曲线的一端才能捕捉到端点。

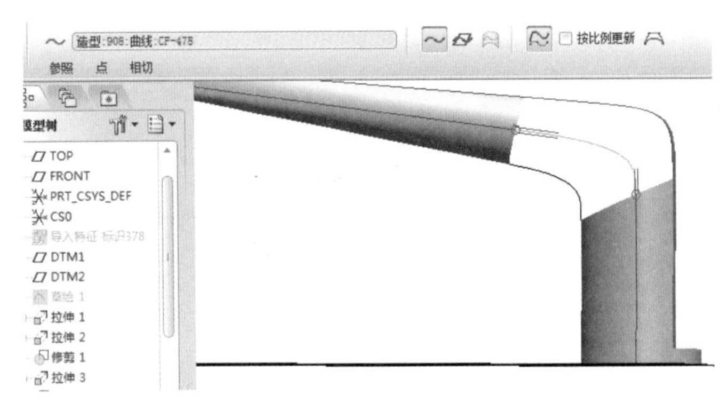

图 6-39　创建曲率连接曲线

（23）再单击【边界混合】工具，横向的线依次选择 1、2、3 条连接成曲线，纵向的线依次选择左、右两侧的边线创建曲面，如图 6-40 所示，能达到曲率的可选择曲率相切，面质量会更好。

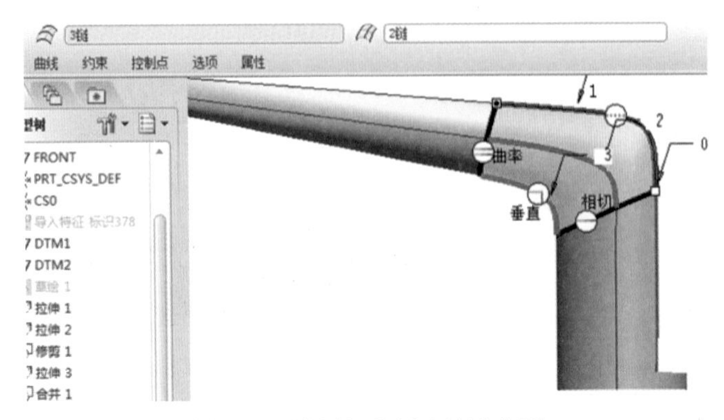

图 6-40　边界混合创建过渡曲面

（24）曲面绘制完成后，需将所有面合并成一块整面，先通过界面右上角过滤器切换选择为【面组】，然后选取所有曲面，再执行【编辑】→【合并】菜单命令，如图6-41所示。

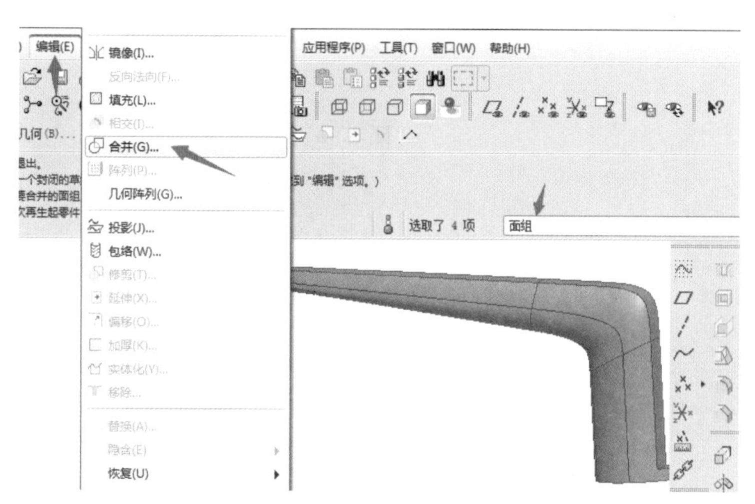

图6-41　合并所有面组

（25）合并完成后发现最左端还差一个曲面，因此需执行【编辑】→【填充】菜单命令，在最左端创建一个稍大些的平面进行封口，如图6-42所示，草图左侧边要约束在中间的面上，不能超出其他曲面。

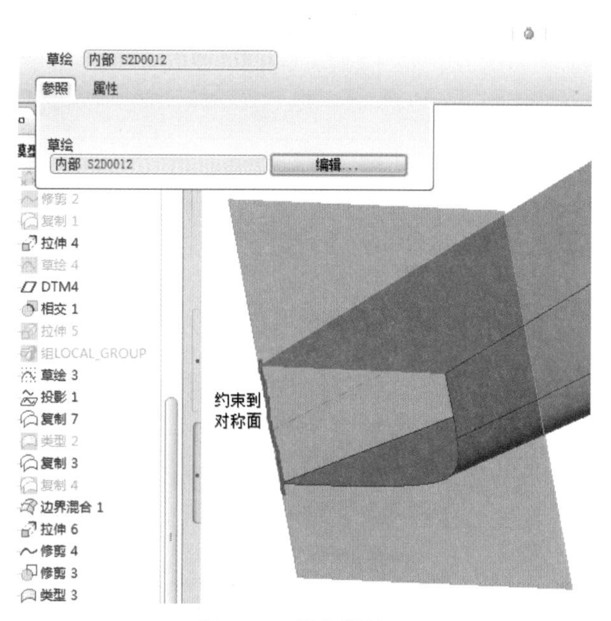

图6-42　最左端封口

（26）选择所有面组，再执行【编辑】→【合并】菜单命令，修剪并合并填充面和所创建的主要的曲面，箭头方向是保留的区域，如图6-43所示。

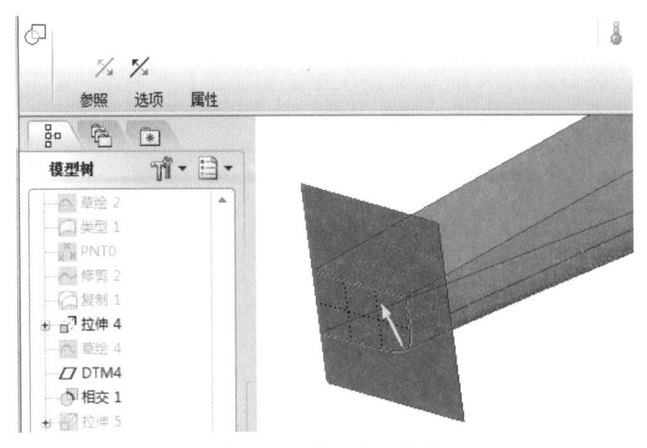

图 6-43　最左端面合并

（27）通过拉伸工具直接创建箭头所指的中间面和底面，制作底面封口，如图 6-44 所示。

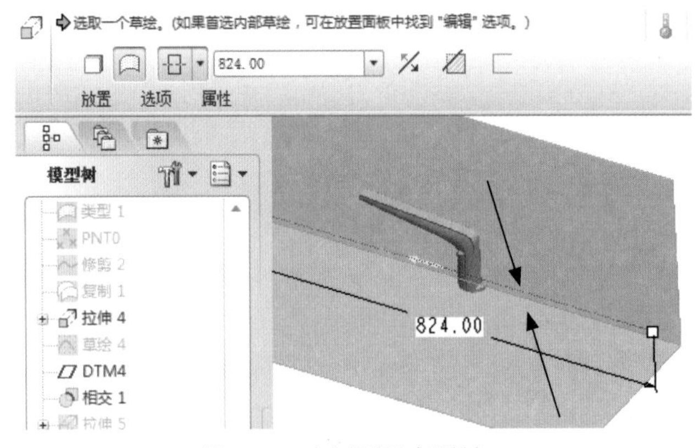

图 6-44　中间面及底面封口

（28）执行【编辑】→【合并】菜单命令，修剪、合并所有的面，如图 6-45 所示。

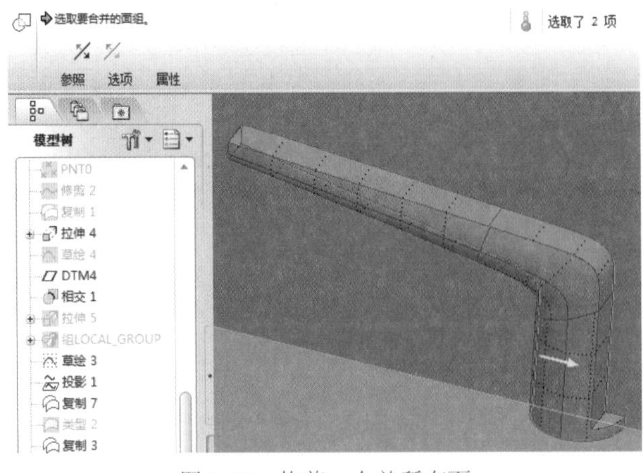

图 6-45　修剪、合并所有面

（29）因为合并的封闭曲面内部还是空心的，接下来是最重要的一步，以面组的选择方式选择所有合并的曲面，执行【编辑】→【实体化】菜单命令，这个功能将封闭的曲面转换为实心模型，如图 6-46 所示。

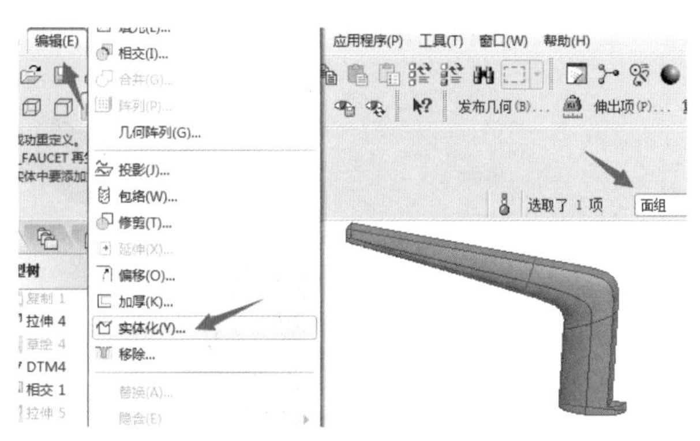

图 6-46　将封闭面组转换为实心模型

（30）接下来是一些收尾工作，先制作 2 处倒圆角，如图 6-47 所示，分别以 R2、R9 进行倒圆角，因为棱角的地方很容易出现毛刺和裂痕。

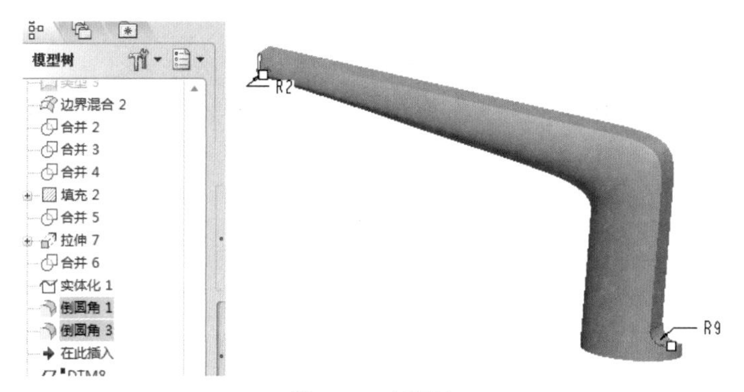

图 6-47　倒圆角

（31）执行【插入】→【壳】菜单命令，删除不需要抽壳的中间面和底面，因为目前模型只有一半，中间面在实际中并不存在，底面要跟水管接上，所以都要移除，如图 6-48 所示。

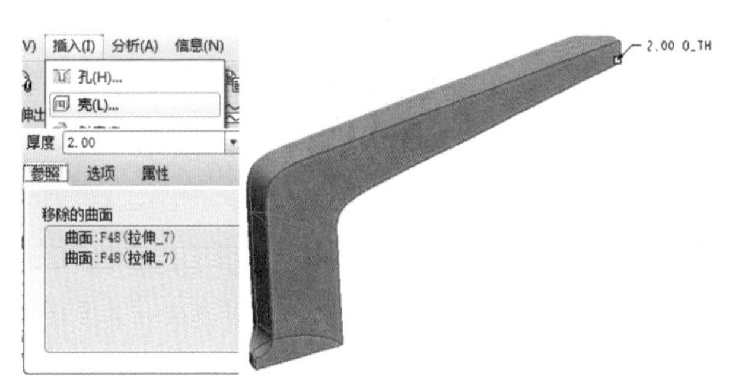

图 6-48　抽壳

（32）先将基准面等需要隐藏的通过【层数】按钮进行隐藏，对于实体镜像，可以把模型树拉到最上面，单击选择零件名，然后执行【编辑】→【镜像】菜单命令，选择RIGHT基准平面，如图6-49所示。

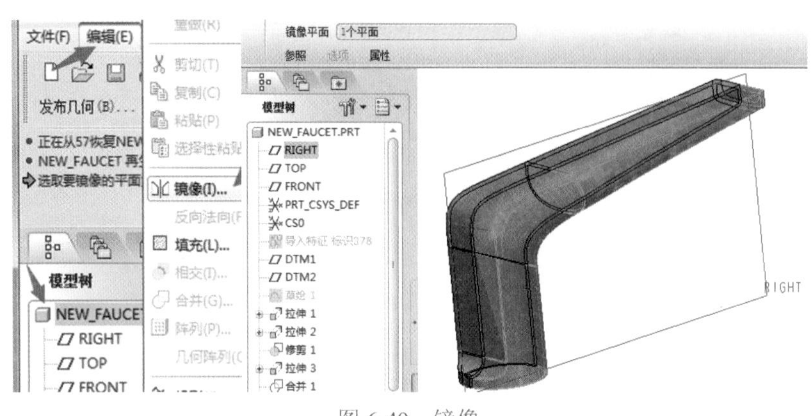

图6-49 镜像

（33）选择刚创建的镜像模型，执行【编辑】→【实体化】菜单命令，将两个部分合并在一起，如图6-50所示。

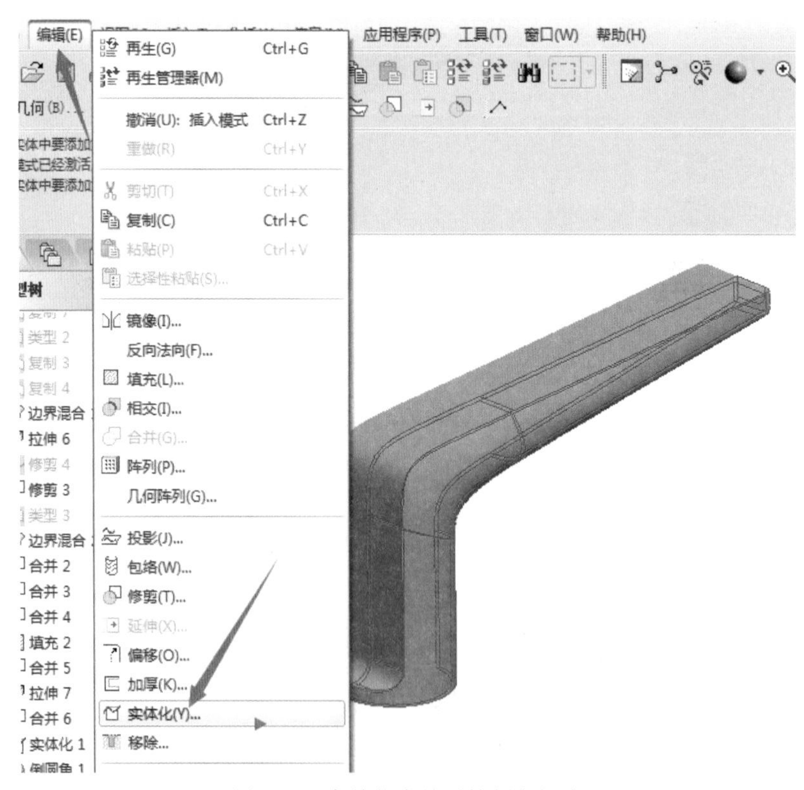

图6-50 实体化合并后的两个部分

（34）最后对顶边缘棱角边进行圆角处理，倒圆角半径为1mm，如图6-51所示。

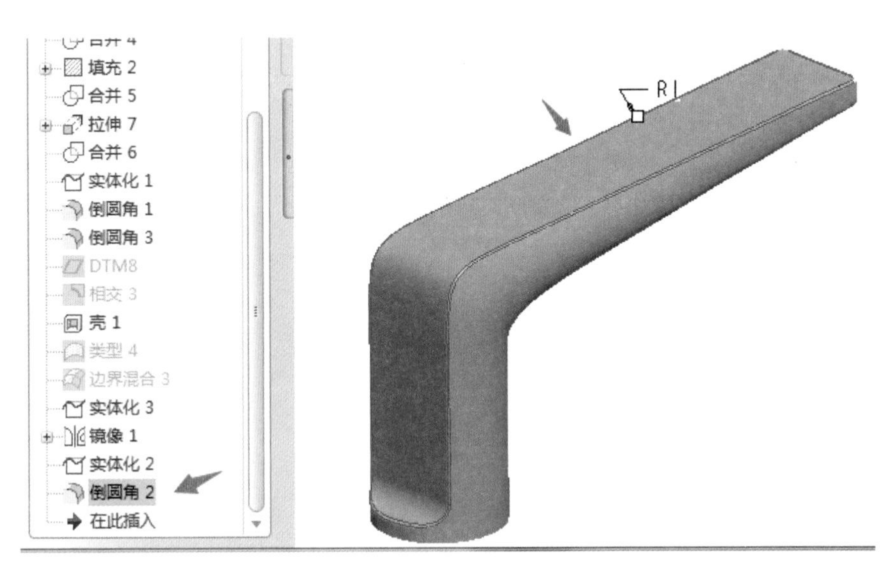

图 6-51　顶边缘圆角化

6.3 练习

1. 通过造型曲面工具完成憨憨熊案例的制作。
2. 完成本章水龙头案例。

本章重点

Pro/E Wildfire 5.0

- Pro/E 装配
- Pro/E 工程图

第7章 Pro/E 装配及工程图

7.1 装配

装配是按照设计思路将不同的零部件组装在一起，生成和实际产品相同的装配结构，便于设计者对设备进行分析、优化和评估。工作中常见的装配设计方法有自上而下、自下而上两种。

自上而下设计装配体是先创建装配体文件，再在装配体中新建零部件，便于每个零部件之间参数关联、装配关联。其特点是可以用一个零部件的几何元素来帮助定义另一个零部件，对其中一个零件改变参数会更新关联零件的模型。

自下而上设计装配体首先要单独创建所需要装配的每个零部件，再将零部件放在装配体中进行配合装配。这种方式是传统方式，零部件独立于装配体存在，可以专注于每个零部件的设计，适用于零部件之间关联比较单一的设计。

7.1.1 美容仪产品设计案例

此装配案例是一款美容仪产品，由多个零件组成，如图 7-1 所示。美容仪产品爆炸图如图 7-2 所示。通过此案例读者可学习骨架模型和装配爆炸图。

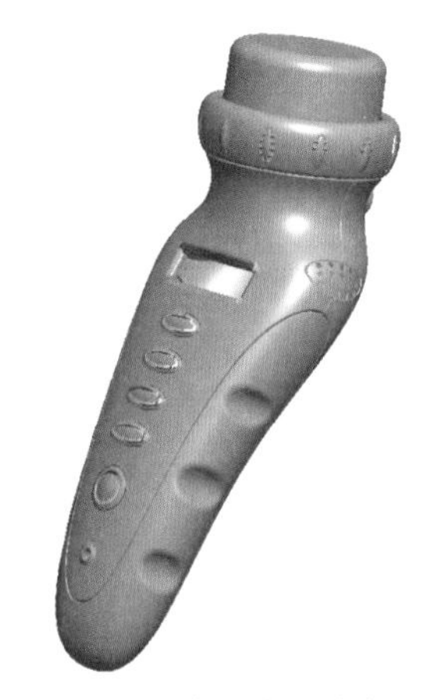

图 7-1　美容仪产品案例

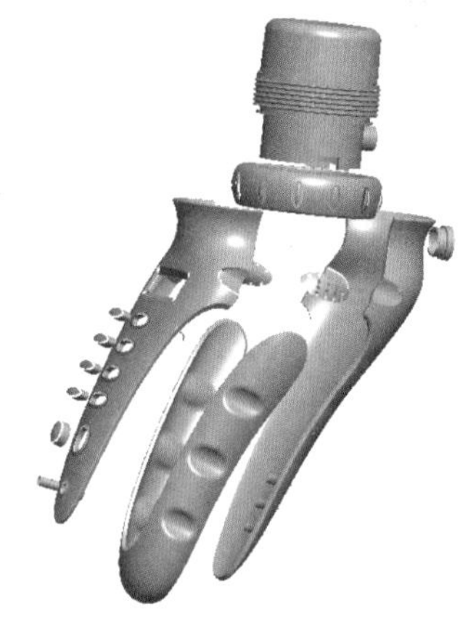

图 7-2　美容仪产品爆炸图

7.1.2　新建组件

（1）在 Pro/E 界面上方工具栏上单击【新建】按钮，或使用快捷键 Ctrl+N，弹出【新建】对话框。

（2）在【新建】对话框中的【类型】选项组中选择【组件】单选框，【子类型】选项组中选择【设计】单选框，【名称】输入时不能有汉字，取消选中【使用缺省模板】复选框，如图 7-3 所示。

图 7-3　【新建】对话框

取消选中【使用缺省模板】复选框是因为如果在安装软件的时候选择了英制，那么所创建的组件 / 零件都将以英寸为单位，单击图 7-3 中的【确定】按钮，弹出【新文件选项】对话框，选择“mmns_asm_design”后单击【确定】按钮，如图 7-4 所示，创建的组件 / 零件就以毫米为单位了，当然如果安装的时候选择的是公制则不用此操作。

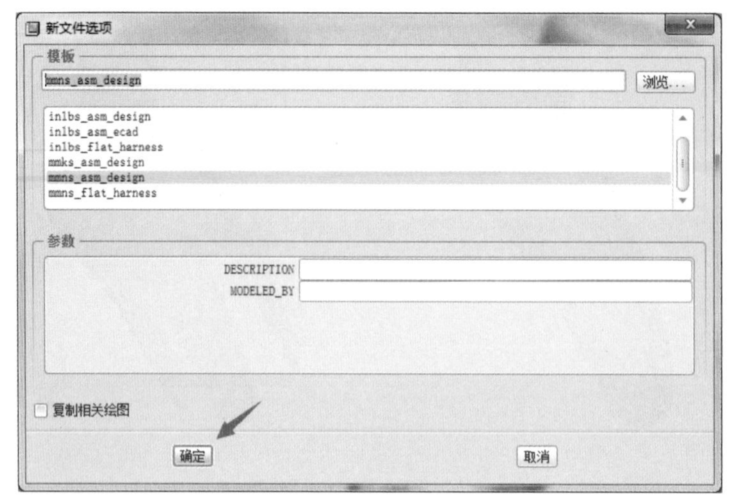

图 7-4　选择公制模板

7.1.3　设置树过滤器

如果是自上而下设计装配，要在装配图档中显示每个零部件的特征等信息，便于在装配图档中直接创建零件，如图 7-5 所示，在模型树中执行【设置】→【树过滤器】菜单命令。

图 7-5　设置树过滤器

在【模型树项目】对话框中，选中左侧【显示】选项组中的【特征】复选框，单击【确定】按钮，如图 7-6 所示。

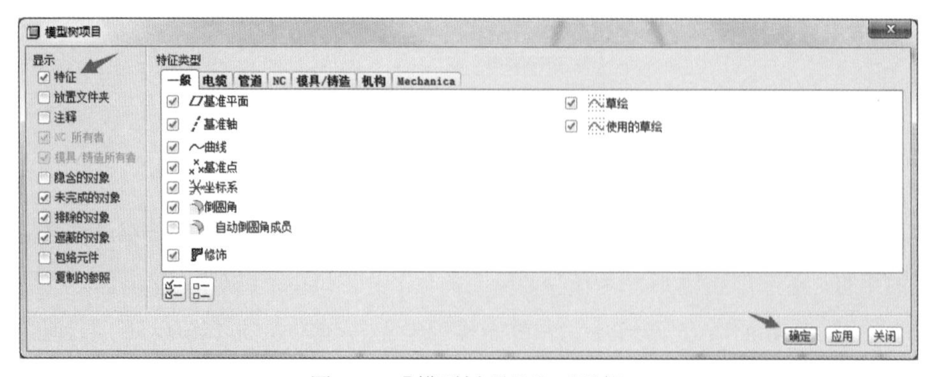

图 7-6　【模型树项目】对话框

7.1.4 创建骨架模型并装配

骨架模型是设计的框架，存储与装配相关的设计信息，包括基准、点、曲线、草图、面、装配关系等，每个零部件都可引用骨架模型中的设计信息，更有利于装配。

（1）执行【插入】→【元件】→【创建】菜单命令，如图 7-7 所示。

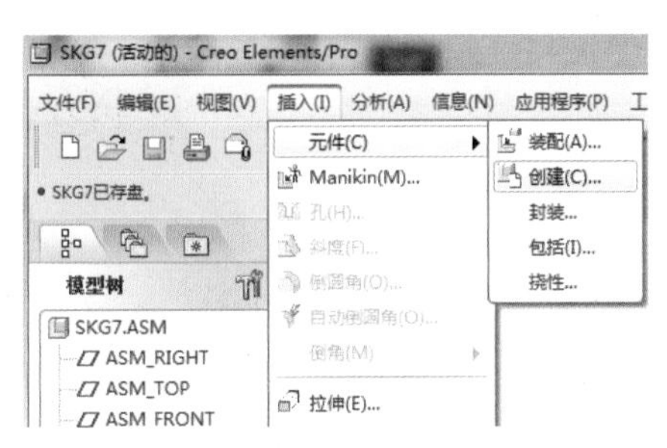

图 7-7 执行【创建】命令

（2）在弹出的【元件创建】对话框中，在【类型】选项组中选择【骨架模型】单选框，在【子类型】选项组中选择【标准】单选框，如图 7-8 所示，单击【确定】按钮。

图 7-8 选择【骨架模型】

（3）在【创建选项】对话框中，【创建方法】选项组中选择【复制现有】单选框，以 Pro/E 软件默认模板创建模型，单击【确定】按钮，如图 7-9 所示。

图 7-9 以模板创建模型

（4）在模型树中，右击骨架模型，在弹出的快捷菜单中选择【激活】命令，创建骨架模型，创建需要的曲面、曲线、点、基准等，如图 7-10 所示，创建的骨架模型参照“第 7 章 \ 素材 \meirongyi-skelmod.prt.”。骨架模型不是实体模型，只需曲面、曲线、基准等。

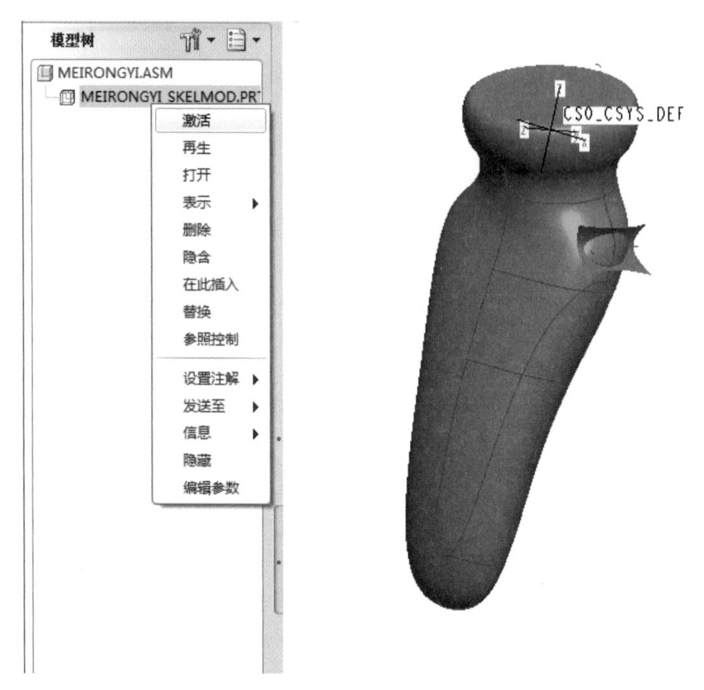

图 7-10　激活骨架模型并创建骨架模型

7.1.5　自上而下装配

骨架模型就作为自上而下装配每个零部件参照的辅助模型了，接下来制作中间部分。

（1）在 Pro/E 界面执行【插入】→【元件】→【创建】菜单命令，如图 7-11 所示，弹出【元件创建】对话框。

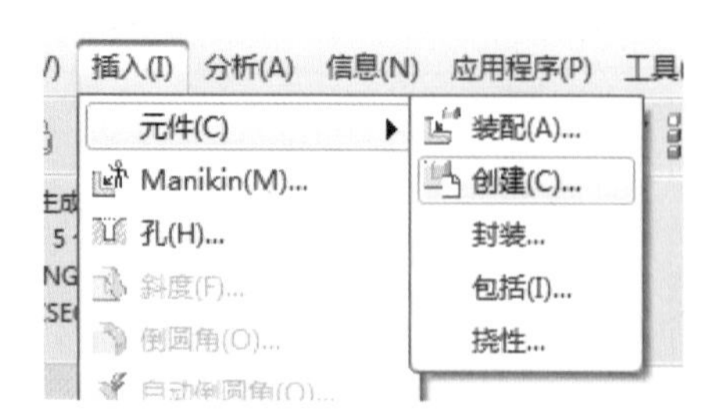

图 7-11　【插入】→【元件】→【创建】菜单命令

（2）在【元件创建】对话框中，【类型】选项组选中【零件】单选按钮，【子类型】选项组选择【实体】单选按钮，输入名称后单击【确定】按钮，如图 7-12 所示。

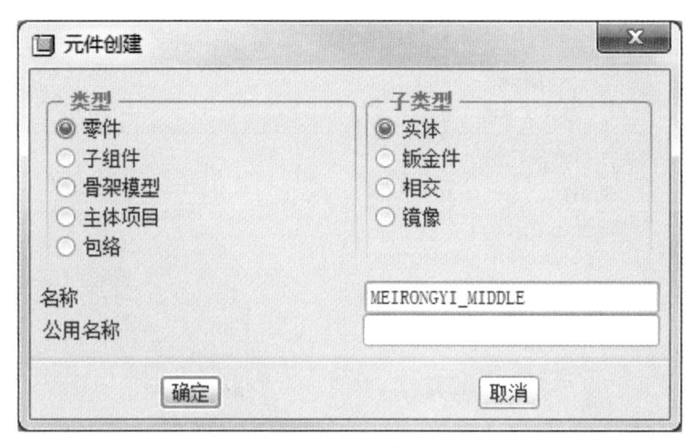

图 7-12　创建零件

（3）弹出【创建选项】对话框，【创建方法】选项组中选中【复制现有】单选按钮，取消选中【不放置元件】单选按钮，如果选中【不放置元件】单选按钮，此零件暂时不做装配约束，只可去独立的零件中创建模型，如图 7-13 所示。

图 7-13　以模板创建零件

（4）由于采用了骨架模型作参照模型，故不用添加约束，在装配约束中选择【用户定义】→【缺省】即可，如图 7-14 所示。

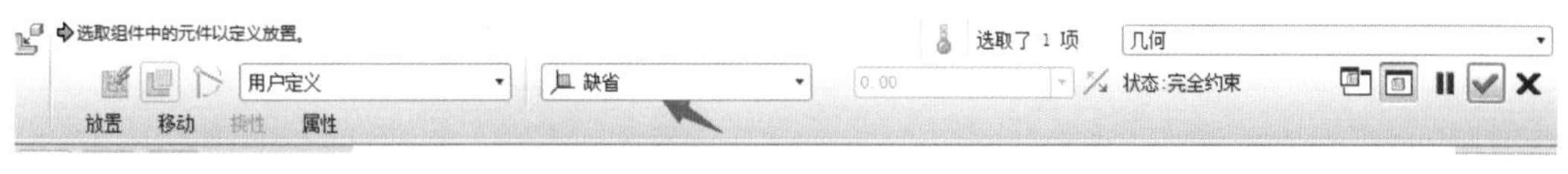

图 7-14　【缺省】放置零件

（5）激活零件，在零件中选择骨架模型中的几何曲面，然后进行复制、粘贴，形成封闭的区域，如图 7-15 所示。

（6）复制一个剖切曲面，如图 7-16 所示。

（7）复制一个凹下去的面，用于定位头部限制区域，如图 7-17 所示。

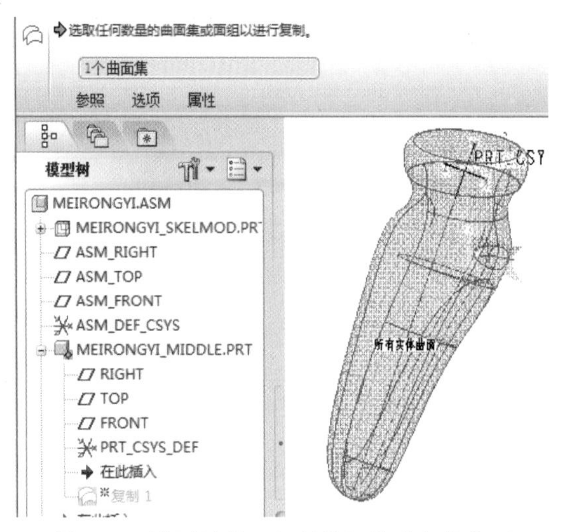

图 7-15 激活零件，复制骨架模型中的曲面

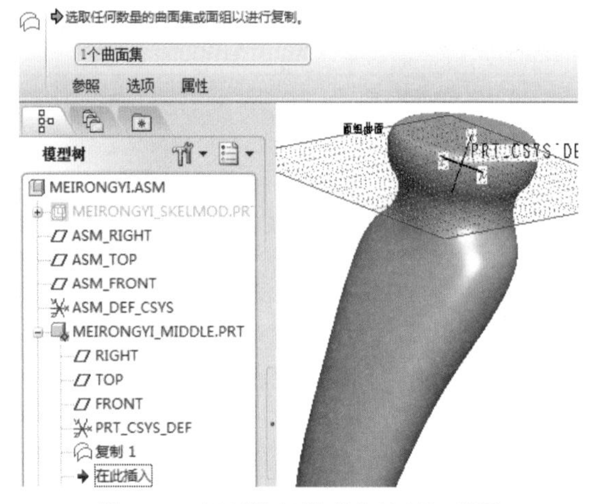

图 7-16 复制骨架模型中的剖切曲面

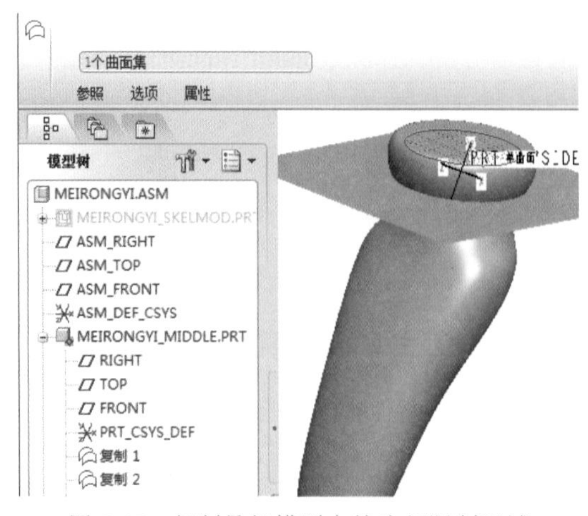

图 7-17 复制骨架模型中的头部限制区域

(8)将封闭的曲面转换为实心模型,先选中封闭的面组(用过滤器选择面组更容易),再执行【编辑】→【实体化】菜单命令,如图 7-18 所示。

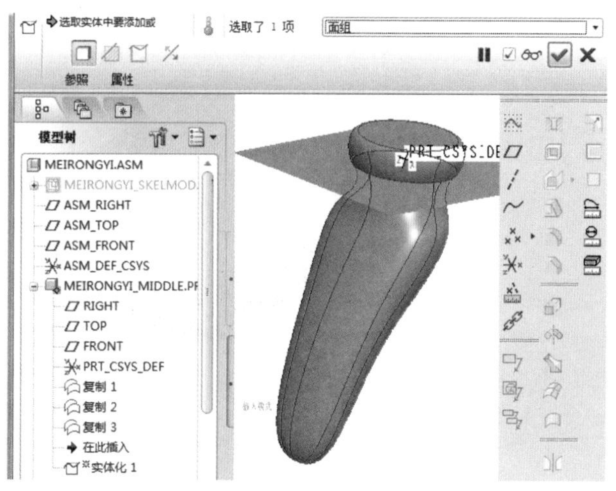

图 7-18　生成实心模型

(9)生成主体模型后,再用平面切掉不属于此零件的部分,先选择复制过来的平面曲面,再执行【编辑】→【实体化】菜单命令,选择第二个工具按钮◪移除面组内侧或外侧的材料,如图 7-19 所示。

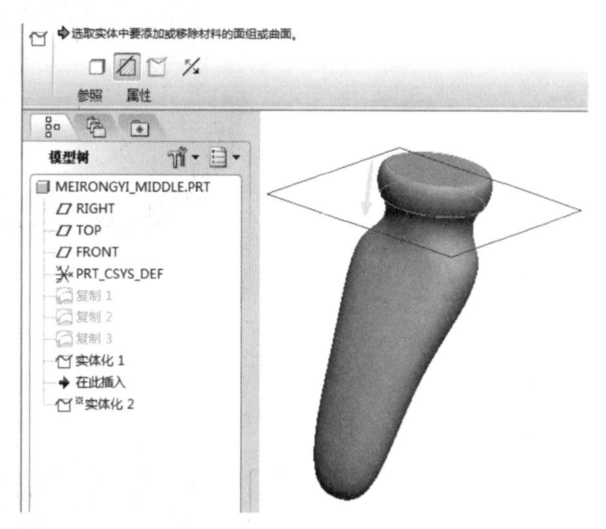

图 7-19　修剪多余的实体部分

(10)拉伸切除中间的部分,拉伸截面直接选择复制过来的头部圆形区域的边缘即可,如图 7-20 所示。

(11)接下来对上边缘棱角倒圆角,设置倒圆角类型为"C2 连续",尖角位置的圆角为 R0.5,曲面上圆角为 R1,如图 7-21 所示;再对下边缘棱角倒圆角,采用圆形过渡,设置圆角为 R2,如图 7-22 所示。

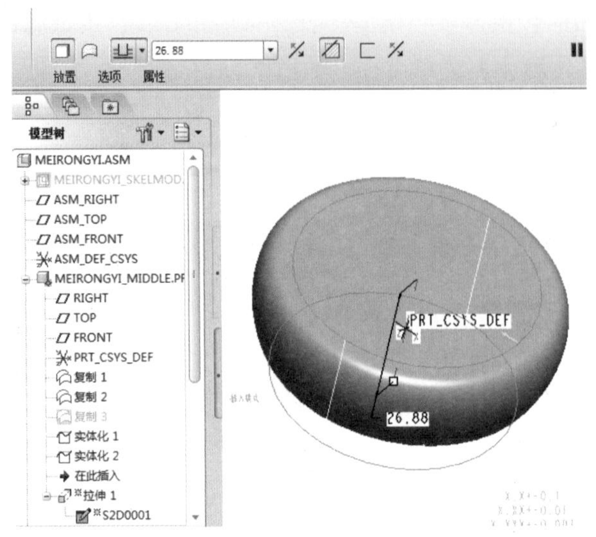

图 7-20　拉伸修剪中间部分

图 7-21　对上棱角边倒圆角

图 7-22　对下棱角边倒圆角

（12）在中心位置创建一个基准轴作为阵列中心线，在靠近外边缘的地方建立旋转中心线，如图 7-23 所示。

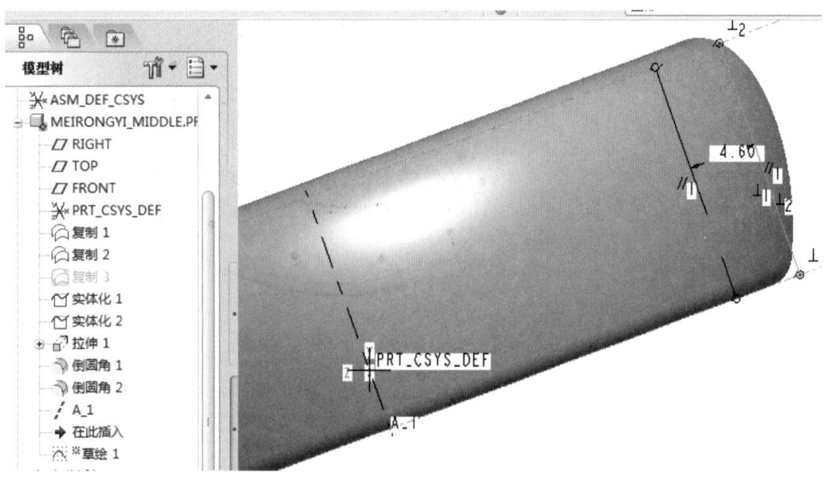

图 7-23 创建阵列中心线及旋转中心线

（13）在工具栏单击【旋转】工具，在正面 FRONT 基准面上创建旋转横截面，只需比模型外轮廓大一些，如图 7-24 所示。

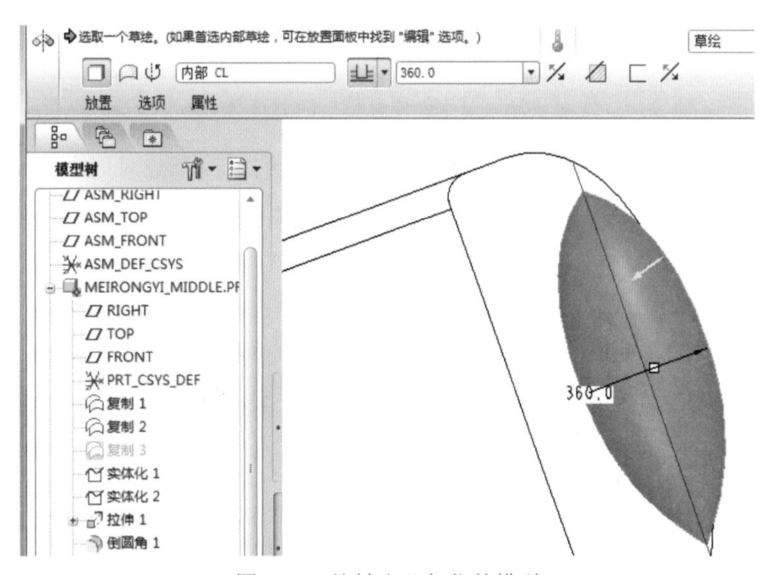

图 7-24 旋转出凸起位的模型

（14）先选择模型树上的旋转特征，再单击工具栏上的【阵列】命令，“类型”切换到“轴”，阵列 12 份，项目角度间距为 30°，如图 7-25 所示。

（15）阵列之后的特征与原特征合并显示，会有棱角边，故需倒圆角，如果模型上所有的棱角边都倒统一的圆角，可使用自动倒圆角功能，执行【插入】→【自动倒圆角】菜单命令，设置 R 角为 3mm，默认整个实体几何棱角边都会倒圆角，如图 7-26 所示。

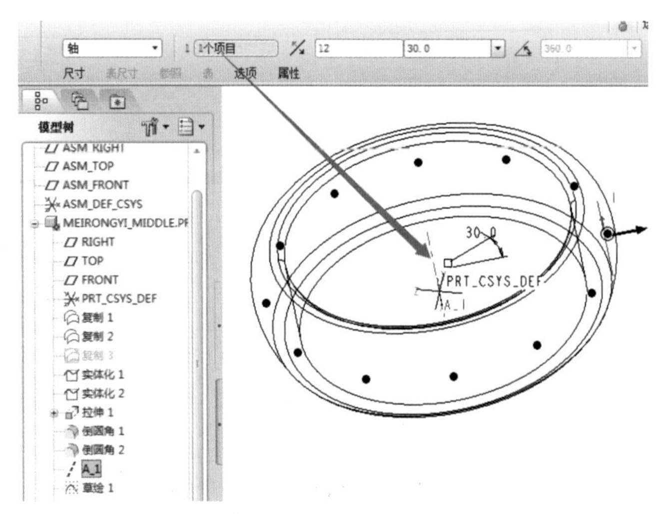

图 7-25　阵列特征

图 7-26　对模型所有棱角边进行圆角

（16）因为骨架模型中已经有全部数据了，后续的模型全部可以参照骨架模型的数据进行创建，因此最终轻松创建了一个以骨架模型为参照、参数减少的模型，如图 7-27 所示。

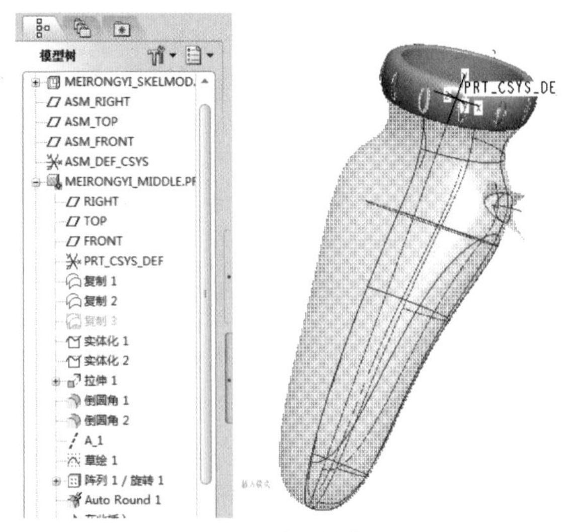

图 7-27　完成的模型

7.1.6　装配约束

每个零部件的建立在这里就不一一介绍，按照骨架模型的设计装配思路，大部分零部件都可采用“缺省”状态装配，有个别零部件需要给其装配约束。

（1）单独将装配零件建立完成后，在装配体图档中，执行【插入】→【元件】→【装配】菜单命令，如图 7-28 所示。

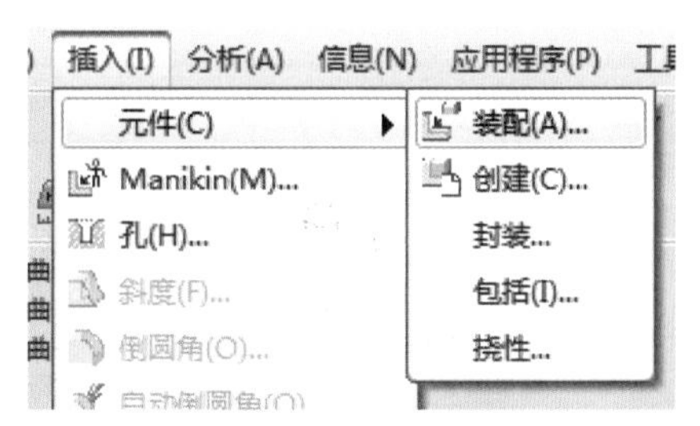

图 7-28　【插入】→【元件】→【装配】菜单命令

（2）在弹出的【打开】对话框中选择“第 7 章 \ 素材 \3dhead”文件并打开，如图 7-29 所示。

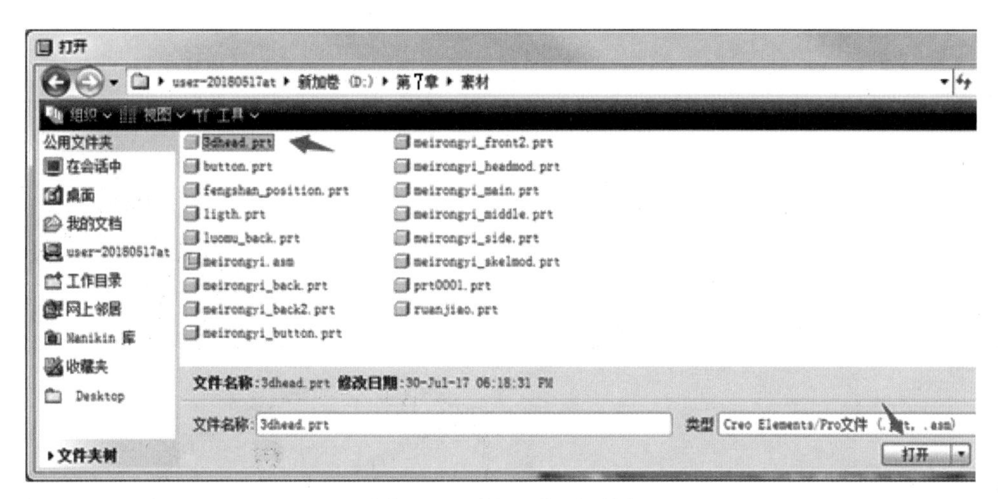

图 7-29　【打开】对话框

（3）在装配界面上，右上角有一个零件小窗口，旁边还有个在模型上直接显示零件的按钮，可同时打开但不可同时关闭，默认以自动方式约束，可直接单击小窗口零件的几何元素（点、线、面、基准），与装配体中模型的几何元素进行对应的单击选择，按照装配设计的合理性，例如选择了小窗口零件的外侧圆柱侧面，就需要有一个面与之对应，可选择装配体中内侧圆柱表面，如果一个约束不足以完成装配，上方会显示“状态:部分约束”，如图 7-30 所示。

（4）如果一个装配约束不够，可单击【新建约束】新增其他约束，例如【配对】

装配约束可将两个面平行偏移、定向、重合放置，约束在复制的骨架模型上的头部限制平面，在此处偏移距离为 0.8mm，如图 7-31 所示。

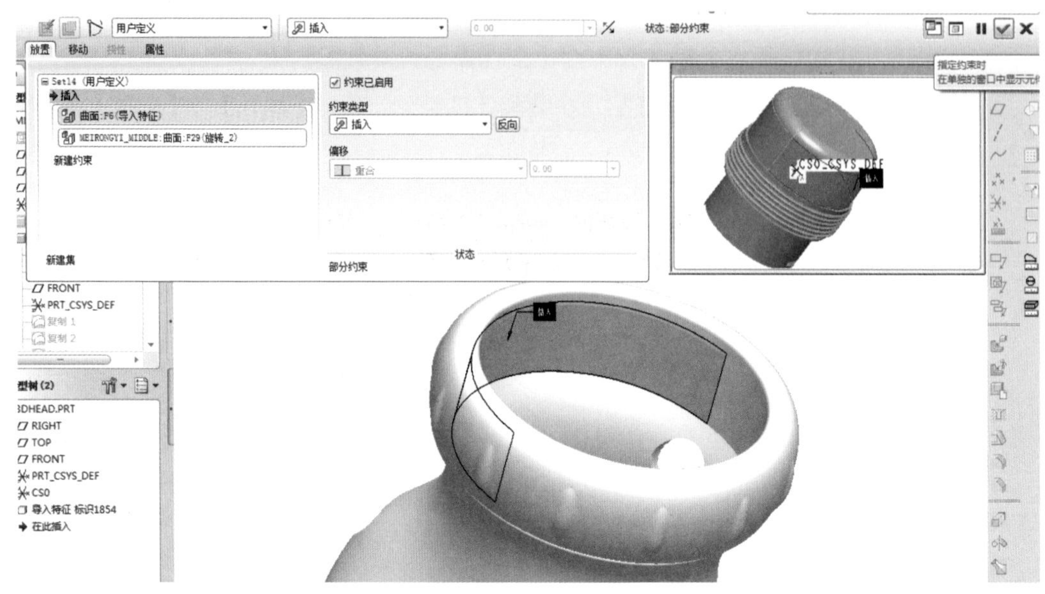

图 7-30　装配界面

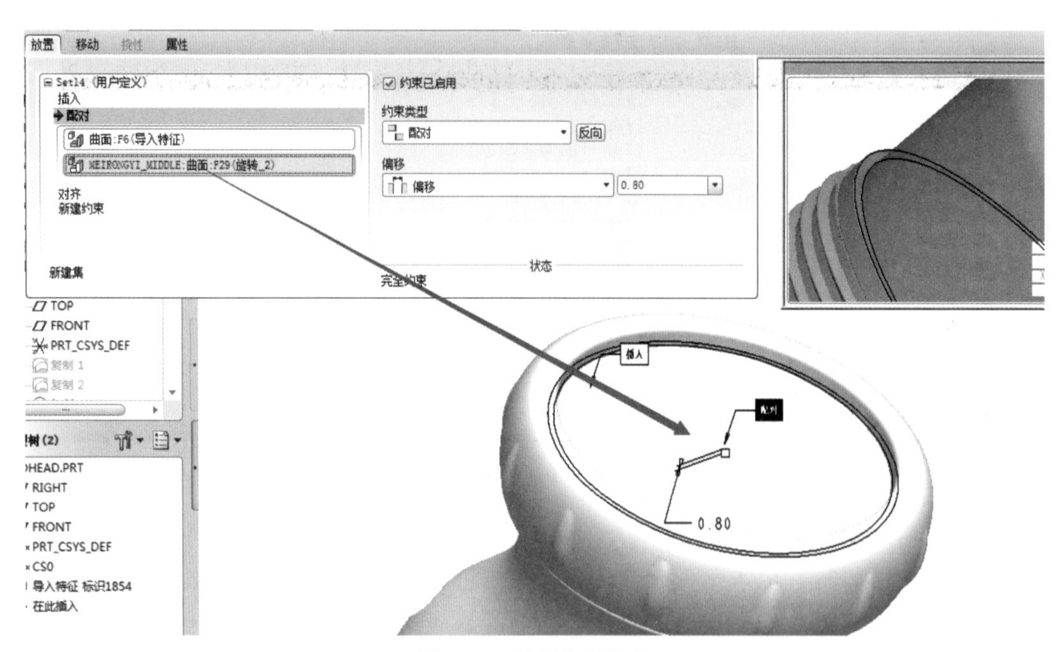

图 7-31　新增装配约束

（5）如果已经完全约束了，可角度还未设置，可以再新建一个对齐装配约束，用零件上的基准面和装配上的基准平面对齐约束，如图 7-32 所示，将零件的正面 FRONT 基准面与装配体中正面 FRONT 基准面对齐。

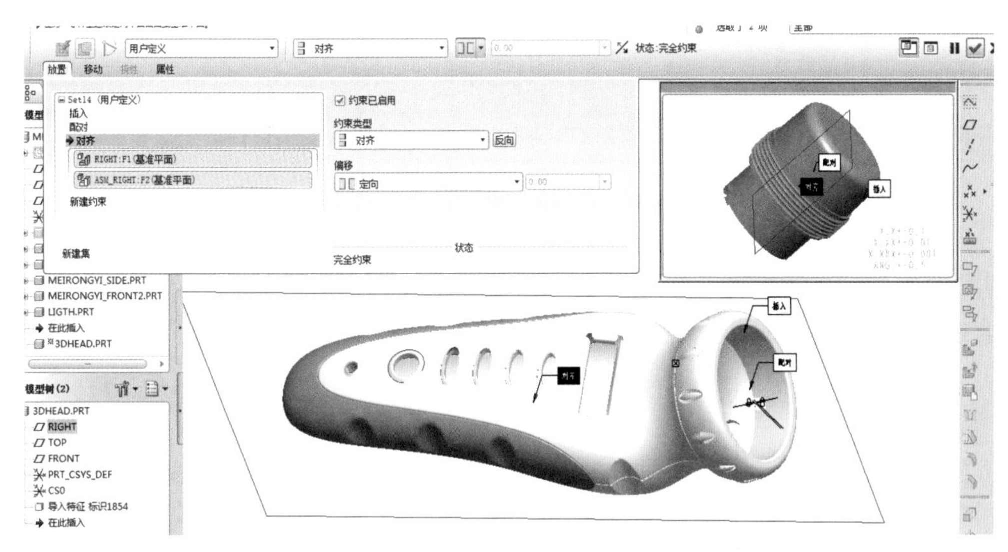

图 7-32　对齐装配约束

7.1.7　装配镜像

如果某些零件是对称的，重新装配就比较麻烦，所以 Pro/E 软件针对对称的零件，提供了装配镜像功能。

（1）执行【插入】→【元件】→【创建】菜单命令，如图 7-33 所示。

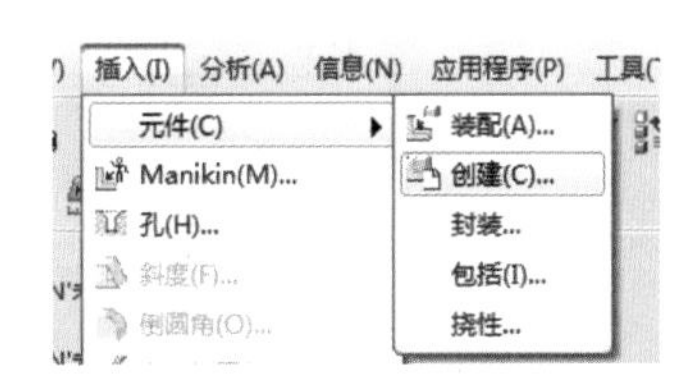

图 7-33　执行【创建】菜单命令

（2）在弹出的【元件创建】对话框中，类型选择【零件】，子类型选择【镜像】，如图 7-34 所示。

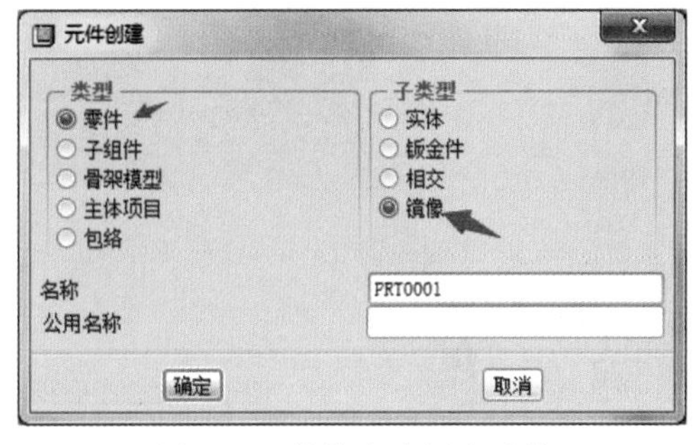

图 7-34　镜像方式创建零件

（3）在弹出的【镜像零件】对话框中，有以下三种镜像类型。

仅镜像几何：只镜像几何曲面，封闭合并形成实体，不带特征参数。

镜像具有特征的几何体：镜像带有特征参数的几何体，封闭合并形成实体。

仅镜像放置：放置位置被镜像到参照平面的选定元件。

一般镜像的零件不需要带有特征参数，这样如果一个改动了另外一个就会自动更新，会更方便，零件参照选择“RUANJIAO”软胶垫，平面参照选择“ASM_RIGHT”装配基准面，如图 7-35 所示。

图 7-35 【镜像零件】界面

（4）镜像之后的显示如图 7-36 所示。

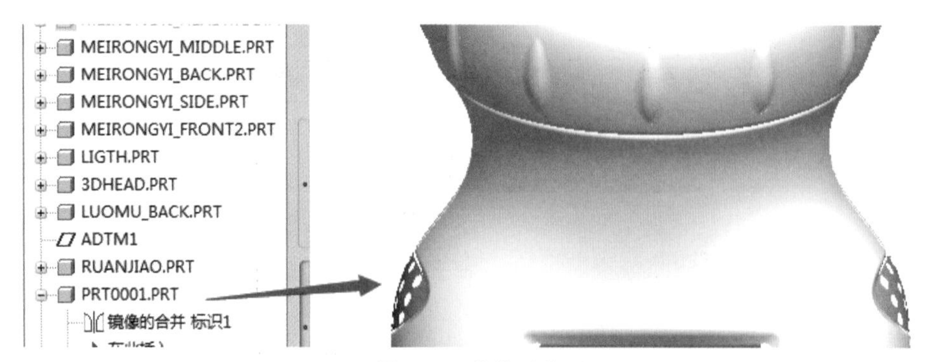

图 7-36 镜像零件后

7.1.8 爆炸图

爆炸图又称拆解图，能更清晰地展示每个部件的结构，让人更清楚地了解产品，例如很多产品说明书上都会有产品爆炸图的展示。下面讲解爆炸图是如何制作出来的。

（1）装配体制作完成后，单击工具栏上的【视图管理器】，在弹出的【视图管理器】对话框中切换至【分解】选项卡，如图 7-37 所示。

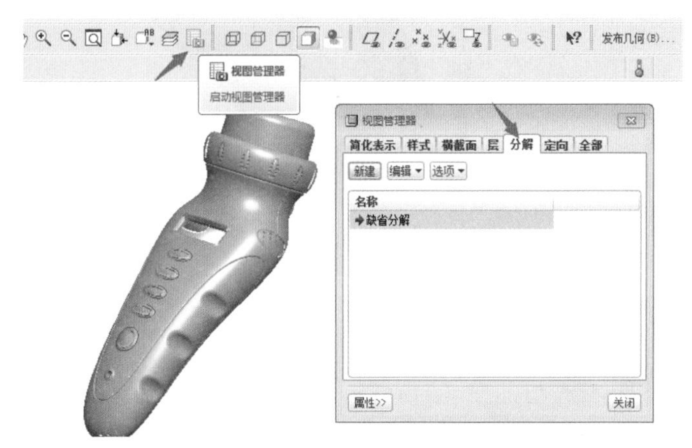

图 7-37 【分解】选项卡

（2）单击【新建】按钮，输入分解名称，按鼠标中键，如图 7-38 所示。

（3）在对话框中执行【编辑】→【编辑位置】菜单命令，如图 7-39 所示。

图 7-38 新建分解文件

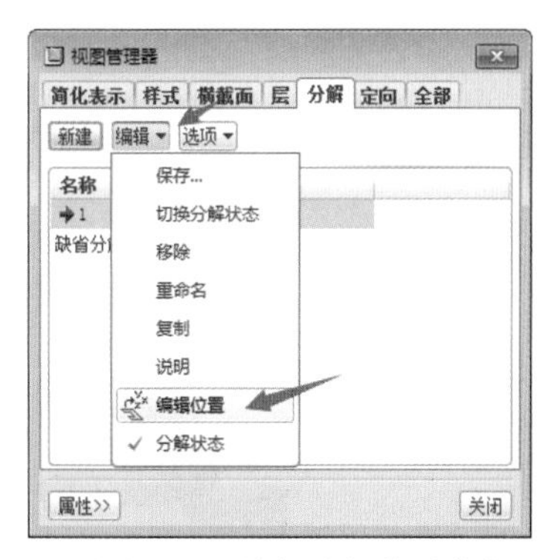

图 7-39 编辑分解的零件位置

（4）对每个零部件编辑位置，有平移、旋转、视图平面三种方式，如图 7-40 所示。

（5）如果需要将零件图移动的比较准确，可以采用参照，参照一个曲面、线等，如图 7-41 所示，参照最顶端曲面，可以移动坐标系的轴，使其垂直于模型的上表面。

（6）每个零件都可以单击坐标系的任何一个轴进行拖动、转向，移动到合适的位置，完成后回到【视图管理器】对话框，执行【编辑】→【保存】菜单，爆炸图如图 7-42 所示（单击【分解状态】，可还原分解之前的状态）。

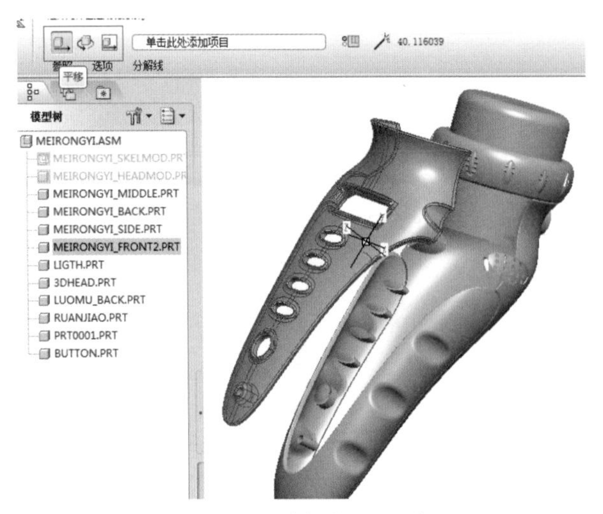

图 7-40　编辑位置界面

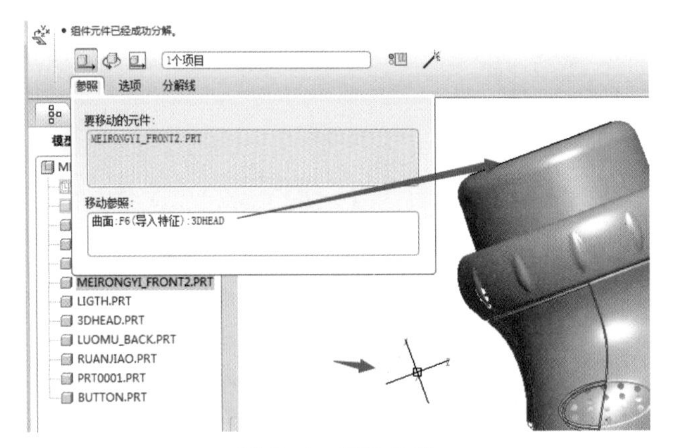

图 7-41　移动参考

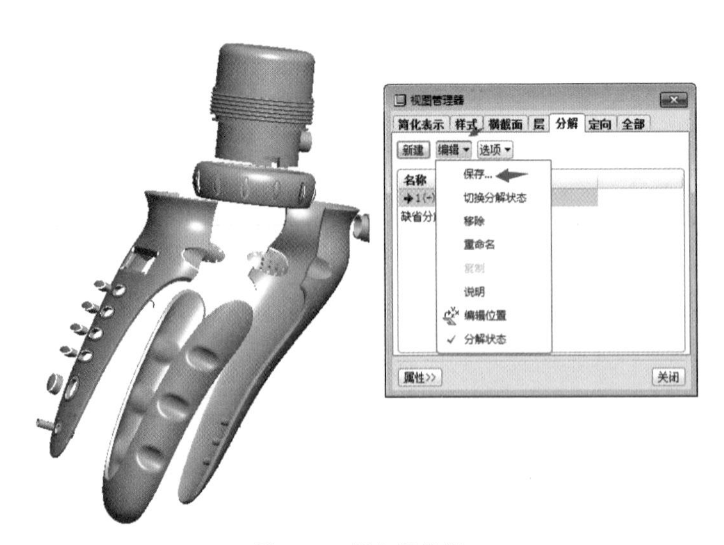

图 7-42　保存爆炸图

7.2 工程图

7.2.1 工程图定义

工程图是准确描述物体形状、大小和有关技术要求的文件，设计人员通过工程图表达设计思路，加工人员根据图样进行加工制作，所以工程图涉及设计、生产、使用全过程。

7.2.2 创建工程图模板

每张工程图都需要有图框，图框包括模型的详细信息，如模型名称、材料、制作人、明细表等。如果每次建立工程图都绘制图框会很麻烦，所以可以在 Pro/E 软件中建立工程图模板，每次创建的工程图都可应用此模板，创建工程图模板的操作如下。

（1）单击工具栏上【新建】按钮，选择【类型】选项组的【格式】单选框，单击【确定】按钮，如图 7-43 所示。

（2）在弹出的【新格式】对话框中选择“空”，方向选择“横向”，大小选择“A1”，大小根据绘制的产品大小确定，单击【确定】按钮，如图 7-44 所示。

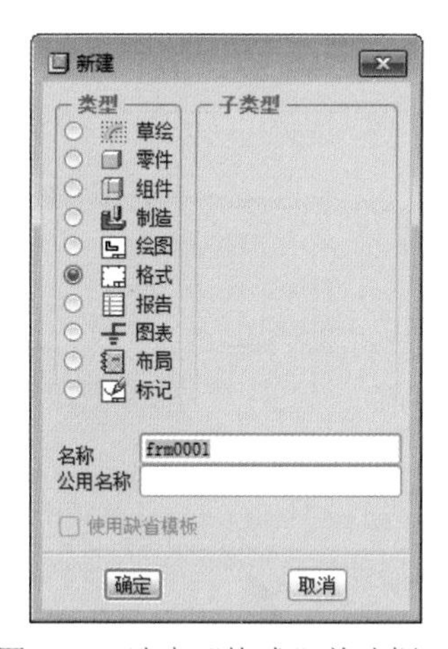

图 7-43 选中“格式”单选框

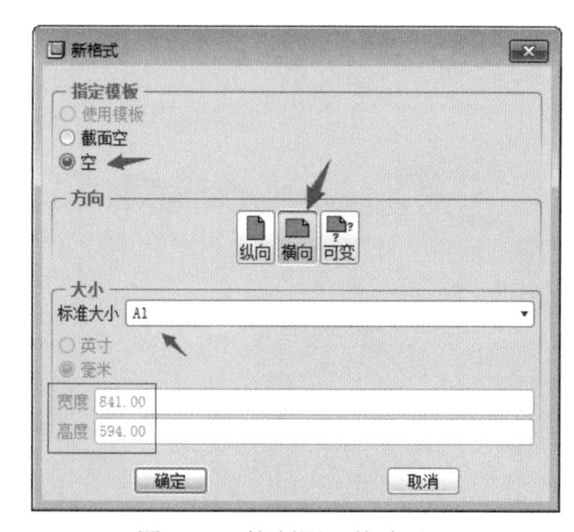

图 7-44 控制图纸格式设置

（3）在图 7-44 中单击【确定】按钮后打开【格式】界面，单击【布局】选项卡【插入】→【导入绘图 / 数据】项，选择素材文件“第 7 章 \ 素材 \A1.dwg”并打开，如图 7-45 所示。

（4）在弹出的【导入 DWG】对话框中分别对【选项】和【属性】选项卡进行设置，【选项】中选择 Model Space，因为在 AutoCAD 中图框是在 Model Space 中，【属性】

选项卡中单击【Creo Elements/Pro】按钮，使用黑白色比较清楚，再单击【确定】按钮，如图 7-46 所示。

图 7-45　导入素材 A1 图框

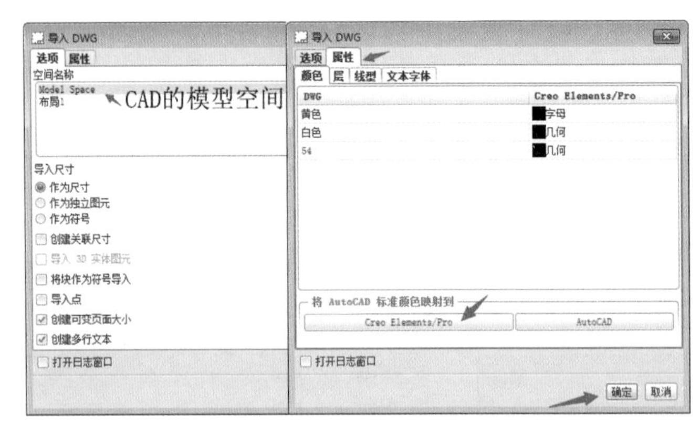

图 7-46　导入 DWG 设置

（5）导入 AutoCAD 软件绘制的图框并保存，名称格式为 frm 格式，可以作为今后工程图的模板，如图 7-47 所示。

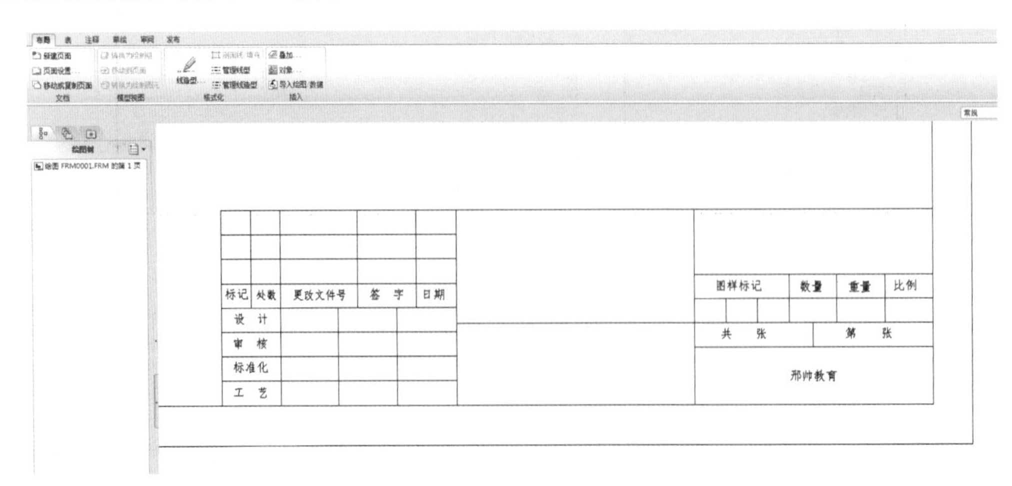

图 7-47　导入图框并保存

7.2.3　基本视图

肉眼直接观察投影的视图，观看图中有哪些视图（例如俯视图、仰视图、剖视图、局部放大图、向视图、3D 视图等），下面以一个机械模型为例讲解如何生成图纸中必备的视图，如图 7-48 所示。

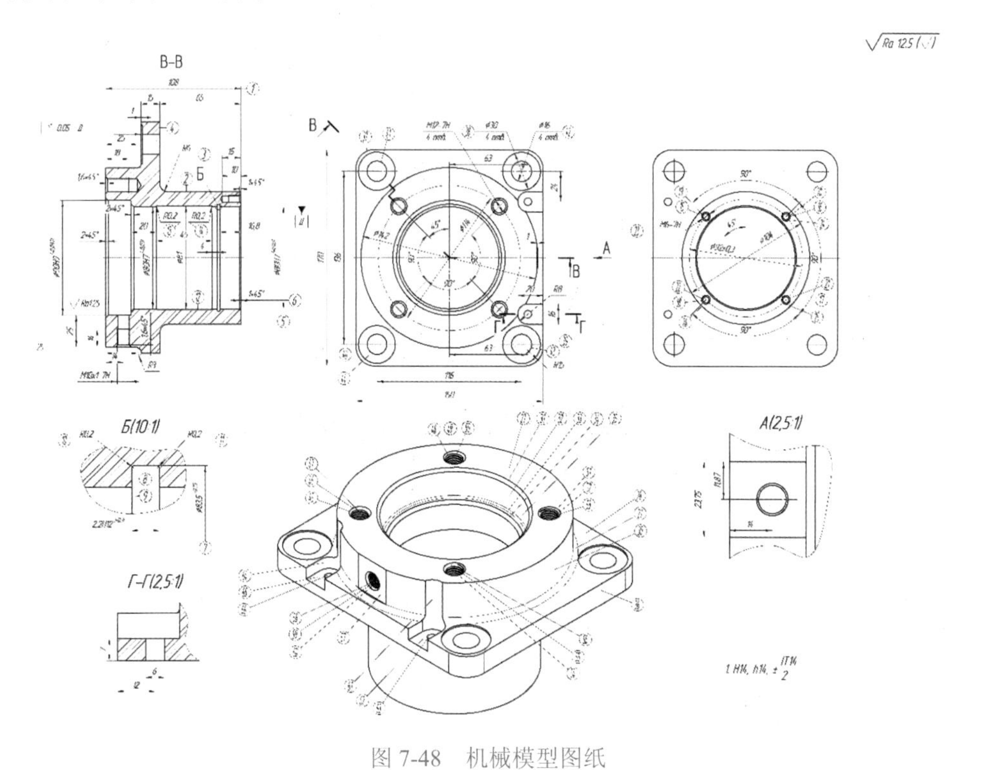

图 7-48　机械模型图纸

（1）首先将本章的素材文件“1.stp”拖到 Pro/E 软件中，作为案例转工程图，必须选中“使用模板”复选框，如图 7-49 所示，单击【确定】按钮。

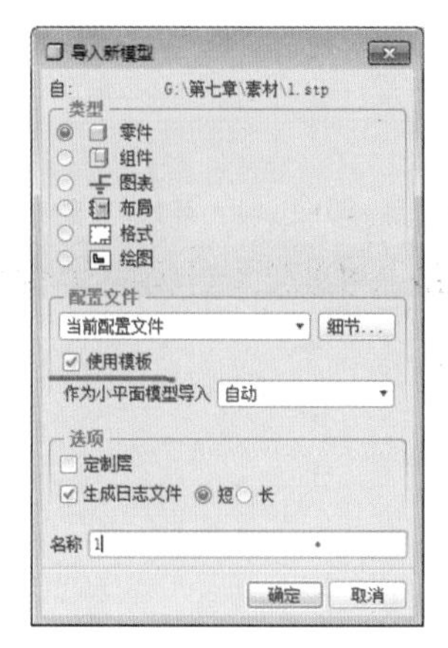

图 7-49　导入素材文件

（2）单击工具栏中的【新建】按钮，在弹出的【新建】对话框中，【类型】选择【绘图】，取消选中【使用缺省模板】复选框，如图 7-50 所示，单击【确定】按钮。

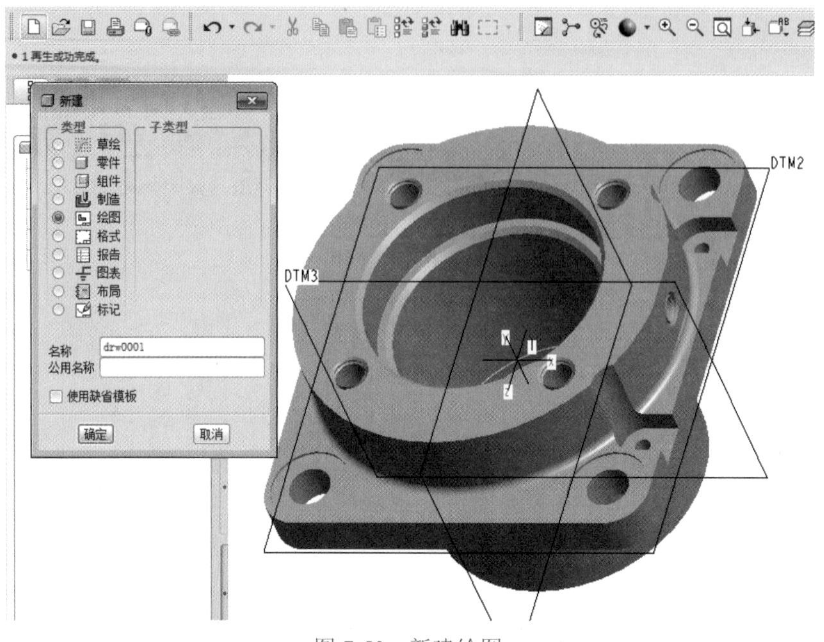

图 7-50　新建绘图

（3）在弹出的【新建绘图】对话框中选择【格式为空】，单击【浏览】按钮，打开工程图模板建立的 frm 格式文件（第 7 章 \ 素材 \frmoool.frm），如图 7-51 所示。

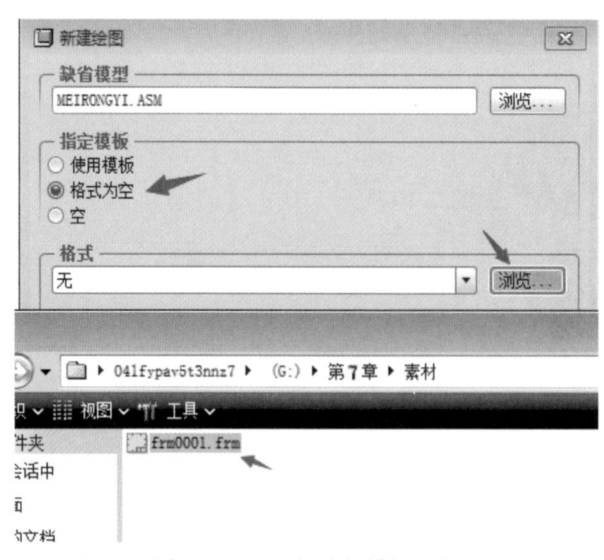

图 7-51　调用新建的模板文件

（4）单击【布局】选项卡下的【一般】按钮，创建普通视图，在图框内中间位置单击，确定视图的中心点，弹出【绘图视图】对话框，如图 7-52 所示。

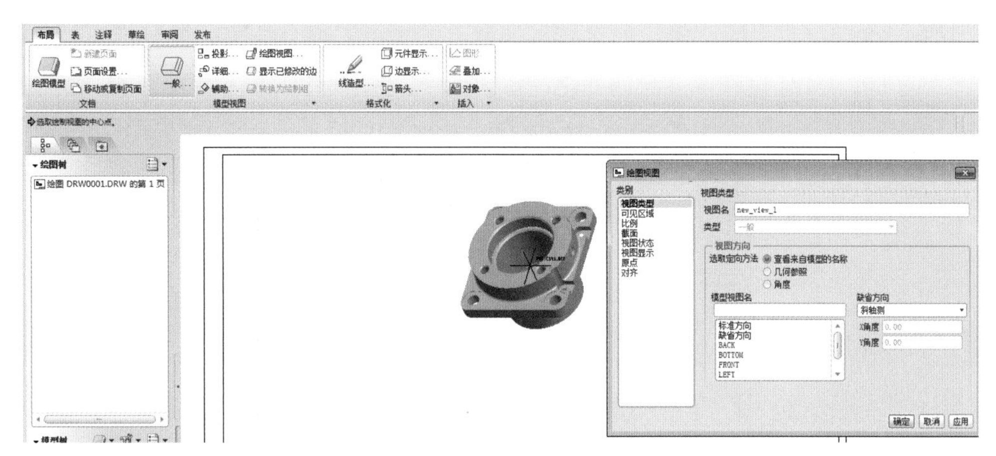

图 7-52　创建基本视图

（5）在【绘图视图】对话框中对该视图进行设置，每个选项的功能如下。

视图类型：控制视图的方向，例如要创建俯视图，双击“TOP”项，视图就会变为俯视图方向，如图 7-53 所示。

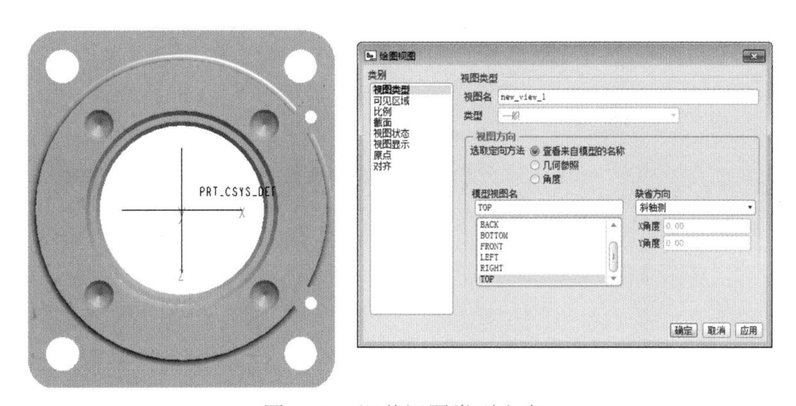

图 7-53　调节视图类型方向

可见区域：用于控制显示整个视图还是部分视图状态，全视图（整个视图全显示）、半视图（只显示一半）、局部视图（用样条线圈出显示视图的一部分）、破断视图（针对很长模型通过破断线隐藏中间部分，使其不会超出图框），如图 7-54 所示。

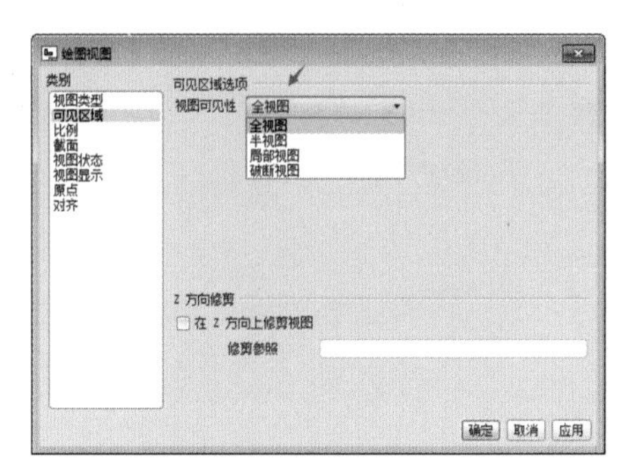

图 7-54　可见区域选项

比例：用于控制视图比例，如果图框能够包裹 1:1 的整个视图，会显示 1，如果图框过小，图形过大，比例软件会自动变化，但不管怎么变，尺寸大小不会受影响，如图 7-55 所示。

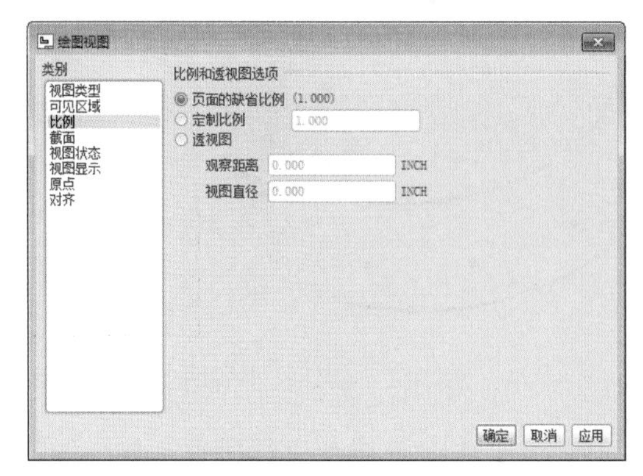

图 7-55　比例

截面：主要用来制作剖视图，常用 2D 剖面，如图 7-56 所示。

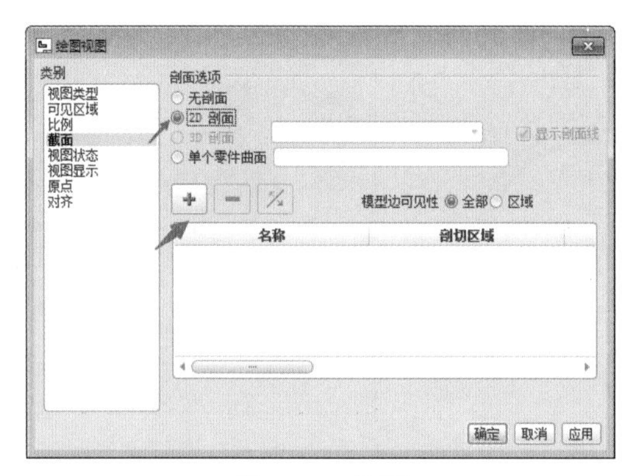

图 7-56　截面

视图状态：零件状态这里没有组合状态，只有在装配图档出工程图的时候才有，分解视图制作爆炸图之用，如图 7-57 所示。

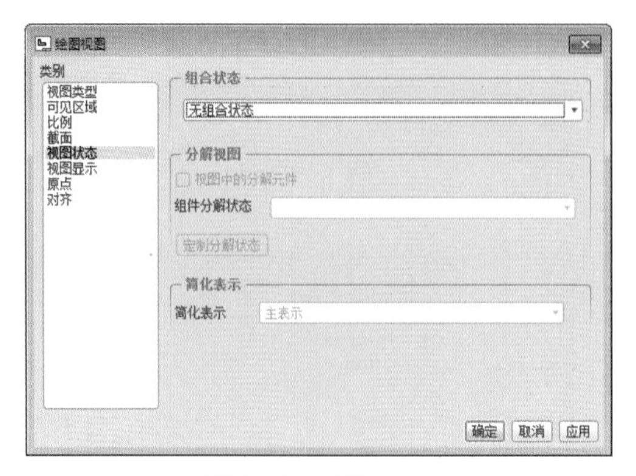

图 7-57　视图状态

视图显示：主要用于控制视图显示，将模型状态改为线条状态，【显示样式】选择“消隐”，可大幅度减少不必要的线条显示，背面的线条可不显示，【相切边显示样式】，如果需要显示圆角边可选择“实线”，如果想隐藏选择“无”，其他选项如图 7-58 所示。

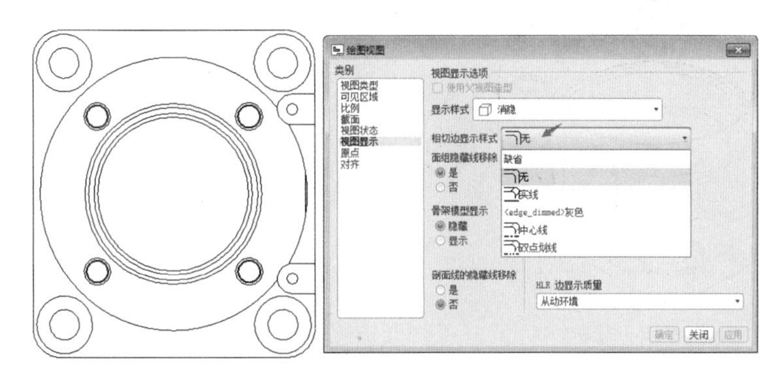

图 7-58　视图显示

原点：可调节视图中心点位置，在视图上长按右键，在弹出的快捷菜单中选择【锁定视图移动】菜单项，可以直接按住鼠标拖动视图来调节视图位置，如图 7-59 所示。

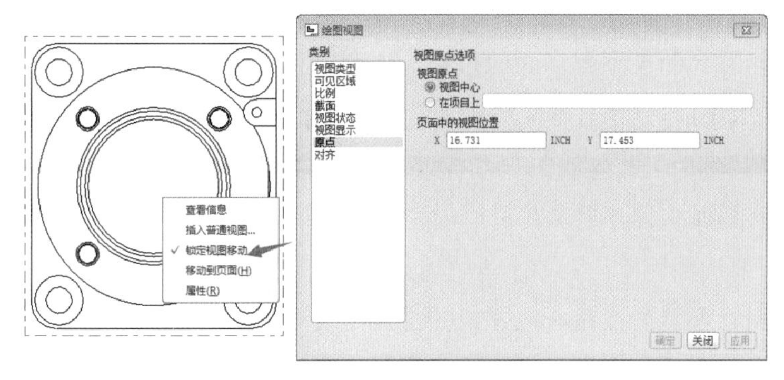

图 7-59　锁定视图移动

对齐：工程图讲究工整对齐，可约束此视图与其他某个视图水平对齐或者垂直对齐，如图 7-60 所示。

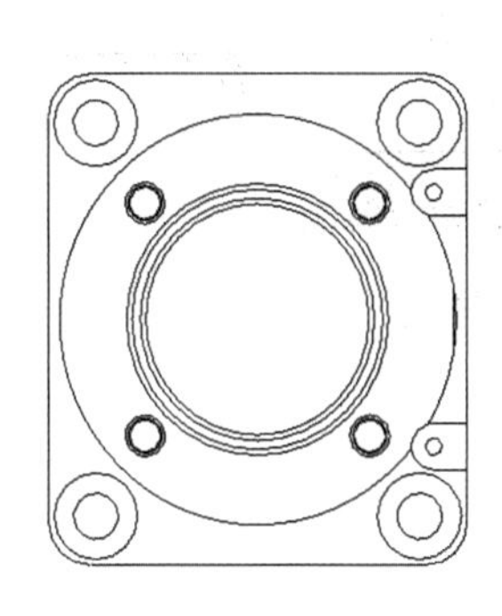
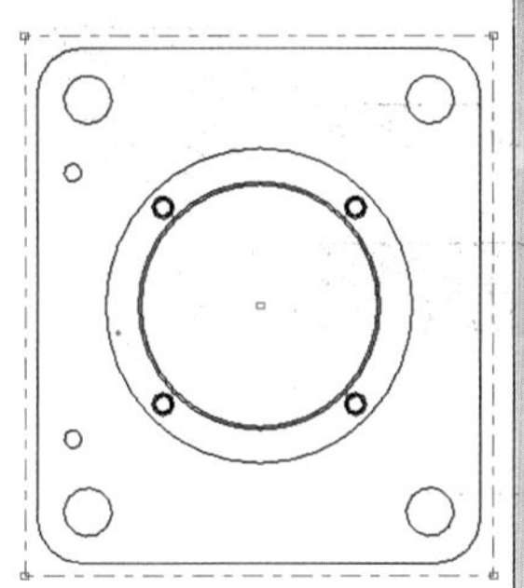

图 7-60　视图对齐

（5）在【布局】选项卡中单击【一般】按钮创建基本视图，在【视图类型】中选择“标准方向”，缺省方向切换至“等轴测”，获得三维立体视图，如图 7-61 所示。

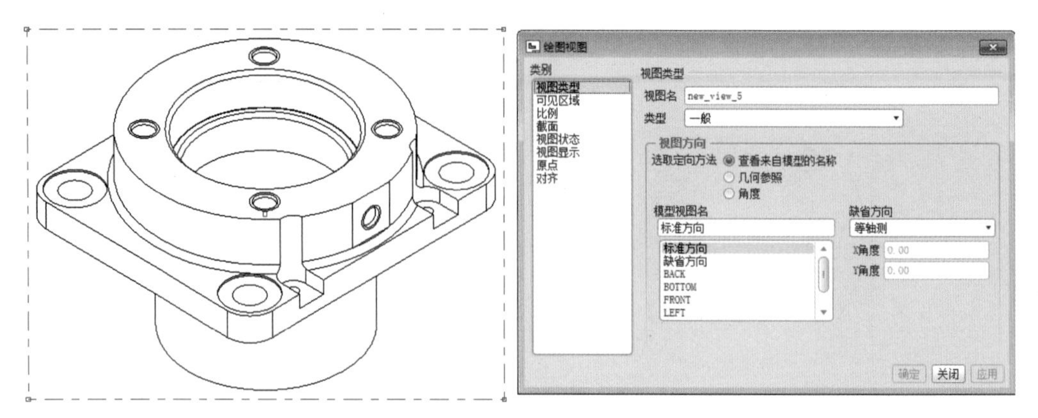

图 7-61　创建等轴测立体视图

7.2.4　辅助视图

除了眼睛能看到的模型各个面的投影，还有剖视图、局部剖视、向视图、局部放大图等辅助视图帮助用户更容易看懂图纸，每个视图的生成都需按照合理性制作。

下面制作图 7-48 左上角的剖视图，此剖视图有些特殊，采用旋转剖切 + 阶梯剖切方式创建，以使剖视图包含更多孔位，创建方法如下。

（1）由于剖切面特殊，可在模型中创建好横截面，模型切换至模型界面，在工具栏上单击【视图管理器】按钮，在弹出的【视图管理器】对话框中新建一个横截面，切换至【偏移】后单击【完成】，弹出【菜单管理器】，默认建立草图，在上表面进入草图绘制剖切线，如图 7-62 所示。

图 7-62　在模型上建立横截面

（2）绘制穿过各个孔位的草图线作为剖切线，贯穿整个模型，如图 7-63 所示。

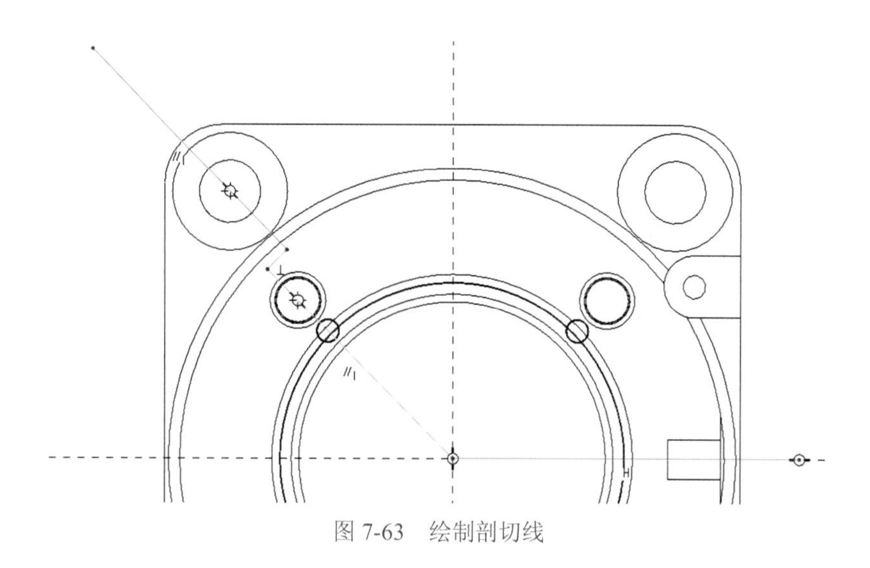

图 7-63　绘制剖切线

（3）由于要创建既需要旋转剖、又需要阶梯剖的工程图，所以用普通视图进行展开，在【布局】选项卡中单击【一般】按钮，在图框合适位置确定中心点，【绘图视图】对话框中的【视图类型】中选择 FRONT 面方向，如图 7-64 所示。

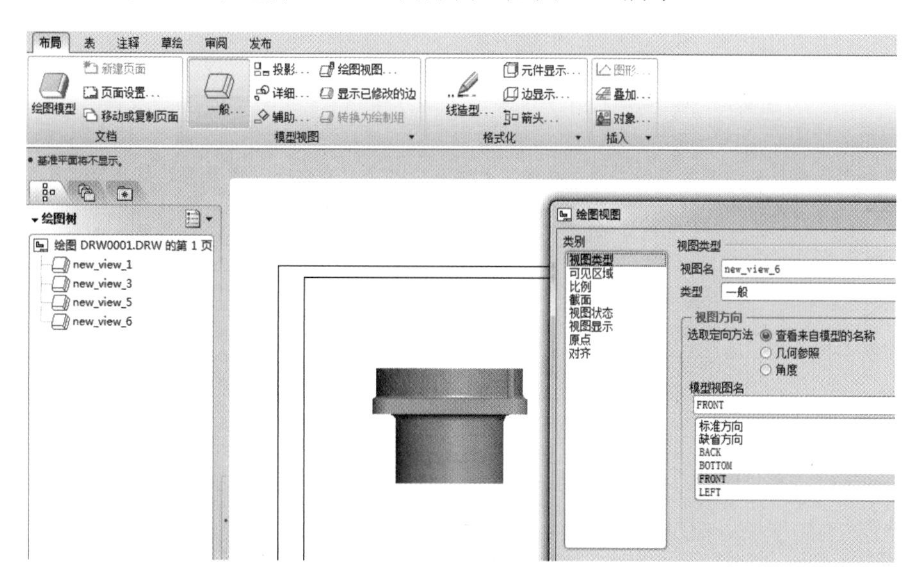

图 7-64　调节视图方向

（4）在【视图显示】类别中各选项如图 7-65 所示。

（5）在【截面】类别中，选择 2D 剖面，添加步骤（1）、（2）在模型视图管理器中创建的 B 横截面，然后切换至【全部（展开）】，单击【应用】按钮即可生成正确的剖切面，如图 7-66 所示。

（6）若发现视图呈现方向不正确，可回到【视图类型】类别，“角度值”类型输入角度值，例如输入 90，则将视图旋转 90°，如图 7-67 所示。

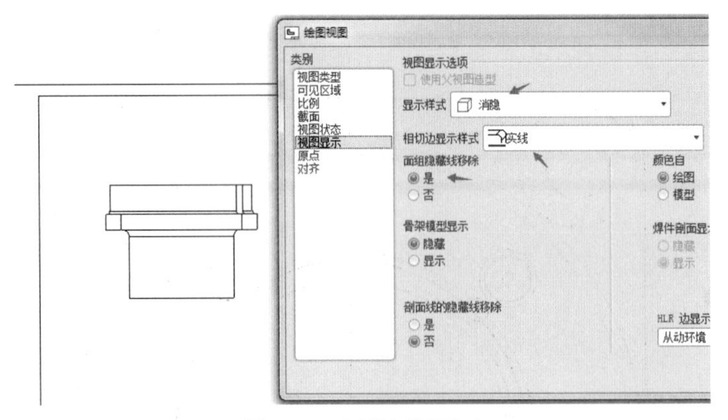

图 7-65　调节视图显示

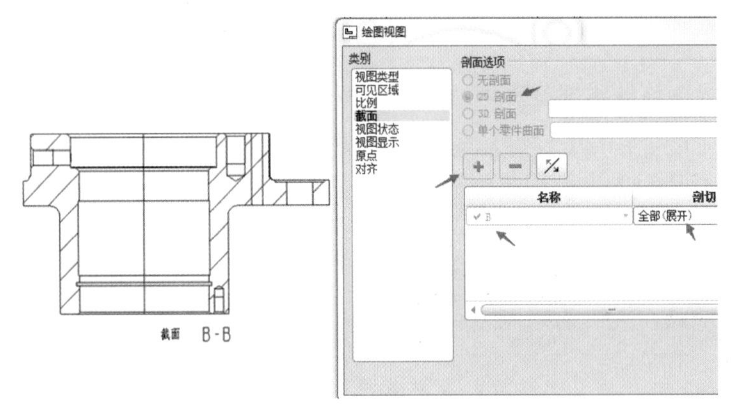

图 7-66　截面选择横截面 B 并全部展开

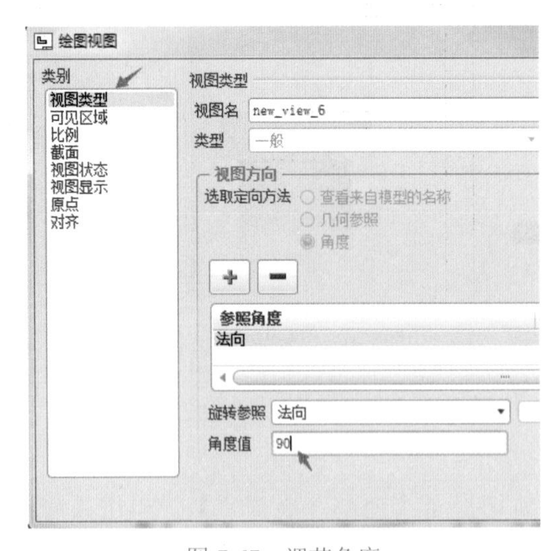

图 7-67　调节角度

（7）如果觉得剖面线的密集程度不够，可以在剖面线上双击，在弹出的快捷菜单中选择【间距】选项，再选择【一半】选项，可将剖面线变得更加密集，如图 7-68 所示。

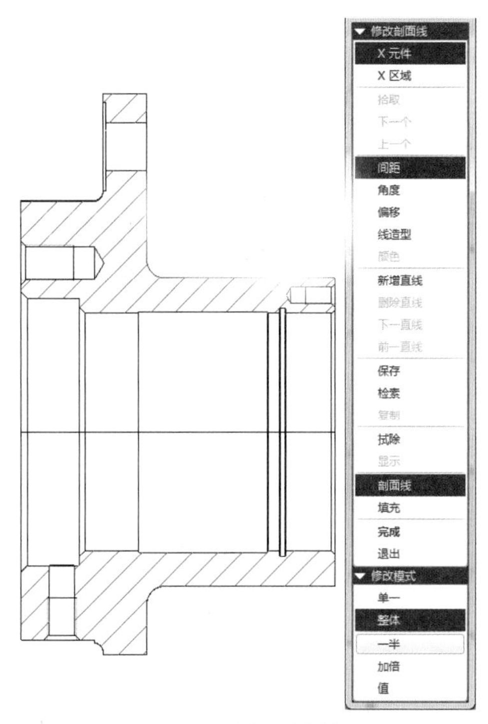

图 7-68　调节剖面线的间距

（8）辅助视图及局部放大图，主要是由于某一个区域空间过小，无法对其进行标注，需增加一个局部放大图进行标注，先单击【详细】按钮，根据提示栏提示确定需要做局部放大图的区域内模型上的任意一点，如图 7-69 所示。

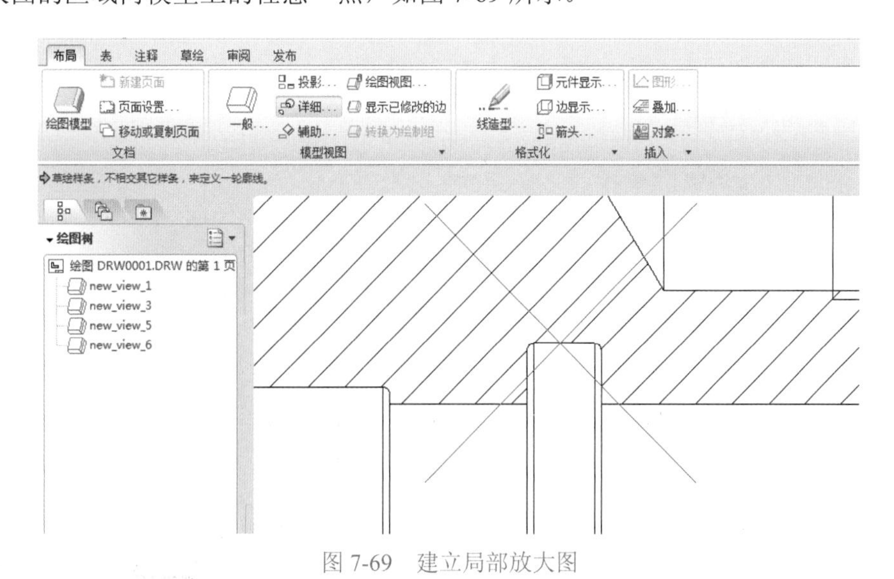

图 7-69　建立局部放大图

（9）根据提示栏中提示绘制一个封闭的样条定位放大的区域，按鼠标中键可结束样条的绘制，如图 7-70 所示。

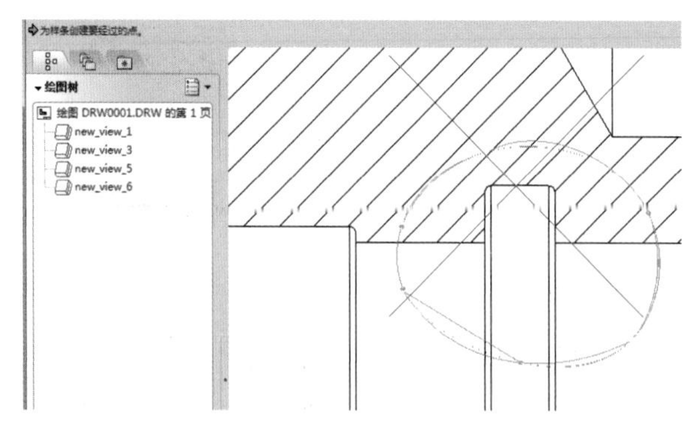

图 7-70　定位放大区域

（10）接下来指定视图中心点，在图纸合适位置单击，一般默认比例为 2，但在此工程图中 2 太小，可双击视图，在【比例】类别中设置定制比例为 10，如图 7-71 所示。

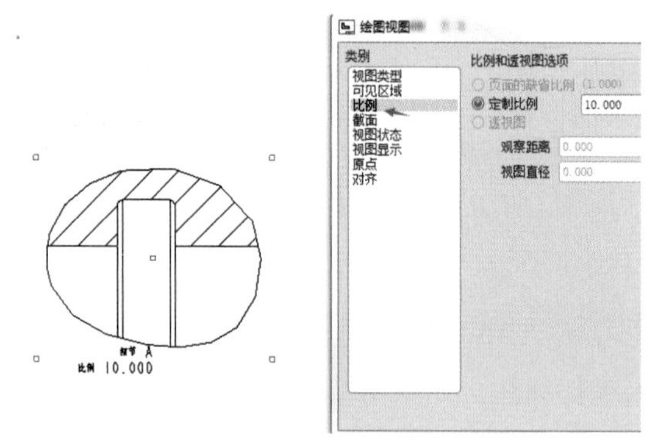

图 7-71　调节比例

（11）辅助视图还包括向视图，单击【辅助】按钮，在俯视图侧面孔端面线上单击，向右拉动，如图 7-72 所示。

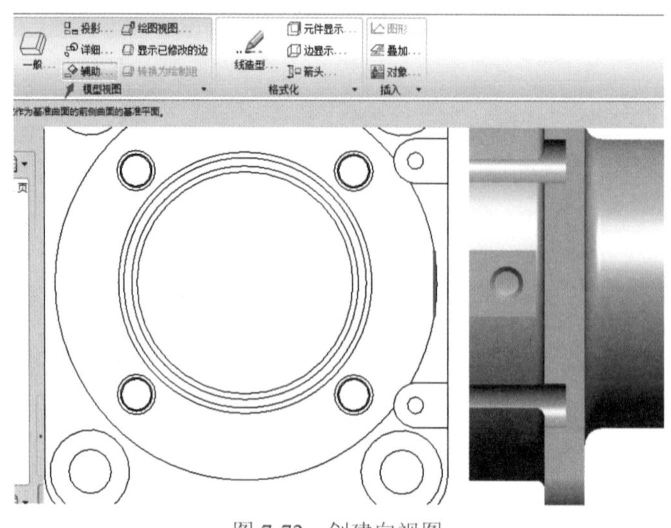

图 7-72　创建向视图

（12）双击视图，在【对齐】类别中，取消选中【将此视图与其他视图对齐】复选框，即可随意移动此向视图，移动到合适位置，如图 7-73 所示。

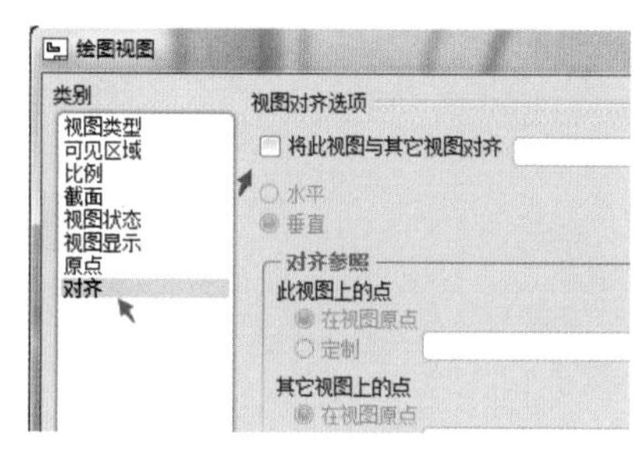

图 7-73　设置视图对齐

（13）由于此视图为向视图，只需表达侧面孔位的相关尺寸，其他多余的地方不用显示，隐藏采用【局部视图】的做法，在【可见区域】类别中，切换至【局部视图】几何上的参照点、样条边界，如图 7-74 所示绘制。

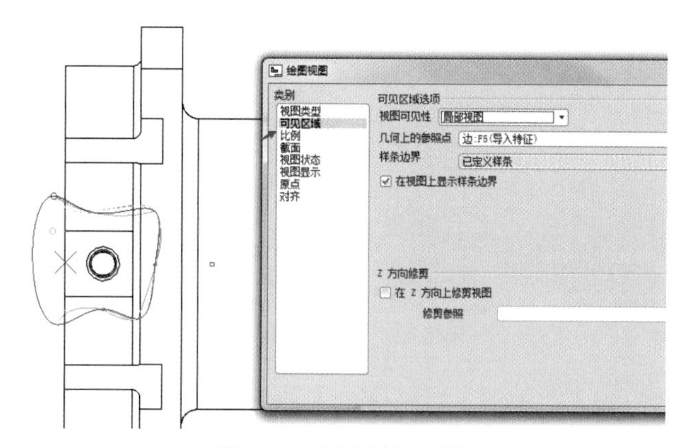

图 7-74　创建局部视图

（14）最后一个辅助视图为局部视图，先在模型上做好剖切线，然后到工程图界面，激活【投影】按钮，选择俯视图向下拉动，增加截面，在【可见区域】中选【局部视图】即可得到正确的工程图，如图 7-75 所示。

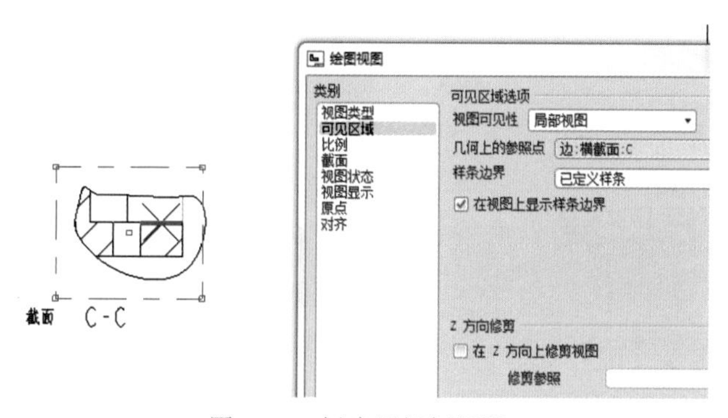

图 7-75　创建局部剖视图

（15）如果视图中有自动生成的多余线条，可单击【边显示】按钮，在弹出的【菜单管理器】中选择【拭除直线】选项，如图 7-76 所示。

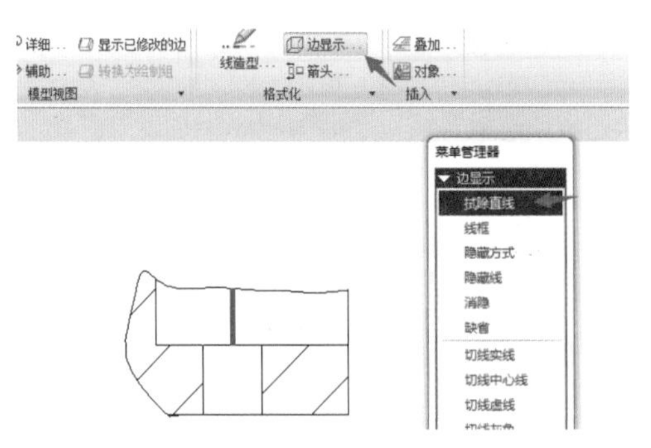

图 7-76　选择【拭除直线】选项

（16）通过工程图的各个视图工具，创建了工程图中所有的视图，后续可直接标注打印或者导出到 AutoCAD 软件中标注打印，如图 7-77 所示。

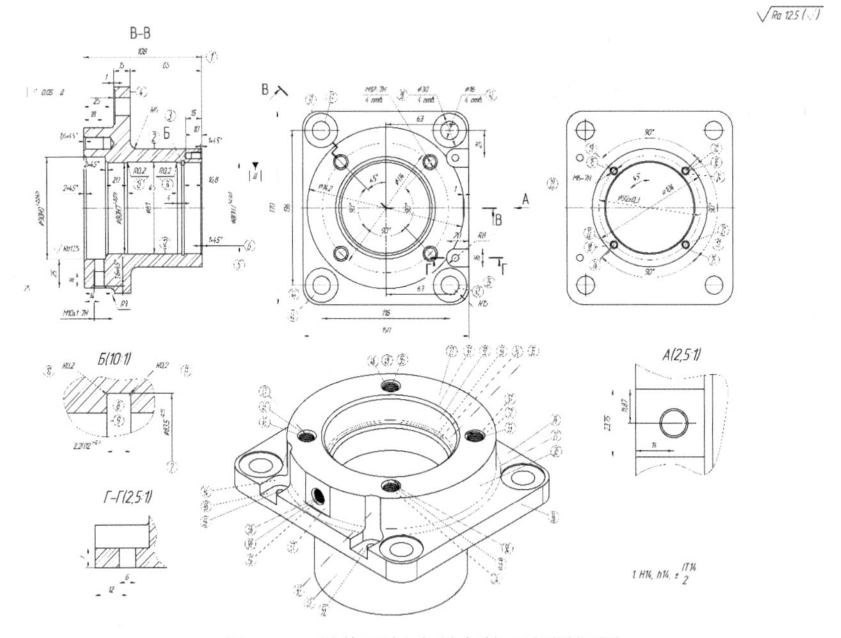

图 7-77　最终可创建所有的工程图视图

7.3 Pro/E 作业

（1）完成整个美容仪的装配。

（2）根据本章工程图的创建功能，完成机械模型案例所有工程图的创建。